高等职业教育系列教材

UG NX 项目教程（1926 版）

主编　姜海军　庄华良
参编　庞雨花　侯军府

机械工业出版社

本书以 NX 1926 为软件平台，结合 1+X 机械数字化设计与制造职业技能等级（中级）标准要求，介绍了 NX 在产品设计与加工中的应用，包括 NX 基本操作、草图绘制、实体建模、曲面建模、装配设计、工程图创建、自动编程 7 个项目。每个项目包含若干任务，按照由浅入深的顺序安排。每个任务按照任务描述、任务分析、必备知识、任务实施、问题探究、总结提升、拓展训练这几个环节展开，与教学过程一致，体现了教材与教学的融合。

本书内容全面、条理清晰、讲解详细、图文并茂，可作为职业院校相关课程的教材使用，也可作为工程技术人员学习 NX 的自学教材和参考书。

本书配有二维码微课视频、电子课件、习题解答等资料，教师可登录 www.cmpedu.com 免费注册，审核通过后下载，或联系编辑索取（微信：13261377872，电话：010-88379739）。

图书在版编目（CIP）数据

UG NX 项目教程：1926 版 / 姜海军，庄华良主编. —北京：机械工业出版社，2022.10

高等职业教育系列教材

ISBN 978-7-111-71786-7

Ⅰ. ①U… Ⅱ. ①姜… ②庄… Ⅲ. ①机械设计-计算机辅助设计-应用软件-高等职业教育-教材 Ⅳ. ①TH122

中国版本图书馆 CIP 数据核字（2022）第 189583 号

机械工业出版社（北京市百万庄大街 22 号　邮政编码 100037）
策划编辑：李文轶　　责任编辑：李文轶
责任校对：张艳霞　　责任印制：常天培

固安县铭成印刷有限公司印刷

2023 年 5 月第 1 版·第 1 次印刷
184mm×260mm·19 印张·465 千字
标准书号：ISBN 978-7-111-71786-7
定价：69.90 元

电话服务　　　　　　　　网络服务
客服电话：010-88361066　　机　工　官　网：www.cmpbook.com
　　　　　010-88379833　　机　工　官　博：weibo.com/cmp1952
　　　　　010-68326294　　金　书　网：www.golden-book.com
封底无防伪标均为盗版　　　机工教育服务网：www.cmpedu.com

Preface 前　言

党的二十大报告指出，教育、科技、人才是全面建设社会主义现代化国家的基础性、战略性支撑。我们要坚持优先发展、科技自立自强、人才引领驱动，加快建设教育强国、科技强国、人才强国。

教材是教学的重要载体，加强教材建设对推进人才培养模式改革、提高人才培养质量具有重要作用。随着国家对职业教育和教材的重视程度的提高，职业教材的地位越来越突出，建设的要求也越来越高。教材编写中应以能力为本位，同时体现育人功能。基于此，我们联合企业资深技术人员，按照机械数字化设计与制造职业技能等级（中级）标准要求，结合新形态教材的开发理念合作编写了本教材。主要内容包括：

项目 1　NX 基本操作，主要介绍 NX 软件的界面定制和常用的基本操作，为 NX 学习打好基础。

项目 2　草图绘制，主要介绍 NX 参数化草图的功能和绘制的方法及技巧，为实体建模、曲面建模奠定基础。

项目 3　实体建模，主要介绍 NX 特征建模的主要功能和技巧。

项目 4　曲面建模，主要介绍 NX 自由曲面建模的主要功能。

项目 5　装配设计，主要介绍 NX 自顶向下和自底向上两种装配设计方法、装配爆炸与装配序列创建等内容。

项目 6　工程图创建，主要介绍 NX 制图标准的设置及零件图和装配图的创建。

项目 7　自动编程，主要介绍 NX 三轴铣加工的主要工序类型、功能及应用。

本教材在编写过程中注重突出以下特点：

- 对标"1+X"证书要求，突出技能培养，有利于推进书证融通、课证融通。
- 项目案例基本上采用典型机械零件，部分案例来源于企业真实项目，有利于读者将软件功能学习与工程实践有机联系起来，体现了教材的实用性、典型性和应用性。
- 图文并茂、步骤详细，将电子课件、操作视频等资源以二维码形式嵌入书中，方便读者使用。
- 以基于工作任务的项目形式编写，每个项目开篇以思维导图形式引出，按照【任务描述】→【任务分析】→【必备知识】→【任务实施】→【问题探究】→【总结提升】→【拓展训练】这几个环节展开，注重引导和启发，培养自主学习能力。

本教材由常州机电职业技术学院姜海军和常柴股份有限公司庄华良担任主编，常州机电职业技术学院庞雨花和江苏迪莫工业智能科技有限公司侯军府为参编。其中，姜海军编写了项目 2～项目 4，庄华良编写了项目 7，庞雨花编写了项目 1 和项目 5，侯军府编写了项目 6。本教材在编写过程中得到了凯士比阀业（常州）有限公司、常柴股份有限公司等企业的大力支持。常州机电职业技术学院的领导以及团队的其他同事对本教材的编写也提出了许多宝贵意见，在此一并表示感谢。

由于时间紧促及作者水平有限，书中疏漏和不足之处在所难免，恳请读者批评指正。

编　者

目 录 Contents

前言

项目 1　NX 基本操作 ··· 1

任务 1.1　定制 NX 界面 ···················· 1
- 1.1.1　NX 启动 ·························· 2
- 1.1.2　文件操作 ························ 2
- 1.1.3　NX 用户界面 ···················· 3

任务 1.2　观察、编辑和测量模型 ········ 8
- 1.2.1　鼠标操作 ························ 8
- 1.2.2　键盘操作 ························ 9
- 1.2.3　视图操作 ························ 9
- 1.2.4　对象操作 ······················· 10
- 1.2.5　测量 ····························· 11

项目 2　草图绘制 ·· 16

任务 2.1　赛车轮廓草图绘制 ············ 16
- 2.1.1　创建草图的一般步骤 ········ 17
- 2.1.2　"创建草图"对话框 ········· 17
- 2.1.3　草图曲线 ······················· 18
- 2.1.4　草图约束 ······················· 19
- 2.1.5　草图操作：镜像 ············· 21
- 2.1.6　草图激活 ······················· 21

任务 2.2　扳手轮廓草图绘制 ············ 26
- 2.2.1　草图曲线 ······················· 27
- 2.2.2　草图操作 ······················· 28
- 2.2.3　草图编辑 ······················· 30

任务 2.3　吊钩轮廓草图绘制 ············ 36
- 2.3.1　草图约束 ······················· 37
- 2.3.2　草图管理 ······················· 38

项目 3　实体建模 ·· 44

任务 3.1　阀芯三维建模 ··················· 44
- 3.1.1　NX 建模方法 ··················· 45
- 3.1.2　基于特征建模 ················· 45
- 3.1.3　坐标系 ··························· 46
- 3.1.4　点构造器 ······················· 48
- 3.1.5　矢量构造器 ···················· 49
- 3.1.6　基本体素特征 ················· 50
- 3.1.7　布尔运算 ······················· 52

任务 3.2　端盖三维建模 ··················· 58
- 3.2.1　扫描特征：旋转 ············· 58
- 3.2.2　成型特征：槽 ················· 60
- 3.2.3　成型特征：孔 ················· 61
- 3.2.4　阵列特征：圆形 ············· 63
- 3.2.5　边倒圆 ··························· 64
- 3.2.6　倒斜角 ··························· 67

任务 3.3　拨叉三维建模 ··················· 72

3.3.1 扫描特征：拉伸……………… 72	3.5.3 拔模……………………………… 98
3.3.2 草图操作…………………………76	3.5.4 抽壳……………………………100
3.3.3 基准特征………………………… 78	3.5.5 阵列特征：线性…………………101
任务 3.4 轴承盖三维建模………… 87	3.5.6 特征重排与插入特征……………103
3.4.1 特征操作：修剪体……………… 88	**任务 3.6 异形体三维建模………… 109**
3.4.2 特征操作：镜像特征…………… 89	3.6.1 图层………………………………110
3.4.3 特征操作：镜像几何体…………… 90	3.6.2 沿引导线扫掠……………………112
任务 3.5 壳体三维建模…………… 95	3.6.3 管………………………………113
3.5.1 成型特征：腔………………………95	3.6.4 拆分体……………………………114
3.5.2 成型特征：垫块……………………98	3.6.5 偏置面……………………………115

项目 4　曲面建模 …………………………………………………… 122

任务 4.1 塑料壶曲面建模………… 122	**任务 4.2 女式皮鞋曲面建模与渲染… 142**
4.1.1 NX 曲面建模概述………………123	4.2.1 修剪片体…………………………142
4.1.2 桥接曲线…………………………124	4.2.2 修剪和延伸………………………144
4.1.3 扫掠………………………………126	4.2.3 直纹………………………………145
4.1.4 通过曲线组………………………130	4.2.4 抽取几何特征……………………146
4.1.5 通过曲线网格……………………131	4.2.5 截面曲线…………………………147
4.1.6 有界平面…………………………132	4.2.6 组合投影…………………………148
4.1.7 缝合………………………………132	4.2.7 渲染………………………………148
4.1.8 加厚………………………………132	

项目 5　装配设计 …………………………………………………… 163

任务 5.1 深沟球轴承 6307 自顶	5.2.2 装配约束…………………………176
向下的装配…………………163	5.2.3 移动组件…………………………177
5.1.1 装配概述…………………………164	5.2.4 显示自由度………………………178
5.1.2 装配加载选项……………………165	5.2.5 替换组件…………………………178
5.1.3 引用集……………………………166	5.2.6 阵列组件…………………………179
5.1.4 装配导航器………………………167	5.2.7 镜像装配…………………………179
5.1.5 WAVE 几何链接器………………167	5.2.8 可变形组件………………………179
任务 5.2 三元叶片泵自底向上的	5.2.9 装配布置…………………………179
装配…………………………173	5.2.10 装配间隙分析……………………180
5.2.1 添加组件…………………………175	**任务 5.3 三元叶片泵装配爆炸与**
	装配序列创建………………189

| 5.3.1 装配爆炸 190 | 5.3.2 装配序列 191 |

项目 6　工程图创建 200

任务 6.1　蜗轮箱体零件图创建 200
- 6.1.1 制图方法概述 202
- 6.1.2 制图标准与制图首选项 202
- 6.1.3 视图创建 203
- 6.1.4 视图编辑 208
- 6.1.5 尺寸标注 210
- 6.1.6 制图注释 210

任务 6.2　三元叶片泵装配图创建 221
- 6.2.1 装配图纸 224
- 6.2.2 视图中的剖切 224
- 6.2.3 隐藏的组件 224
- 6.2.4 运动件极限位置表达 224
- 6.2.5 零件明细表 225
- 6.2.6 零件序号 226

项目 7　自动编程 232

任务 7.1　柴油机缸盖铸造模具加工准备 232
- 7.1.1 单位转换 233
- 7.1.2 NC 助理 233
- 7.1.3 数控加工工艺分析 234
- 7.1.4 NX 编程的一般流程 235
- 7.1.5 加工术语 235

任务 7.2　柴油机缸盖铸造模具粗加工 240
- 7.2.1 工序导航器 240
- 7.2.2 MCS（加工坐标系） 242
- 7.2.3 型腔铣 242
- 7.2.4 平面铣 248
- 7.2.5 二次开粗 248

任务 7.3　柴油机缸盖铸造模具半精加工 262
- 7.3.1 深度轮廓铣（等高轮廓铣） 263
- 7.3.2 固定轴曲面轮廓铣（区域铣削驱动方法） 264

任务 7.4　柴油机缸盖铸造模具精加工 273
- 7.4.1 底壁铣 273
- 7.4.2 固定轴曲面轮廓铣（曲线/点驱动方法） 275
- 7.4.3 固定轴曲面轮廓铣（径向切削驱动方法） 276
- 7.4.4 2D 线框平面轮廓铣 277
- 7.4.5 用户定义铣刀 277
- 7.4.6 后处理 278

参考文献 293

项目 1　NX 基本操作

每个 CAD 系统都有自己的特点，它们在功能、操作习惯等方面有所不同。使用 NX 首先要从熟悉 NX 的界面与交互技术、部件文件数据的组织等开始。通过本项目的学习，可达成以下目标。

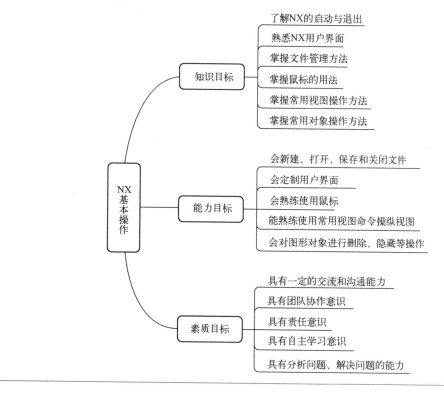

任务 1.1　定制 NX 界面

[任务描述]

启动 NX，新建模型文件，熟悉 NX 用户界面及各区域功能，按自己的使用习惯定制并保存用户界面。

1-1
定制 NX 界面
操作视频

[任务分析]

本任务主要是了解 NX 用户界面布局及各区域的主要功能，学会定制适合自己的用户界面，为 NX 软件的使用打下基础。完成本任务需要具备 NX 启动与退出、文件管理、用户界面定制方法等方面的知识。

[必备知识]

1.1.1 NX 启动

在 Windows 平台启动 NX 有以下几种方法。
◇ 使用"开始"按钮：单击"开始"→"程序"→Siemens NX→NX 命令，启动 NX。
◇ 使用 NX 快捷方式图标：在桌面上双击 NX 快捷方式图标，启动 NX。
◇ 使用部件文件：双击带有 .prt 扩展名的任意 NX 文件，会自动启动 NX 并加载文件。

1.1.2 文件操作

1. 新建文件

NX 启动后，在其窗口中执行"文件"选项卡→"新建"命令，或单击"新建"命令按钮，弹出如图 1-1-1 所示"新建"对话框，然后选择一个模板来创建新的文件。

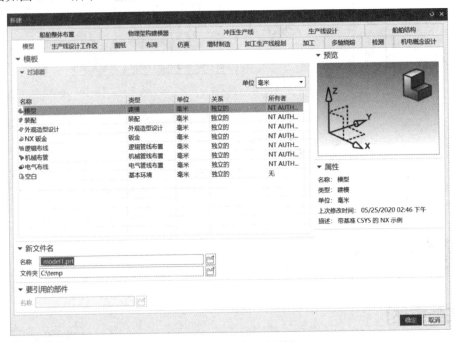

图 1-1-1 "新建"对话框

新建文件时，应注意以下几点。
◇ 选择新建零件的单位：毫米/英寸。
◇ 文件名和保存路径：不支持/、？、* 等非法字符。
◇ NX 文件的扩展名为.prt。

2. 打开文件

打开文件有以下几种方法。

- ◇ 执行"文件"→"打开"命令：可打开 NX 文件，或将来自其他 CAD/CAM 产品的兼容性文件作为.prt 文件打开。
- ◇ 使用资源条上的历史记录资源板：可以打开曾经已打开过的 NX 部件文件，这是一种比较快捷的打开方式。
- ◇ 使用最近打开的部件列表：可以快速打开之前在 NX 中打开过的部件文件。

 注意：NX 允许同时打开多个文件进行编辑，但绘图窗口中只能显示一个活动文件。如果需要将其他文件切换为当前活动文件，可直接单击文件名，也可以在快速访问工具条的"窗口"下拉菜单中选择文件。

3. 保存文件

NX 支持多种保存现有文件的策略。

- ◇ 保存（"文件"→"保存"）：以原文件名快速保存当前工作部件。操作过程中应经常保存文件，以防 NX 系统或计算机发生故障丢失文件。
- ◇ 另存为（"文件"→"另存为"）：将副本保存到其他目录或换名后将副本保存到当前目录。
- ◇ 保存所有文件（"文件"→"保存所有"）：以原文件名快速保存当前所有打开的部件。

4. 关闭文件和退出 NX

NX 支持多种关闭现有文件的策略（执行"文件"→"关闭"命令，可看到如下策略）。

- ◇ 选定的部件：从"关闭部件"对话框中选择要关闭的文件。此选项一般用于同时编辑多个文件的情况。
- ◇ 所有部件：关闭所有的文件，并返回到初始界面。
- ◇ 保存并关闭：使用当前文件名和位置仅保存和关闭显示部件文件。
- ◇ 另存为并关闭：将当前文件换名后保存并关闭。
- ◇ 全部保存并关闭：保存并关闭所有文件，并返回到初始界面。
- ◇ 全部保存并退出：保存所有文件并退出 NX 系统。

退出 NX 有两种方法：

- ◇ 执行"文件"→"退出"命令。

如果没有修改文件，则 NX 会话结束。如果已修改任何文件但未保存，将看到以下警告消息"对以下对象所做的更改未保存：是否要在退出前保存它？"若需要保存，则单击"是-保存并退出"按钮。

- ◇ 单击 NX 系统右上角"关闭"按钮 ×。

1.1.3 NX 用户界面

1. 用户界面说明

新建模型文件，确定后进入 NX 建模模块的界面如图 1-1-2 所示。

NX 建模模块界面大致可以分成 8 个区域，每个区域的功能说明如表 1-1-1 所示。其中，上边框条默认不显示。

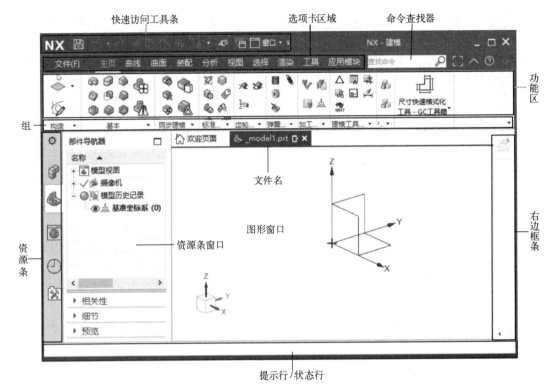

图 1-1-2　NX 建模模块的界面

表 1-1-1　NX 建模模块界面每个区域的功能说明

序号	组　件	描　述
1	快速访问工具条	包含常用命令，如保存和撤销
2	功能区	将每个应用程序中的命令组织为选项卡和组
3	上边框条	包含菜单、选择组、视图组和实用工具组命令
4	资源条	位于 NX 窗口边缘的一组选项卡集合，集成的浏览器窗口和资源板
5	右和下边框条	显示用户添加的命令
6	提示行/状态行	提示下一步操作并显示消息
7	选项卡区域	显示在选项卡式窗口中打开的部件文件的名称
8	图形窗口	建模、可视化并分析模型

单击"应用模块"选项卡，选择不同的应用模块，可在不同模块之间切换，但用户界面的主框架基本相同。

2. 用户界面定制

每个用户对软件的熟练程度和功能需求不一样，因此，用户可以根据自己的需要合理定制用户界面。

（1）首选项设置

执行"文件"→"首选项"→"用户界面"命令，弹出如图 1-1-3 所示"用户界面首选项"对话框，用户可对布局、主题等进行设置。初学者建议不要选中"窄功能区样式"复选框，这样每个命令都有文字解释。对 NX 界面不习惯的老用户可以设置"主题"类型为"经典"，改回到以前的界面。"退出时保存布局"复选框默认为选中，退出系统后会保存对用户界面的修改。

（2）角色定制

NX 提供了基于"角色"来个性化定制用户界面的方法，并可以随时在不同"角色"之间切换。用户使用 NX 时可能希望使用它的一组限定工具，并隐藏执行日常任务时不需要的工具和命令。可以从资源条"角色"选项卡的内容类别中选择合适的角色。建议初级用户选择"基本功能"角色，如果需要更多的命令，可使用"高级"角色。用户也可以将修改后的功能区布局保存成自己的角色。

（3）功能区选项卡、组与命令的显示与隐藏

用户可以在功能区上的预定义位置显示和隐藏选项卡与命令，从而能够非常容易地找到需要的命令，隐藏不需要的功能和命令，保持界面的直观、清晰。

✧ 选项卡的显示与隐藏：在选项卡空白区单击右键，弹出如图 1-1-4 所示快捷菜单，可选中需要显示的选项卡，取消选中要隐藏的选项卡。

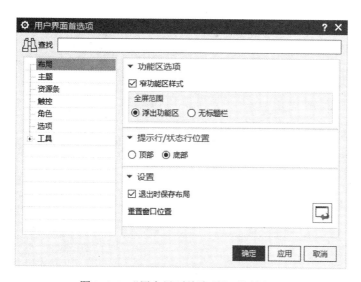

图 1-1-3 "用户界面首选项"对话框

图 1-1-4 快捷菜单

✧ 组的显示与隐藏：每个选项卡包含的组可以通过下拉菜单来组织，每个组中命令的显示和隐藏可以通过对应组的下级菜单来设置。单击功能区最右侧的"功能区选项"下拉菜单按钮 ⋅ ，可以调用当前选项卡的下拉菜单，图 1-1-5 为"主页"选项卡下拉菜单。

✧ 命令的显示与隐藏：需显示命令时，将鼠标移至任一命令图标，单击右键，弹出如图 1-1-6 所示"定制"对话框。找到需要加载的命令，将其拖至功能区的合适位置。如需隐藏不需要的命令，可将其拖回"定制"对话框。

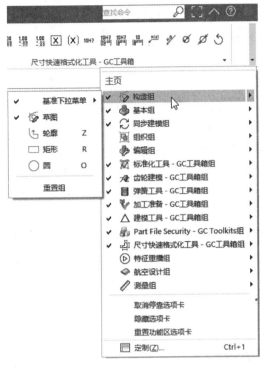

图 1-1-5 "主页"选项卡下拉菜单

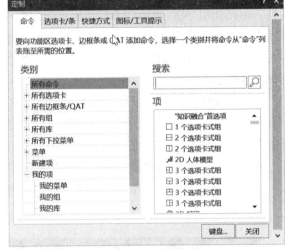

图 1-1-6 "定制"对话框

[任务实施]

1. 启动 NX

单击"开始"→"程序"→Siemens NX→NX 命令,启动后进入 NX 初始界面。

2. 进入建模模块界面

单击"新建"命令按钮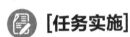,弹出"新建"对话框,在该对话框中单击"确定"按钮,即可进入 NX 建模模块界面。

3. 定制用户界面

(1) 选用高级角色

➢ 单击资源条中"角色"选项卡图标,展开"内容"类别,选择"高级"选项,弹出"加载角色"对话框,如图 1-1-7 所示。

图 1-1-7 "加载角色"对话框

➢ 单击"确定"按钮,完成"高级"角色的加载。观察用户界面会发现增加了如图 1-1-8 所示"上边框条",同时增多了一些命令。

图 1-1-8 上边框条

(2)设置用户界面首选项
➢ 单击"文件"→"首选项"→"用户界面"命令,弹出"用户界面首选项"对话框。
➢ 选中"窄功能区样式"复选框,单击"应用"按钮,观察界面的变化。
➢ 设置"主题"类型为"经典",单击"应用"按钮,观察界面的变化。
➢ 用户可根据习惯来设置这两个及其他选项。

(3)功能区定制
➢ 在选项卡空白区单击右键,在弹出的快捷菜单中单击"选择"命令,取消"选择"命令的显示。
➢ 单击功能区右侧的"功能区选项"下拉菜单按钮,取消选中不常用的标准化工具、加工准备、建模工具等组,使界面更简洁。
➢ 将光标移至任一命令图标,单击右键,在弹出的"定制"对话框中将"凸台""键槽"等命令拖至"主页"选项卡的"基本组"中。
➢ 将光标移至"上边框条"右侧,单击功能区右侧的"功能区选项"下拉菜单按钮,执行"视图组"→"编辑截面"→"剪切截面"→"实用工具组"→"WCS 下拉菜单"→"WCS 动态"和"保存 WCS"命令。

(4)右边框条命令添加
➢ 在"命令查找器"的搜索框中键入"基本曲线",单击"搜索"图标或者按〈Enter〉键,弹出如图 1-1-9 所示"命令查找器"对话框。
➢ 将鼠标移至匹配结果列表框的相应命令并单击右键,在快捷菜单中单击"添加到右边框条"命令。
➢ 单击"关闭"按钮。

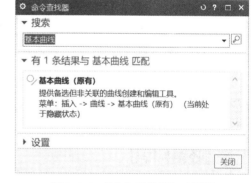

图 1-1-9 "命令查找器"对话框

使用同样的方法可以完成其他命令的添加。
可以按照上述方法为"功能区"合理定制其他命令按钮。

4. 应用模块切换

单击"应用模块"选项卡,选择制图、加工等应用模块,观察用户界面的变化,再回到 NX 建模模块。

[问题探究]

1. 关闭文件与退出文件的区别是什么?

2. 定制用户界面一般按照怎样的步骤进行比较合理？

[总结提升]

本任务主要是熟悉 NX 用户界面及各区域的主要功能，学会用户界面的定制方法，包括角色的加载、用户界面首选项的设置、功能区中选项卡、组及命令的添加及隐藏等。初学者可以先进行简单定制，随着后续学习的深入可逐步将常用的一些功能和命令按操作习惯呈现在用户界面上。

[拓展训练]

目前主流的 CAD/CAM/CAE 一体化软件有哪些？说明 NX 软件的特点以及国产 CAD 软件的现状和发展。

任务 1.2　观察、编辑和测量模型

[任务描述]

打开"阀体"文件，隐藏或删除实体之外的所有对象，比较模型的不同的着色方式。用鼠标对模型进行缩放、移动、平移等动态操作，从不同视角观察模型，并使用"截面"工具观察其内部结构。测量其总体尺寸和体积。最后，将阀体改成绿色透明显示。

[任务分析]

本任务主要是要学会对图形对象的各种操作，这些操作是 NX 使用过程中经常用到的。完成本任务需要使用鼠标、键盘，同时需要视图定向、渲染、剖切，以及对象选择、隐藏、删除等知识。

[必备知识]

1.2.1　鼠标操作

鼠标是人机交互操作中经常用到的设备，鼠标的结构如图 1-2-1 所示，不同的按键有不同的功能。

◇ 单击 MB1（左键）：选择对象，按住〈Shift〉键并单击可取消选择对象。

◇ 单击 MB2（中键）：确定〈Enter〉。

◇ 单击 MB3（右键）：显示弹出的快捷菜单，内容随鼠标指针位置不同而不同。

◇ 拖拽 MB2：旋转。

图 1-2-1　鼠标的结构

◇ 滚动 MB2：缩放。
◇ 拖拽 MB1+MB2：缩放。
◇ 拖拽 MB2+MB3：平移对象。

1.2.2 键盘操作

键盘也是常用的输入设备，除输入参数，其上的一些特殊键也会经常使用到，如〈Esc〉键，表示中断操作。此外，用户可以通过键盘使用或定制快捷键，节省调用命令所需的时间。

1.2.3 视图操作

NX 建模所产生的零件在图形窗口的显示及动态变换称为视图操作。在 NX 中可以通过多种方式实现视图操作：

◇ "视图"选项卡对应的功能区命令。
◇ 右击弹出的快捷菜单。
◇ 单击"菜单"→"视图"→"操作"命令。
◇ 键盘上的快捷键。
◇ 上边框条，如图 1-2-2 所示。

上边框条中的命令介绍如下：
（1）缩放
放大或缩小光标定义的区域（拖动一矩形窗口）。
（2）平移
沿任何方向移动视图而不更改其比例。
（3）旋转
将视图绕着系统默认的点转动。右击该按钮，设置旋转参考，可以使视图绕用户指定的点旋转。单击图形窗口左下角三重轴中的某个轴，可以绕该轴旋转。
要取消缩放、平移、旋转功能，只需再次单击相应命令或单击中键即可。缩放、平移、旋转通常不用命令控制，而是直接用鼠标中键和右键操作比较方便。
（4）适合窗口
自动调整工作视图的中心和比例，使所有对象充满图形区域并显示。
（5）定向视图
可以通过指定方位来改变视图，使其形成一个标准视图，如主视图、俯视图、左视图等，其命令图标如图 1-2-3 所示。旋转显示后，要捕捉到最近的正交视图，按〈F8〉键。按照图纸建模中会经常用到定向视图，以检查模型与图纸是否一致。

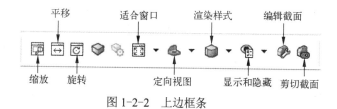

图 1-2-2 上边框条

图 1-2-3 "定向视图"命令图标

注意：以上视图操作只是视觉上的改变，对象的实际空间位置并没有发生改变。

（6）渲染样式

渲染样式命令是基于材料、纹理、着色、边缘几何体等更改部件的渲染，其命令图标如图 1-2-4 所示。为了达到不同的观察效果或便于选择对象，用户需要更改渲染样式，如需要选择被遮挡边线时，可执行"静态线框"命令。

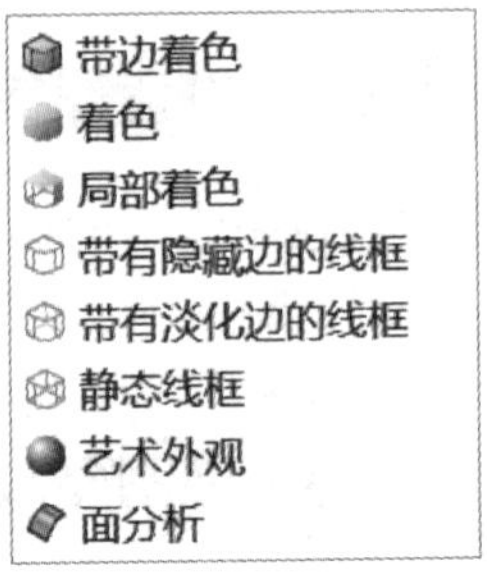

（7）视图剖切

为了便于观察零件的内部结构或装配文件中内部零件之间的装配情况，通常需要剖开显示。NX 提供了"编辑截面"和"剪切截面"功能。"编辑截面"命令可新建或利用现有的剖切平面剖切对象，获得其截面视图。拖动剖切平面法向的手柄可以改变剖切位置。"剪切截面"命令用于在截面和非截面视图之间切换。

图 1-2-4 "渲染样式"命令图标

1.2.4 对象操作

（1）选择对象

NX 中对象的选择都是通过鼠标来实现的，可以在图形窗口或导航器中操作。若对象比较集中，较难选择，可以通过"快速拾取"对话框实现快速选取，方法是：将光标移至包含待选对象的区域上方停顿，光标变为快速选取光标 时单击，NX 会打开"快速拾取"对话框，在列表框中选择需要的对象。常用对象选择方法主要有以下几种。

- ◇ 单击：在图形窗口将选择球（球形选择框）移到需要选择的对象上单击选中目标，可连续选择。也可在导航器中将光标移到需要选择的对象上单击，结合〈Ctrl〉或〈Shift〉键可选择多个对象。
- ◇ 框选：从上边框条中单击"矩形"按钮 ，并围绕要选择的对象拖动矩形。配合上边框条中的过滤器，能更快速地选择某一类对象。

（2）删除对象

删除对象可在图形窗口或导航器中操作，有以下几种方法：

- ◇ 选中对象，按〈Delete〉键。
- ◇ 光标移至待删除对象上，右击，执行"删除"命令。

（3）显示/隐藏对象

使用显示和隐藏命令可控制图形窗口中对象的可见性。NX 提供多种命令可在图形窗口中隐藏和显示对象。用户所选择的命令取决于如何选择要隐藏或显示的对象。

- ◇ 显示和隐藏 ：从列表中选择要隐藏或显示的对象类型。
- ◇ 立即隐藏 ：选定对象后不需要确认就立即隐藏。
- ◇ 隐藏 ：按类选择单个或多个对象，软件会高亮显示要在图形窗口中隐藏的对象。
- ◇ 显示 ：按类选择单个或多个对象，软件会高亮显示要在图形窗口中恢复显示的对象。

（4）编辑对象显示

使用"编辑对象显示"命令可修改对象的颜色、线型、线宽、透明度等。如装配文件中改变外壳的透明度，便于观察内部装配情况，或制图中改变某条线的线宽使之符合标准。用户可

以通过以下方法使用"编辑对象显示"命令:
◇ 单击"菜单"→"编辑"→"对象显示"命令。
◇ 单击上边框条中"编辑对象显示"命令图标🖌。

1.2.5 测量

使用"测量"命令可为选择的一个或多个对象创建测量值并将其显示在图形窗口中。用户可以控制软件如何处理选定的对象以及过滤可用测量结果,从而只显示需要的测量。

"测量"("分析"→"测量组"→"测量")对话框如图 1-2-5 所示。

（1）要测量的对象

指定可以选择的测量对象的类型,每次选择后可以指定不同的对象类型。主要有以下几种类型可供选择。

◇ 对象:可选择点、线、面、体等。
◇ 点:可以使用对齐点选项来选择点。
◇ 矢量:选择一矢量方向,强制沿该方向测量。
◇ 对象集:可以选择多个对象作为一个对象进行测量。
◇ 点集:可以选择多个点作为一个对象进行测量。

（2）测量方法

控制软件在测量时如何处理列表中的对象。

◇ 🗖自由:将列出的每个对象、对象集或点集作为单独的对象处理,并在考虑列出的所有对象后显示可能的测量结果。

图 1-2-5 "测量"对话框

◇ 🗖对象对:成对(两者之间)测量选定的对象。
◇ 🗖对象链:将列出的对象作为一个选定对象链(串联)处理。
◇ 🗖从参考对象:将第一个列出的对象作为参考对象处理,并显示该对象与列出的其他对象之间的测量(并联)结果。

（3）结果过滤器

用于在图形窗口中显示选择类型的测量结果。

（4）设置

◇ 关联:为每个测量结果创建一个关联特征和一个表达式。
◇ 显示注释:将当前测量结果另存为图形窗口中的注释。
◇ 参考坐标系:指定相对坐标系或工作坐标系进行测量。
◇ 首选项:对测量结果的显示内容、格式、单位、测量方法等进行预设置。

[任务实施]

1. 打开文件

启动 NX,打开"阀体"文件,如图 1-2-6 所示。

1-2 观察、编辑、测量模型操作视频

2．隐藏基准坐标系

光标移到"部件导航器"的 基准坐标系 (0) 上，右击，选择"隐藏"。

3．选择所有点删除

- 在上边框条的"过滤器"下拉列表框（见图 1-2-7）中选择"点"。
- 在图形窗口框选所有对象，所有点呈高亮显示。
- 按〈Delete〉键，如果这些点和其他特征没有关联，则这些点会被删除；如果有关联，则会弹出如图 1-2-8 所示"通知"对话框。单击"取消"按钮，否则会导致其他关联特征被删除。

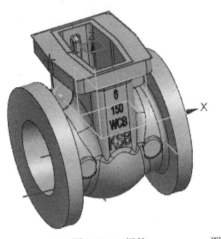

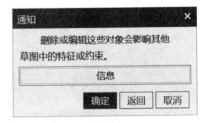

图 1-2-6　阀体　　　　图 1-2-7　"过滤器"下拉列表框　　　　图 1-2-8　"通知"对话框

4．隐藏实体外的所有其他对象

- 单击上边框条中"显示和隐藏"命令图标，弹出如图 1-2-9 所示对话框。
- 在列表框中分别单击"草图""曲线""基准平面"和"点"右侧的"隐藏"按钮。

5．改变渲染样式

- 在上边框条的"渲染样式"下拉菜单中执行"静态线框"命令，阀体显示如图 1-2-10 所示。

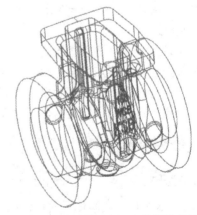

图 1-2-9　"显示和隐藏"对话框　　　　图 1-2-10　"静态线框"下的阀体显示

项目1 NX基本操作

➢ 选择不同的样式，比较它们的显示区别，最后将渲染样式改为"带边着色"。

6．定向视图

在上边框条的"定向视图"下拉菜单中分别执行"前视图""俯视图""左视图"命令，观察阀体不同方位的显示。

另一种定向视图的方法是单击"菜单"→"视图"→"操作"→"定向"命令，定义一个坐标系，将工作视图定向到 XY 平面。

7．动态操纵视图

旋转、平移和缩放阀体，观察其外形及内部形状。

8．编辑截面

阀体的内部详细结构通过旋转和缩放等操作无法直观地观察，需要将其剖开观察。具体步骤如下：

➢ 单击上边框条中"编辑截面"命令图标，弹出如图 1-2-11 所示的"视图剖切"对话框。
➢ 在"剖切平面"→"方向"下拉列表框中选择"工作坐标系"，选择"平面"选项中"设置平面至 Z 向"。
➢ 拖动 Z 向平移手柄，观察阀体显示的变化。
➢ 在"偏置"文本框中输入 0，按〈Enter〉键，单击"确定"按钮，阀体 Z 向截面显示如图 1-2-12 所示。
➢ 定向视图到"前视图"，观察阀体显示。
➢ 类似地，可以以"垂直于 X 方向的平面"作为剖切平面将阀体剖开显示，观察阀体的内部结构。

图 1-2-11 "视图剖切"对话框

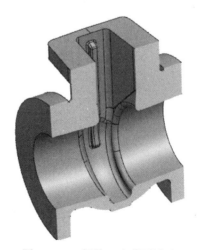

图 1-2-12 阀体 Z 向截面显示

9．测量

➢ 单击上边框条中"剪切截面"命令图标，阀体恢复完整显示。
➢ 单击"分析"选项卡→"测量"组→"测量"命令图标，弹出"测量"对话框。

➢ 将光标移至阀体表面后停顿，光标变为快速选取光标 时单击，从"快速拾取"对话框中选择"实体/体（1）"。

➢ 在"测量"对话框的"结果过滤器"中单击"其他（1）"按钮 ，图形窗口显示如图 1-2-13 所示的"测量"场景对话框。

➢ 单击"确定"按钮，完成测量。

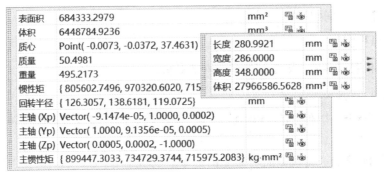

图 1-2-13 "测量"场景对话框

10. 编辑显示

➢ 单击上边框条中"编辑对象显示"命令图标 （本命令可自行添加至上边框条），弹出如图 1-2-14 所示"类选择"对话框。

➢ 选择阀体实体，确定后弹出如图 1-2-15 所示"编辑对象显示"对话框。

➢ 单击"颜色"选项右侧显示框按钮 ，在弹出的"对象颜色"对话框中选择"Green"，单击"确定"按钮。拖动"透明度"操作杆到合适位置。

➢ 单击"确定"按钮，阀体透明显示如图 1-2-16 所示。

  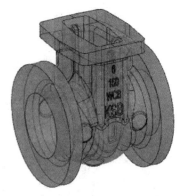

图 1-2-14 "类选择"对话框　　图 1-2-15 "编辑对象显示"对话框　　图 1-2-16 阀体透明显示

11. 保存文件

单击"保存"按钮 ，保存文件。

[问题探究]

1. 如何快速选择某种类型的对象？

2. 删除与隐藏的区别是什么？

3. 如何判断一个面是否是平面？

[总结提升]

软件的使用就是人机交互的过程，因此，鼠标、键盘是必不可少的工具。熟练掌握它们的使用方法及技巧可以提高操作效率。对象操作、视图操作也是 NX 使用过程中经常用到的基本操作。平时要注意总结不同对象操作之间的区别，同时要学会灵活使用各种操作解决实际问题。例如，根据图纸建模时，为了检查模型是否正确，需要联合使用"定向视图""带有隐藏边的线框"和"编辑截面"等命令。

[拓展训练]

打开"轴承座"零件，隐藏实体外所有对象，观察其内外结构，并测量其长、宽、高和体积。

项目 2　草图绘制

草图是驻留于指定平面的 2D 曲线和点的集合,通过它可以创建其他关联特征。熟练掌握草图的绘制、约束和编辑可为后续实体建模和曲面建模的学习打下坚实基础。通过本项目的学习,可达成以下目标:

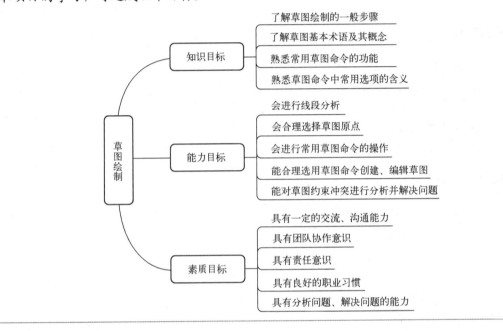

任务 2.1　赛车轮廓草图绘制

[任务描述]

分析图 2-1-1 所示赛车轮廓草图,了解其线段组成和位置关系,用合适的草图曲线命令绘制其轮廓,并通过施加几何和尺寸约束使之完全约束。

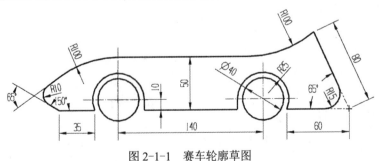

图 2-1-1　赛车轮廓草图

[任务分析]

可以看出赛车轮廓由直线、圆、圆弧构成。前后两轮相对它们之间的中心线是对称的。底部的三条水平线共线。要完成该轮廓草图的绘制，事先应掌握草图原点、草图绘制流程、草图曲线、草图约束等方面的知识。

[必备知识]

2.1.1 创建草图的一般步骤

草图绘制一般按照以下流程进行：
1）单击"主页"选项卡→"构造"组→"草图"命令图标，执行草图命令。
2）选择或新建草图平面，定义草图方向及原点，进入草图环境。
3）检查和修改"草图首选项"参数设置（可选）。
4）使用草图曲线、编辑命令建立草图。
5）按设计意图添加几何约束、尺寸约束，使草图完全约束。
6）单击"主页"选项卡→"草图"组→"完成"命令图标，退出草图。

2.1.2 "创建草图"对话框

执行"草图"命令后，会弹出如图 2-1-2 所示的"创建草图"对话框。

（1）草图类型

草图有以下两种类型。

◇ 基于平面：选择一个现有的基准平面或部件模型中的平面建立草图或者新建一个平面创建草图。

◇ 基于路径：首先在曲线或实体的边线上建立一个垂直平面，然后在这个垂直平面上建立一个草图，这是一种特定类型的受约束草图，可用来创建用于变化的扫掠特征的轮廓。

图 2-1-2 "创建草图"对话框

这里仅介绍第一种"基于平面"的草图。

（2）草图平面

"基于平面"的草图平面有以下两种定义方法。

◇ 自动判断：NX 会根据单击位置自动选择草图坐标系的原点和横轴。

◇ 新建平面：使用此方法可选择草图坐标系的原点和方向。

（3）草图方向

用于定义基准轴（X 轴、Y 轴）的方向。"水平"参考表示 X 轴，"竖直"参考表示 Y 轴。

（4）草图原点

用于定义坐标原点的位置。一般选择平面图形水平、竖直方向基准线的交点处。

草图平面、草图方向和草图原点之间的关系如图 2-1-3 所示。

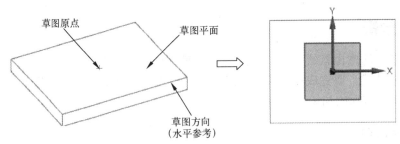

图 2-1-3　草图平面、草图方向和草图原点之间的关系

2.1.3　草图曲线

进入草图环境后，软件界面如图 2-1-4 所示。常用草图曲线命令及其功能如表 2-1-1 所示。

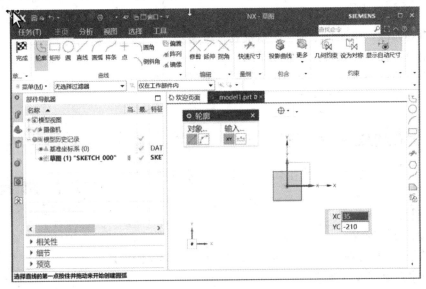

图 2-1-4　草图环境界面

表 2-1-1　常用草图曲线命令及其功能

草图曲线命令	功能描述
轮廓	以线串模式创建一系列相连的直线和/或圆弧
直线	单独创建一条直线
圆	通过三点创建圆或通过指定圆心和直径创建圆
圆弧	通过三点创建圆弧或通过中心和端点创建圆弧
点	创建点
样条	通过点或极点动态创建样条，定义点时，还可以对其添加倾斜或曲率约束
圆角	在两条或三条曲线之间创建一个圆角
倒斜角	在两条草图直线之间创建倒角

1. 轮廓

轮廓命令是草图绘制中用得最多的命令之一，其可以连续创建一系列相连直线和圆弧。直线和圆弧之间的切换有以下两种方法：

◇ 在"轮廓"对话框（如图 2-1-5 所示）的对象类型中选择。默认情况下，创建圆弧后轮廓切换到直线模式，要创建一系列成链的圆弧，可双击圆弧选项。

◇ 在当前模式，按住左键并拖动，即可切换到另一个模式。

由直线转圆弧时光标从哪个象限移出决定了圆弧和直线是相切还是垂直关系，如图 2-1-6 所示。

图 2-1-5 "轮廓"对话框

图 2-1-6 象限移出位置

a) 相切 b) 垂直

2. 圆弧

圆弧命令有"三点"方式和"圆心和端点"方式两种类型。一般只有圆心确定的情况下才使用"圆心和端点"方式。

使用"三点"方式创建圆弧时，给点的顺序有两种：起点、终点、中间点（如图 2-1-7 所示），和起点、中间点、终点（如图 2-1-8 所示）。

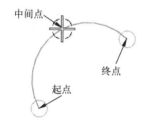

图 2-1-7 起点、终点、中间点

图 2-1-8 起点、中间点、终点

2.1.4 草图约束

约束用于精确地控制草图对象的位置和大小。

1. 约束类型

草图约束有以下两种类型。

（1）尺寸约束

尺寸约束 可建立草图对象的大小（如直线的长度、圆弧的半径等）或是两个对象之间的关系（如两点间距离、草图中某一对象到基准轴之间的距离等）。改变草图尺寸值会改变草图对象和与草图曲线关联的实体模型特征。图 2-1-9 为尺寸与几何约束示例，其中的长度、半径、直径和角度均为尺寸约束。

（2）几何约束

几何约束 可建立草图对象的几何特性（如要求某一直线具有固定长度），或是两个或更

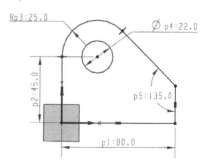

图 2-1-9 尺寸与几何约束示例

多草图对象间的关系类型（如要求两条直线垂直或平行，或是几个弧具有相同的半径）。几何约束类型如表 2-1-2 所示。

表 2-1-2　几何约束类型

约束类型	命令图标	图形窗口中的图标	描述
水平	—	—	定义一条水平线
竖直	│	│	定义一条竖直线
相切	∂	/	定义两个对象，使其相切
水平对齐	↔	—	在水平方向对齐两个或多个点，水平方向由草图方向定义
竖直对齐	↕	│	在竖直方向对齐两个或多个点，竖直方向由草图方向定义
平行	∥	∥	定义两条或多条直线或椭圆，使其互相平行
垂直	⊥	⊥	定义两条直线或椭圆，使其互相垂直
共线	／	--	定义两条或多条位于相同直线上或穿过同一直线的直线
重合	∕	•	定义两个或多个有相同位置的点
中点	├─	╎	定义某个点的位置，使其与直线或圆弧的两个端点等距。注意，先选线再选点
点在曲线上	↑	○	定义一个位于曲线上的点的位置
同心	◎	•	定义两个或多个有相同中心的圆弧和椭圆弧
等半径	≈	=	定义两个或多个等半径圆弧
等长	≡	=	定义两条或多条等长直线
点在线串上	┐	○	定义一个位于配方曲线上的点的位置
与线串相切	┐	/	创建草图曲线和配方曲线之间的相切约束
垂直于线串	⊐	⊥	创建草图曲线和配方曲线之间的垂直约束
固定	⊥	⊥	约束点位置、直线角度或圆弧半径
完全固定	⊥⊥	⊥	创建足够的约束，以便通过一个步骤来完全定义草图几何图形的位置和方位
定长	↔	↔	定义一条长度固定不变的直线
定角	∠	∠	定义一条直线，其相对于草图坐标系的角度固定不变

几何约束在图形窗口的显示可以控制。单击功能区"约束"组中"显示约束"图标按钮 ，可以控制几何约束的显示与隐藏。

几何约束关系示意如图 2-1-9 所示，有水平、竖直、重合、相切和同心约束类型。

> 注意：对建立约束的次序的建议：
> ◇ 加几何约束：固定一个特征点。
> ◇ 按照设计意图添加充分的几何约束。
> ◇ 按照设计意图添加少量尺寸约束（需要频繁更改的尺寸）。

2. 约束方法

（1）尺寸约束方法

◇ 选择"主页"选项卡→"量纲"组→五个尺寸标注命令（快速尺寸 、线性尺寸 、径向尺寸 、角度尺寸 、周长尺寸 ）。

◇ 双击自动标注的尺寸，输入新值，按〈Enter〉键。每改一处 NX 会自动删除一个冗余的自动标注尺寸。

（2）几何约束方法

- 选择"主页"选项卡→"约束"组→"几何约束"命令图标，弹出如图 2-1-10 所示"几何约束"对话框。先选择约束类型，再选择要约束的对象。
- 在图形窗口中依次选择需要添加几何约束的草图几何元素，在快速访问工具条中选择对应的约束类型。

3．约束状态

草图约束状态可从状态行中观察，有以下几种状态：

- 欠约束草图：草图中尚有自由度存在，状态行显示：草图已被 n 个自动尺寸完全约束。
- 充分约束草图：草图中已无自由度存在，状态行显示：草图已完全约束。
- 过约束草图：对草图曲线或顶点所应用的约束多于控制它所必需的约束或添加的约束之间相互矛盾。发生这种情况时，与之相关的草图对象或尺寸会显示异常。

草图各种状态下曲线与尺寸的颜色可从"草图首选项"对话框的"部件设置"选项卡中查看或修改。

图 2-1-10 "几何约束"对话框

> **注意：**
> - NX 允许欠约束草图参与拉伸、旋转及自由形状扫描等，但最好是用完全约束草图来参与这些功能。
> - 过约束草图是不允许参与这些功能的，用户需要删除多余或相互矛盾的约束。

2.1.5 草图操作：镜像

"镜像曲线"命令可对直线或轴创建草图几何体的镜像副本，其对话框如图 2-1-11 所示。

镜像操作适用于轴对称图形，因此，对称的图形只需绘制一半甚至 1/4，利用"镜像"命令可以快速创建。

> **注意：**
> - 如果选中"设置"下拉列表框的"中心线转换为参考"复选按钮，镜像后镜像中心线自动转变成参考线。
> - 源对象的编辑会影响副本，而副本的编辑不一定影响源对象。

图 2-1-11 "镜像曲线"命令对话框

2.1.6 草图激活

退出草图后若要编辑该草图，需要再次激活才能进行修改。激活草图主要有以下几种方法：

- 在图形窗口中双击草图曲线。
- 单击"菜单"→"编辑"→"草图"，在打开的草图列表中选择所要编辑的草图。如果只存在一个草图，则自动激活该草图。
- 在部件导航器中双击任何一个草图特征，或右击一个草图特征，在弹出的快捷菜单中单击"编辑"命令。

[任务实施]

1. 绘制方案

根据前面的任务分析，制定赛车轮廓草图绘制方案，如图 2-1-12 所示。

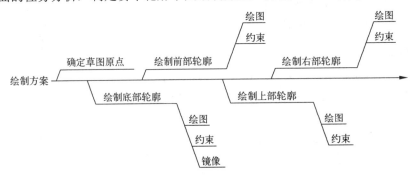

图 2-1-12　赛车轮廓草图绘图方案

2. 操作步骤

（1）新建文件

单击"新建"按钮，在弹出的对话框中设置"文件夹"为"D:\教材\项目 2\"，在"名称"文本框中输入文件名"赛车轮廓草图"，单位设置为"毫米"，单击"确定"按钮，进入 NX 建模模块界面。

（2）进入草图环境

单击"主页"选项卡→"构造"组→"草图"命令图标，以默认的 XY 平面作为草图平面，确定后进入草图环境。

（3）查看和设置"草图首选项"参数

单击"任务"菜单→"首选项"→"草图"命令，弹出如图 2-1-13 所示的"草图首选项"对话框，确保选中"创建自动判断约束"和"连续自动标注尺寸"选项，"尺寸标签"后的下拉列表框设置为"值"，单击"确定"按钮。

（4）绘制和约束草图

1）绘制底部轮廓：

➢ 单击"主页"选项卡→"曲线"组→"圆"命令图标○，以"圆心和直径"方式任意绘制一个圆，如图 2-1-14 所示。

图 2-1-13　"草图首选项"对话框

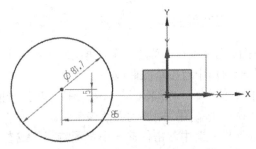

图 2-1-14　"以圆心和直径"方式绘制的圆

➤ 隐藏基准坐标系，分别选择圆心和 X 轴，添加"点在曲线上" 约束，结果如图 2-1-15 所示。
➤ 双击直径尺寸，在屏幕文本框或"径向尺寸"对话框中输入 40，按〈Enter〉键。双击圆心到 Y 轴的定位尺寸，修改为 70，结果如图 2-1-16 所示。

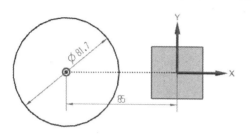

图 2-1-15　添加几何约束后的圆

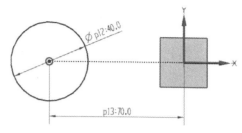

图 2-1-16　添加尺寸约束后的圆

➤ 单击"轮廓"命令图标，从右至左绘制一条水平线，接着向上绘制竖直线。
➤ 单击"轮廓"对话框中"圆弧"命令图标，绘制相切圆弧，单击中键两次，结果如图 2-1-17 所示。
➤ 选择圆弧和圆，添加"同心" 约束，选择右边水平线的右端点和 Y 轴，添加"点在曲线上" 约束。
➤ 双击水平线的定位尺寸，修改为 10，双击圆弧半径尺寸，修改为 R25，结果如图 2-1-18 所示。

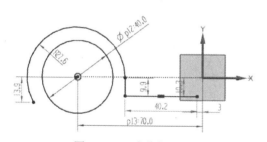

图 2-1-17　直线与圆弧

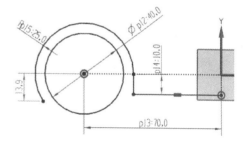

图 2-1-18　添加几何约束和尺寸约束 1

➤ 单击"镜像"命令图标，在图形窗口框选中所有曲线，单击中键，选择 Y 轴作为中心线，确定后结果如图 2-1-19 所示。

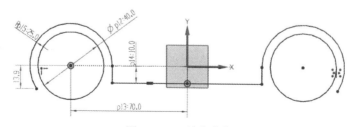

图 2-1-19　镜像曲线

2）绘制前部轮廓：
➤ 单击"轮廓"命令图标，绘制如图 2-1-20 所示草图。
➤ 选择圆弧的圆心和 $\phi 40$ 圆弧圆心，添加"竖直对齐"约束。
➤ 选择圆弧的右端点和 $\phi 40$ 圆弧圆心，添加"竖直对齐"约束。

➢ 选择两条水平线,添加"共线" 约束,结果如图 2-1-21 所示。

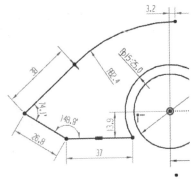
图 2-1-20 前部轮廓

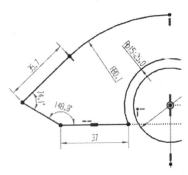
图 2-1-21 添加几何约束和尺寸约束 2

注意:
◇ 每条线段要按照其大致大小和位置绘制,否则添加约束后会有大的变形,从而变得难以控制。
◇ 如果线段之间的相互位置不合适,用户要进行调整(拖动控制点),再添加约束。
◇ 添加几何约束后有些尺寸会消失或改变。

➢ 将相关尺寸按图纸尺寸修改后的结果如图 2-1-22 所示。

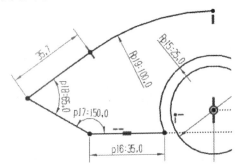
图 2-1-22 约束后的前部轮廓

3)绘制上部轮廓
➢ 单击"轮廓"命令图标 ,绘制如图 2-1-23 所示草图。
➢ 单击"主页"选项卡→"量纲"组→"快速尺寸"命令图标 ,确定水平线与底部水平线之间的距离为 50。
➢ 双击圆弧半径尺寸,修改为 R100,结果如图 2-1-24 所示。

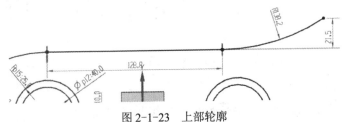
图 2-1-23 上部轮廓

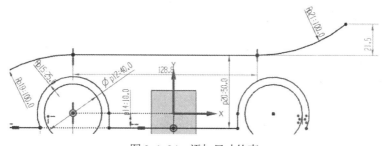

图 2-1-24 添加尺寸约束

4）绘制右部轮廓
➢ 单击"轮廓"命令图标，绘制如图 2-1-25 所示草图。
➢ 标注角度尺寸为 65，按图纸尺寸双击两直线，将其尺寸分别改为 60、80，结果如图 2-1-26 所示。

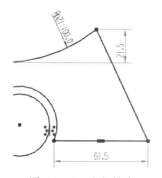
图 2-1-25 右部轮廓

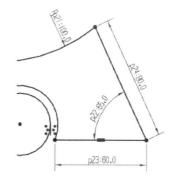
图 2-1-26 约束后的右部轮廓

5）倒圆角
➢ 单击"圆角"命令图标，分别选择前部的两条直线，在合适位置单击放置圆角。
➢ 双击圆角半径，修改为 R10。
➢ 相同方法给后部两直线倒圆角 R15。此时状态栏显示：草图已完全约束。

（5）退出草图
单击"主页"选项卡→"草图"组→"完成"命令图标，退出草图环境。同时，部件导航器中出现草图（1）"SKETCH_000"特征。退出草图后如需对草图修改，需要激活草图，再次进入该草图环境，才能对其进行相关编辑。

（6）保存文件
单击"保存"命令图标，保存文件，完成绘图过程。

[问题探究]

1．如何选择草图原点？

2．如何更快地约束草图？

[总结提升]

草图绘制时首先要分析图形特点，确定草图原点的位置。再具体分析线段的属性和位置关系，选用合适的草图曲线命令绘制草图。初学者可以边画边设置约束，而不必画好完整草图后再设置约束。添加约束时一般先约束位置，再约束大小。操作过程中要学会对草图的调整，才能更好、更快地约束草图。对于对称或按规律分布的图形要善用镜像、阵列命令加速绘制进程。

[拓展训练]

根据图 2-1-27 所示锅铲二维图形，绘制草图并使之完全约束。

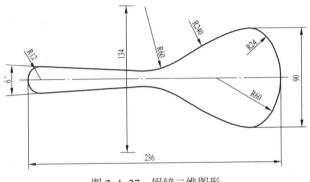

图 2-1-27　锅铲二维图形

任务 2.2　扳手轮廓草图绘制

[任务描述]

分析图 2-2-1 所示扳手轮廓草图，了解其线段组成和位置关系，用合适的草图曲线命令绘制其轮廓，并通过施加几何和尺寸约束使之完全约束。

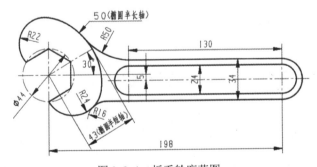

图 2-2-1　扳手轮廓草图

[任务分析]

扳手轮廓草图由椭圆、多边形、直线、圆弧构成。手柄部分对称，对称中心线距 X 轴距离为 5。手柄内部长圆柱与外轮廓等距。要完成该轮廓草图的绘制，应掌握椭圆绘制与约束、多边形创建、偏置曲线和转换为参考等方面的知识。

[必备知识]

2.2.1 草图曲线

1. 多边形

"多边形"命令○可创建具有任意边数的正多边形。其对话框如图 2-2-2 所示。

多边形有边数、中心位置、大小、方位四个要素。在"多边形"对话框中只有边数需要明确定义,其他参数不需要定义。大小通过尺寸标注控制,方位通过几何约束控制,中心位置可以通过捕捉已有点或尺寸标注约束。

多边形有以下三种创建方式。

◇ 内切圆半径:指定从中心点到多边形边的中心的距离,如图 2-2-3 所示。

◇ 外接圆半径:指定从中心点到多边形顶点的距离,如图 2-2-4 所示。

图 2-2-2 "多边形"对话框

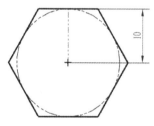

图 2-2-3 "内切圆半径"方式

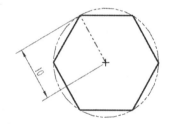

图 2-2-4 "外接圆半径"方式

◇ 边长:指定多边形边的长度,如图 2-2-5 所示。

无论哪种方式创建,多边形均需按给定条件进行标注。

2. 椭圆

"椭圆"命令○可用来创建椭圆。椭圆参数如图 2-2-6 所示。

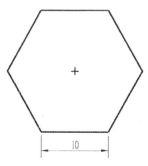

图 2-2-5 "边长"方式

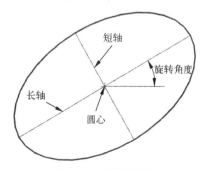

图 2-2-6 椭圆参数

椭圆有圆心位置、半长轴、半短轴、旋转角度四个要素,其约束如图 2-2-7 所示。注意,辅助线与椭圆需添加垂直约束,且不能捕捉象限点。

3. 二次曲线

"二次曲线"命令 可构造一条二次曲线,其参数如图 2-2-8 所示。图 2-2-8 中,距离 D_1 由 Rho 的输入值决定。输入的 Rho 值必须在 0~1 之间。创建的二次曲线截面的类型由这个值决定。

- ◇ $Rho<1/2$ 时,创建一个椭圆。
- ◇ $Rho=1/2$ 时,创建一条抛物线。
- ◇ $Rho>1/2$ 时,创建一条双曲线。

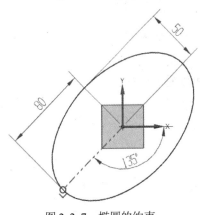

图 2-2-7 椭圆的约束

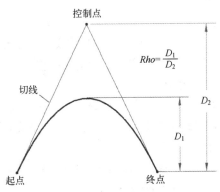

图 2-2-8 二次曲线参数

2.2.2 草图操作

1. 偏置

使用"偏置"命令 可对曲线链(可以是开放的、封闭的或者一段开放一段封闭)进行偏置,并可使用偏置约束来约束几何体。使用图形窗口符号来标识草图基链和偏置链,并在基链和偏置链之间创建偏置尺寸。图 2-2-9 为偏置曲线示例。

"偏置曲线"对话框,如图 2-2-10 所示,主要参数说明如下:

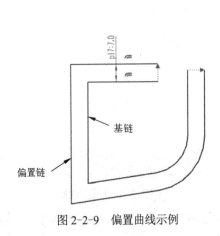

图 2-2-9 偏置曲线示例

图 2-2-10 "偏置曲线"对话框

1）距离：指定偏置距离。只有正值才有效。
2）创建尺寸：在基链和偏置链之间创建距离尺寸。删除此尺寸不会将偏置约束删除。
3）对称偏置：在基链的两端各创建一个偏置链。
4）副本数：指定要生成的偏置链的数量，以生成多个偏置链。
5）端盖选项——圆弧帽形体：在每个拐角处为偏置链曲线创建圆角来封闭偏置链，圆角半径等于偏置距离，只有向外偏置时才有效。图 2-2-11 为圆弧帽形体示例。
6）输入曲线转换为参考：将输入曲线转换为参考曲线。

2. 转换至/自参考对象

"转换至/自参考对象"命令 将草图曲线从活动曲线转换为参考曲线或将尺寸从驱动尺寸转换为参考尺寸，也可反向操作。下游命令不使用参考曲线，并且参考尺寸不控制草图几何图形。参考曲线变灰，且以双点画线线显示。辅助线通常需要转换为参考曲线。

3. 阵列

"阵列"命令 可以按一定规律复制草图对象，"阵列曲线"对话框如图 2-2-12 所示。

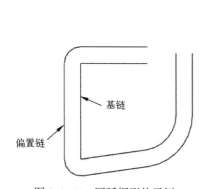

图 2-2-11　圆弧帽形体示例

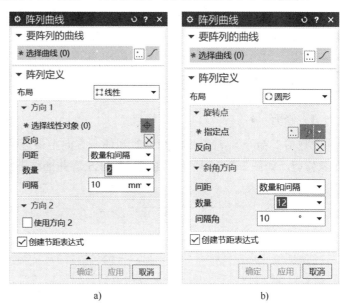

图 2-2-12　"阵列曲线"对话框
a) 线性　b) 圆形

（1）线性阵列
线性阵列的原理可以用图 2-2-13 描述。其中：
❶表示源对象（要阵列的曲线）。
❷表示方向 1 及阵列数量（包含源对象）。
❸表示方向 1/方向 2 间隔（步距），即相邻两副本的间距，方向 1 和方向 2 数值可以不同。
❹表示跨度（跨距），即源对象到最后一条阵列曲线的距离。
❺表示方向 2 及阵列数量（包含源对象）。

（2）圆形阵列
圆形阵列的原理可以用图 2-2-14 描述。其中：

❶表示源对象（要阵列的曲线）。
❷表示间隔（步距角），即相邻两副本之间的圆心角。
❸表示跨度（跨角），即源对象到最后一条阵列曲线之间的圆心角。

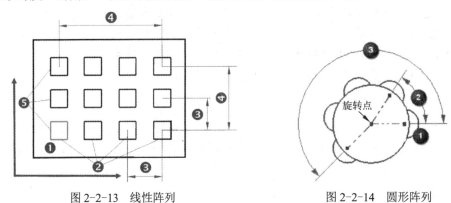

图 2-2-13　线性阵列　　　　　　　图 2-2-14　圆形阵列

（3）常规

常规指按一个或多个目标点或者坐标系定义的位置来定义布局，相当于将源对象从参考点复制到新的位置。

2.2.3　草图编辑

1. 修剪

"修剪"命令✕可以将曲线修剪到任一方向上最近的实际交点或虚拟交点。可以单击选取对象修剪，如图 2-2-15 所示；也可以按住左键并拖动进行修剪，如图 2-2-16 所示。

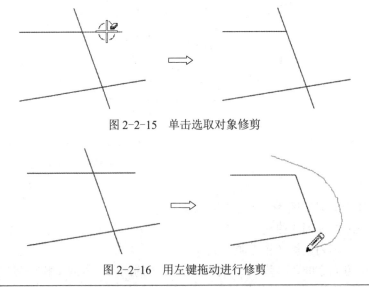

图 2-2-15　单击选取对象修剪

图 2-2-16　用左键拖动进行修剪

注意：修剪到虚拟交点时需要定义边界。

2. 延伸

"延伸"命令╱可以将直线或曲线延伸到其与另一条曲线的实际交点或虚拟交点处，如

图 2-2-17 所示。

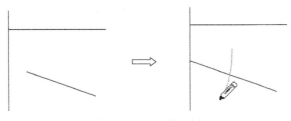

图 2-1-17　延伸示例

3．拐角

"拐角"命令×可将两条输入曲线延伸和修剪到一个公共交点。此命令相当于延伸与修剪的组合。

[任务实施]

1．绘制方案

根据前面的任务分析，制定扳手轮廓草图绘制方案，如图 2-2-18 所示。

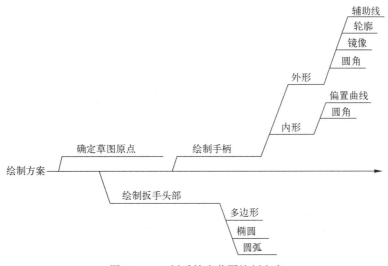

图 2-2-18　扳手轮廓草图绘制方案

2．操作步骤

（1）新建文件

单击"新建"按钮，在弹出对话框中设置"文件夹"为"D:\教材\项目 2\"，在"名称"文本框中输入文件名"扳手轮廓草图"，"单位"设置为"毫米"，单击"确定"按钮，进入 NX 建模模块界面。

2-2
扳手轮廓草图
绘制操作视频

（2）进入草图环境

单击"主页"选项卡→"构造"组→"草图"命令图标，以默认的 XY 平面作为草图平面，确定后进入草图环境。

（3）绘制扳手头部

1）绘制多边形

- 将"草图设置"中的"尺寸标签"改为"值",取消选中"显示顶点"选项。
- 单击"多边形"命令图标○,选择坐标原点为中心点,移动光标,在合适位置单击。
- 约束任一条边为竖直,标注外接圆半径尺寸为 22,结果如图 2-2-19 所示。

2)绘制椭圆

- 单击"椭圆"命令图标○,设置旋转角度为 120°,选择坐标原点为中心点,拖动箭头调整椭圆大小,确定后如图 2-2-20 所示。

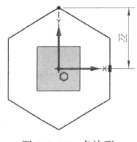
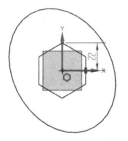

图 2-2-19 多边形　　　　　　　　图 2-2-20 椭圆

- 过圆心绘制一条与椭圆垂直的直线,如图 2-2-21 所示。
- 单击"修剪"命令图标×,选择椭圆右侧直线,完成多余直线修剪,如图 2-2-22 所示。

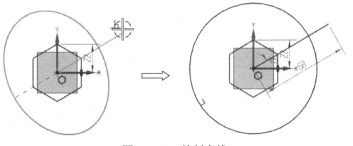
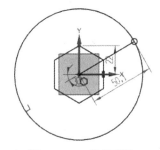

图 2-2-21 绘制直线　　　　　　　　图 2-2-22 修剪直线

- 修改直线定位角度为 30,直线长度(短半轴)为 43,半长轴尺寸为 50,结果如图 2-2-23 所示。

3)绘制圆弧

- 单击"圆弧"命令图标⌒,以"三点"方式绘制两个圆弧,圆弧的端点分别选择多边形的顶点和椭圆上一点,并保证与椭圆相切。
- 修改两圆弧半径分别为 22 和 24,结果如图 2-2-24 所示。

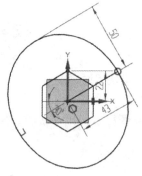
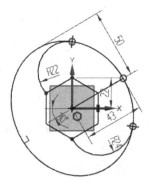

图 2-2-23 约束的椭圆　　　　　　　　图 2-2-24 绘制圆弧

4）修剪曲线

单击"主页"选项卡→"编辑"组→"修剪"命令图标×，选择椭圆左侧部分，完成椭圆曲线修剪，如图2-2-25所示。

5）转换至参考对象

单击"主页"选项卡→"约束"组→"转换至/自参考对象"命令图标，选择多边形的两条边和辅助直线，确定后将它们转换为参考线，如图2-2-26所示。

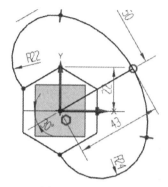 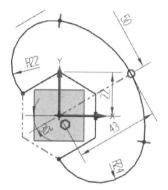

图2-2-25　修剪曲线　　　　　　　　图2-2-26　转换至参考对象

（4）绘制手柄

1）绘制辅助线

单击"直线"命令图标／，在X轴下方绘制一条直线，标注竖直方向定位尺寸为5。

2）绘制手柄外形

➢ 单击"轮廓"命令图标，绘制直线和圆弧如图2-2-27所示。

➢ 选择圆弧端点、圆心和辅助线，添加"点在曲线上"约束。

➢ 标注圆弧圆心到Y轴距离为198，结果如图2-2-28所示。

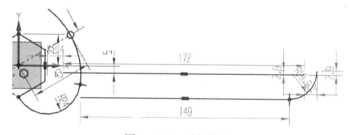

图2-2-27　手柄外形

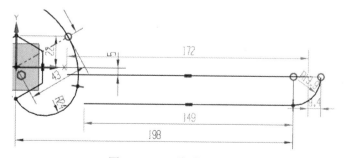

图2-2-28　手柄外形约束

➢ 单击"镜像"命令图标，将直线和圆弧相对于辅助线镜像，结果如图2-2-29所示。

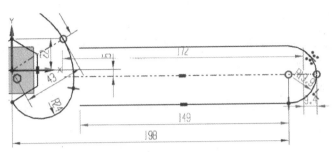

图 2-2-29 镜像曲线

- 单击"圆角"命令图标，在"圆角"对话框中选择"取消修剪"图标，分别将手柄上下两条直线和扳手头部的椭圆和圆弧倒圆角，如图 2-2-30 所示。
- 修剪多余直线，如果直线未与倒圆角的圆弧相交，使用"延伸"命令，使其相交。
- 分别修改上下两圆角半径为 50、16，标注手柄上下两条直线间距离为 34，结果如图 2-2-31 所示。

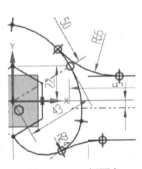

图 2-2-30 倒圆角

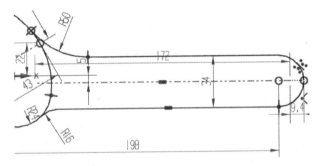

图 2-2-31 约束后的手柄外形

3）绘制手柄内部形状
- 单击"偏置"命令图标，弹出"偏置曲线"对话框。
- 在图形窗口的"选择意图"下拉列表框（见图 2-2-32）中选择"单条曲线"选项。
- 选择手柄中除 R50、R16 两圆弧外所有曲线。
- 设偏置距离为 5，注意方向向内。否则单击"反向"按钮。
- 单击"确定"按钮，结果如图 2-2-33 所示。

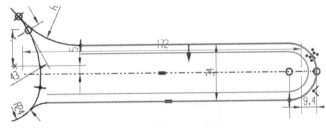

图 2-2-32 "选择意图"下拉列表框　　　图 2-2-33 偏置曲线

- 单击"圆角"命令图标，在"圆角"对话框中选择"修剪"图标。
- 选择偏置链中两条直线如图 2-2-34 所示，移动光标在合适位置处单击，完成圆角创建。
- 修改手柄内部形状中两圆弧间距为 130，完成手柄内部形状创建，如图 2-2-35 所示。

图 2-2-34　直线倒圆　　　　　图 2-2-35　手柄内部形状

（5）退出草图

单击"完成"命令图标，退出草图环境。

（6）保存文件

单击"保存"命令图标，保存文件，完成绘图过程。

[问题探究]

1. 对椭圆如何完全约束？

___

2. 偏置曲线中基链编辑一定会影响偏置链吗？偏置链编辑会影响基链吗？

___

[总结提升]

多边形、椭圆对话框中的初始大小和角度参数，创建之后，需要继续使用尺寸和几何约束来定义它。图形之间形状相同、间距相等时，使用偏置曲线的方法可以快速创建。图形中的小圆弧一般使用"圆角"命令创建，不必用"圆弧"命令绘制。

[拓展训练]

1. 根据图 2-2-36 所示二维图形绘制草图并使之完全约束。

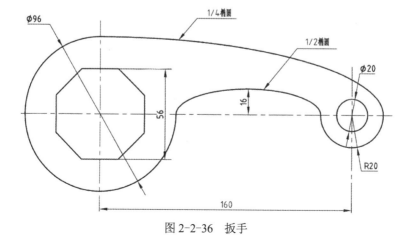

图 2-2-36　扳手

2. 根据图 2-2-37 所示二维图形绘制草图并使之完全约束。

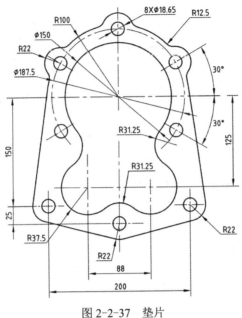

图 2-2-37　垫片

任务 2.3　吊钩轮廓草图绘制

[任务描述]

分析图 2-3-1 所示吊钩轮廓草图，了解其线段组成和位置关系，使用延迟评估方法在 XY 基准面上创建草图，并使之完全约束。使用重新附着功能将草图修改到 XZ 基准面上，并保证草图完全约束。

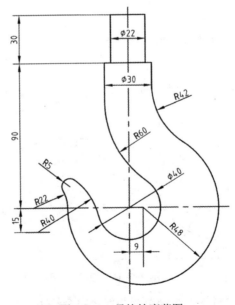

图 2-3-1　吊钩轮廓草图

[任务分析]

吊钩轮廓中 Ø40、R48 圆弧属于已知线段（已知大小、位置），R40、R22 圆弧属于中间线段（已知大小和一个位置尺寸），R5、R60、R42 属于连接线段（已知大小），一般按照已知线段→中间线段→连接线段的顺序进行绘制。要完成该轮廓草图的绘制，事先应掌握设为对称、延迟评估和重新附着等方面的知识。

[必备知识]

2.3.1 草图约束

（1）设为对称

"设为对称"命令 是将两点或曲线约束为相对于中心线对称，如图 2-3-2 所示。

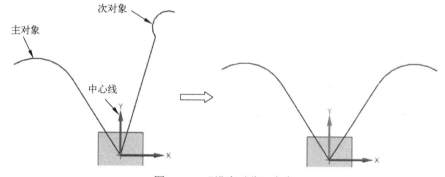

图 2-3-2 "设为对称"命令

注意：主对象与次对象的箭头方向要一致。

（2）自动约束

"自动约束"命令 可以设置 NX 自动应用到草图的几何约束的类型。NX 会分析活动草图中的几何体，并在适当的位置应用选定约束。

将几何体添加到活动草图时，尤其是从其他 CAD 系统导入几何体时，自动约束命令特别有用，可以减少手动添加几何约束的次数，提高效率。

"自动约束"对话框如图 2-3-3 所示。

（3）约束浏览器

"约束浏览器"命令 可在活动的草图中查看有关草图对象的详细信息，并解决冲突的约束。其对话框如图 2-3-4 所示。"约束浏览器"命令可以作为检查设计意图、约束问题或信息的工具。

默认情况下，活动草图中所有对象及其约束以树状结构显示在"对象"列表框中。用户可以在"范围"下拉列表框中选择"单个对象"或"多个对象"，然后在图形窗口中选择草图对象，则"对象"列表框中只显示选中对象及其约束。如果约束冲突，则会在"对象"列表框"状态"栏中显示符号 ，用户可将光标移到该约束或另外一个约束上，右击，在快捷菜单中单击"删除"命令。当然，用户也可以在图形窗口中选中约束符号删除。

图 2-3-3 "自动约束"对话框

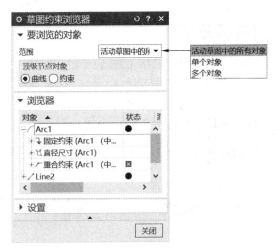
图 2-3-4 "草图约束浏览器"对话框

（4）自动判断约束和尺寸

"自动判断约束和尺寸"命令用于控制在草图曲线构造期间对哪些约束或尺寸进行自动判断。"自动判断约束和尺寸"对话框中已打开的选项能辅助用户及时地完成平行、垂直、重合、相切等约束条件的添加，从而加快作图过程。

（5）创建自动判断约束

在草图曲线构造期间，"创建自动判断约束"命令可自动判断并添加"自动判断约束和尺寸"对话框中选择的几何约束。默认情况下，此选项是激活的，不需要关闭。

（6）连续自动标注尺寸

在草图曲线构造期间，"连续自动标注尺寸"命令可按"自动判断约束和尺寸"对话框中自动标注尺寸规则自动标注草图曲线的尺寸。如果尺寸被删除，将立即创建新的自动标注尺寸。需要指出的是，自动标注尺寸不约束草图，如果添加一个与自动尺寸冲突的约束，则会删除自动尺寸。

（7）显示自动尺寸

打开"显示自动尺寸"命令可以显示当前活动草图中的所有自动标注尺寸，关闭则不显示。

（8）显示约束

打开"显示约束"命令可以显示当前活动草图中的所有约束的符号，关闭则不显示。

2.3.2 草图管理

（1）草图名称

用户可以通过"名称"下拉列表框选择某一草图名称使其成为当前草图。

（2）延迟评估

"延迟评估"命令可延迟对当前草图约束的更新，直到评估草图命令被执行（即指派约束），在执行评估草图命令之前，NX 不更新几何图形。

> **注意：**
> ◇ 创建曲线时，NX 不显示约束。
> ◇ 拖动曲线以及使用设为对称、快速修剪或快速延伸命令时，该命令不会延迟评估。

（3）评估草图

"评估草图"命令可根据激活延迟评估选项时添加、修改或删除的约束来更新当前草图。只有当延迟评估激活时，这个选项才可以应用。

（4）重新附着

"重新附着"命令 可将当前草图移到另一个平面或基准面上。其对话框如图 2-3-5 所示。也可以利用这个命令改变当前草图的参考方向。

图 2-3-5 "重新附着草图"对话框

> **注意**：在重新附着时，如果草图与外部几何体之间存在尺寸约束或几何约束，则应先删除，否则容易出错。

（5）草图定位尺寸

将草图当作刚体，定位草图相对于现有外部几何图形的位置。在使用重新附着命令时，将移除所有定位尺寸。要对草图定位，可使用草图中曲线之间的驱动尺寸和草图外的几何体。

1) 创建定位尺寸：该命令可以将整个草图作为相对于已有几何体（边、基准平面和基准轴）的刚性体加以定位。

2) 编辑定位尺寸：通过"编辑位置"对话框选择某一要编辑的定位尺寸（有多个定位尺寸时），使用"编辑表达式"对话框编辑该定位尺寸。

3) 删除定位尺寸：使用"移除定位"对话框选择和删除定位尺寸。

4) 重新定义定位尺寸：更改已使用定位尺寸的几何体，定位尺寸的值保持不变。

[任务实施]

1. 绘图方案

根据前面的任务分析，制定吊钩轮廓草图绘制方案，如图 2-3-6 所示。

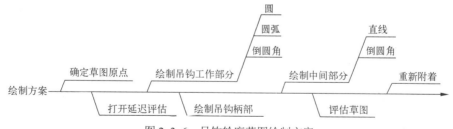

图 2-3-6 吊钩轮廓草图绘制方案

2. 操作步骤

（1）新建文件

单击"新建"按钮，设置"文件夹"为"D:\教材\项目 2\"，在"名称"文本框中输入文件名"吊钩轮廓草图"，单位设置为"毫米"，单击"确定"按钮，进入 NX 建模模块界面。

（2）进入草图环境

单击"主页"选项卡→"构造"组→"草图"命令图标，以默认的 XY 平面作为草图平面，确定后进入草图环境。

（3）草图预设置

单击"菜单"→"任务"→"草图设置"命令，在"草图设置"对话框中设置"尺寸标签"为"值"，取消选中"自动标注尺寸"选项。

（4）打开延迟评估

单击"主页"选项卡→"约束"组→"延迟评估"命令图标，激活"延迟评估"功能。

（5）绘制吊钩工作部分

1）绘制圆

➢ 单击"圆"命令图标○，以坐标原点为圆心绘制第一个圆，再在其右侧绘制第二个圆。

➢ 约束第二个圆的圆心在 X 轴上。

➢ 分别标注第一个圆的直径为 40，第二个圆的半径为 48，定位尺寸为 9，如图 2-3-7 所示。

 注意：由于延迟评估，尺寸值没有及时更新。

2）绘制圆弧

➢ 单击"圆弧"命令图标，以"三点"方式分别绘制与两个圆相切的圆弧，如图 2-3-8 所示。

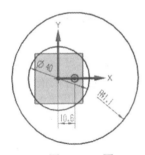

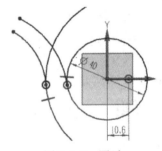

图 2-3-7　圆　　　　　　　　　　图 2-3-8　圆弧

➢ 在与 R48 圆相切的圆弧圆心和 X 轴添加"曲线上的点"约束。

➢ 分别标注定位尺寸为 15 和两圆弧半径为 22、40，如图 2-3-9 所示。

3）倒圆角

单击"圆角"命令图标，选择 R22 和 R40 圆弧来倒圆角，标注圆角半径为 5，如图 2-3-10 所示。

 注意：倒圆角后除圆角以外的约束得到了更新。

（6）绘制吊钩柄部

➢ 单击"矩形"命令图标□，按两点方式绘制一个矩形。

➢ 单击"主页"选项卡→"约束"组→"设为对称"命令图标，分别选择两条竖直线和 Y 轴，完成对称约束添加。

➢ 标注尺寸为 22、30，如图 2-3-11 所示。

（7）绘制吊钩中间部分

1）绘制直线

➢ 单击"直线"命令图标，绘制一竖直线。

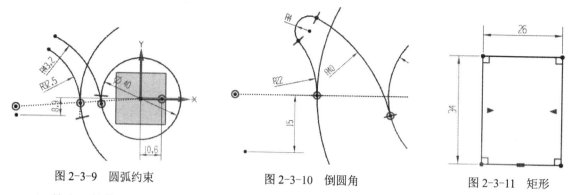

图 2-3-9　圆弧约束　　　　图 2-3-10　倒圆角　　　　图 2-3-11　矩形

- 单击"镜像"命令图标，将竖直线相对于 Y 轴镜像，结果如图 2-3-12 所示。
- 单击"拐角"命令图标，选择矩形下方水平线和竖直线，并用相同方法制作另一侧拐角。
- 标注尺寸为 90 和两竖直线间距为 30，如图 2-3-13 所示。

2）倒圆角
- 单击"圆角"命令图标，选择左边的竖直线和 Ø40 圆来倒圆角，标注圆角半径为 60。
- 单击"圆角"命令图标，选择右边的竖直线和 R48 圆来倒圆角，标注圆角半径为 42，结果如图 2-3-14 所示。

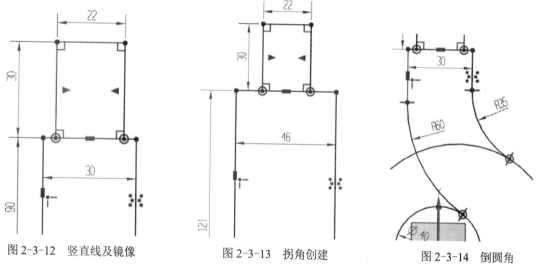

图 2-3-12　竖直线及镜像　　　图 2-3-13　拐角创建　　　图 2-3-14　倒圆角

（8）评估草图

修剪多余线段。单击"评估草图"命令图标，完成图形更新，如图 2-3-15 所示。

（9）重新附着
- 单击"主页"选项卡→"草图"组→"重新附着"命令图标，弹出"重新附着草图"对话框。
- 在"指定平面"下拉列表框中选择"自动判断"选项，在图形区选择 XZ 平面，根据需要单击"指定平面"后的"反向"图标，其他选项默认。
- 单击"确定"按钮，完成草图的重新附着，如图 2-3-16 所示。此时，状态栏显示：草图已完全约束。

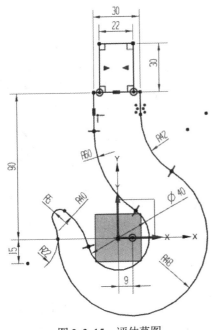
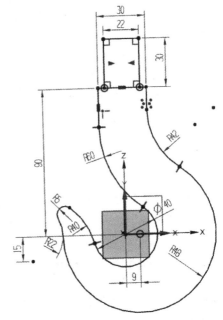

图 2-3-15　评估草图　　　　　　　图 2-3-16　重新附着草图

（10）退出草图

单击"完成"命令图标，退出草图环境。

（11）保存文件

单击"保存"命令图标，保存文件，完成绘图过程。

[问题探究]

1. 设为对称与镜像有什么区别？中间部分的两条竖直线能否使用"设为对称"命令？

_____

2. 为什么会评估草图失败？

_____

[总结提升]

草图一般按照已知线段→中间线段→连接线段的次序绘制，连接的圆弧用倒圆角的方法创建比较快捷。设为对称的主、次对象完全对称，主、次对象中任意一个的编辑会影响到彼此。镜像命令源对象的编辑会影响镜像曲线，而镜像曲线的编辑不一定会影响源对象，如修剪。延迟评估和评估草图需要充足的约束条件，否则可能得不到正确的结果。

[拓展训练]

1. 根据图 2-3-17 所示二维图形，用延时评估的方法绘制草图并使之完全约束。

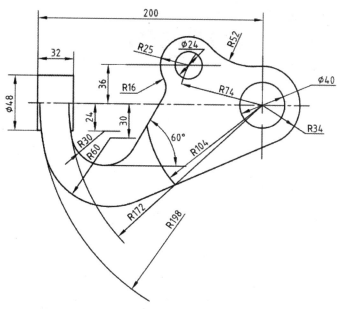

图 2-3-17 调节帽

2. 根据图 2-3-18 所示二维图形,用延时评估的方法绘制草图并使之完全约束。

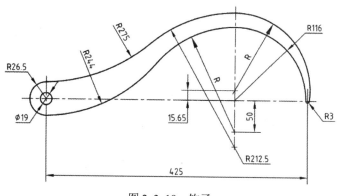

图 2-3-18 钩子

项目 3　实体建模

实体建模是 NX 中最基础和最核心的内容之一，它是其他模块应用的前提和基础，如制图、加工、设计仿真、增材制造等模块必须引用实体模型才能进行相关操作。因此，学会实体建模可为后续内容的学习打下坚实的基础。通过本项目的学习，可达成以下目标：

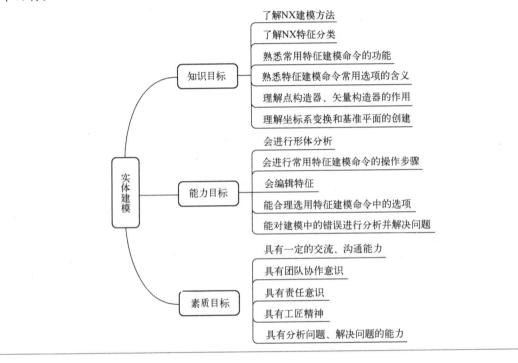

任务 3.1　阀芯三维建模

[任务描述]

分析图 3-1-1 所示的阀芯零件图，建立正确的建模思路，在 NX 建模模块中使用基本体素特征命令，并结合布尔运算操作完成阀芯零件的三维建模。

[任务分析]

阀芯零件模型比较简单，通过形体分析可知，它由 Ø15 圆柱和圆台组成，可使用基本体素特征命令直接建模创建。要完成该零件的建模，事先应掌握坐标系、点构造器、矢量构造器、基本体素特征和布尔运算等方面的知识。

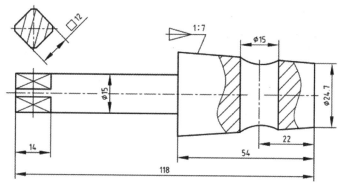

图 3-1-1　阀芯零件图

 [必备知识]

3.1.1　NX 建模方法

NX 建模方法多，主要有以下几种：

（1）显式建模

"显式建模"是非参数化建模，建模对象是相对于模型空间而不是相对于彼此，且使用这种建模方法对一个或多个对象所做的改变不影响其他对象或最终模型。

（2）参数化建模

通过建立参数之间的关系定义模型，参数值随模型的变化动态地存储。参数可以彼此引用以建立模型的各个特征之间的关系。

（3）基于约束的建模

模型几何体是用作用到该几何体定义的一组设计规则（称之为约束）来驱动或求解的。这些约束可以是尺寸约束（如草图尺寸或定位尺寸）或几何约束（如平行或相切）。

（4）同步建模

"同步建模"指在不考虑模型的来源、关联或特征历史记录的情况下对模型进行修改。要修改的模型可以由其他 CAD 系统导入，也可以是包含特征的原生 NX 模型。

（5）复合建模

"复合建模"是上述几种建模技术的选择性组合。这种建模方法中，所有工具无缝地集成在单一的建模环境内。

3.1.2　基于特征建模

"特征建模"是 NX CAD 的基础与核心建模工具，基于特征的实体建模和编辑功能使用户可以直接编辑实体特征的尺寸，在建立复杂实体模型时具有交互性。

1．特征建模的优点

◇ 采用尺寸驱动（参数化）方式编辑模型，设计修改更加方便。

◇ 可以有效减少建模的操作步骤，从而节省设计时间。

◇ 采用主模型技术驱动后续的设计应用，如工程图、装配、加工等。主模型更新后，相关应用随即自动更新。
- ◇ 赋予实体材质后可以计算其物理特性，可进行干涉分析。
- ◇ 可对实体模型进行渲染处理，使显示效果更好。

2．基于特征的建模过程

NX 基于特征的建模过程类似零件的加工过程。建模次序应遵循加工次序，这有助于减少模型更新故障。

（1）毛坯

取自设计特征，通常可由体素特征直接创建，或先绘制 2D 截面形状（可通过扫描特征创建）。
- ◇ 体素特征：块、圆柱、圆锥和球。
- ◇ 扫描特征：拉伸、旋转、沿引导线扫掠和管。

（2）粗加工

取自成型特征，包括向毛坯添加材料和减除材料两种类型。
- ◇ 向毛坯添加材料：凸台、垫块和凸起。
- ◇ 由毛坯减除材料：孔、腔、键槽、槽和螺纹。

（3）精加工

取自组合体、修剪及细节特征。

1）组合体：
- ◇ 布尔运算：求和、求差和求交。
- ◇ 体操作：缝合和修补。

2）修剪：
- ◇ 实体操作：修剪体和分割体。
- ◇ 片体操作：修剪片体和修剪与延伸。
- ◇ 偏置操作：偏置面和偏置曲面。
- ◇ 其他操作：缩放体、加厚、抽壳和包裹几何体。

3）细节特征：
- ◇ 边缘与拐角操作：边倒圆、面倒圆、样式拐角和倒斜角。
- ◇ 面操作：圆角和桥接。
- ◇ 体操作：拔模。

3.1.3 坐标系

1．坐标系类型

NX 有多个坐标系，它们均遵循右手定则，如图 3-1-2 所示。常用于设计和模型创建的坐标系有以下几种：
- ◇ 绝对坐标系（ACS）：在模型空间是固定不动的，不可见的。常用来作为参照使用，如坐标变换后希望回到初始位置。
- ◇ 工作坐标系 （WCS）：为方便用户建模使

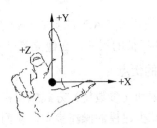 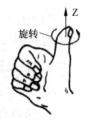

图 3-1-2 "坐标系"右手定则

用的坐标系。它可以移动、旋转，可设置为显示或不显示，以"C"标识。
◆ 基准坐标系：提供一组关联的对象，包括三个轴、三个平面、一个坐标系和一个原点。基准坐标系显示为部件导航器中的一个特征。

2. WCS 定向

使用"WCS 定向"命令 ，可打开"坐标系"对话框，如图 3-1-3 所示，为工作坐标系定义新方位。常用方法有以下几种：

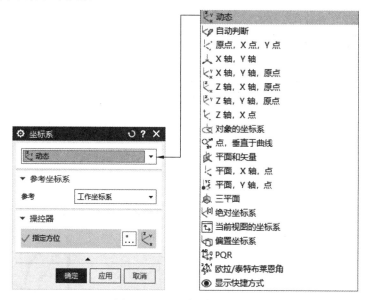

图 3-1-3 "坐标系"对话框

◆ 原点、X 点和 Y 点：根据用户选定或定义的三个点来定义坐标系。X 轴是原点到 X 点的矢量，Y 轴是原点到 Y 点的矢量，如图 3-1-4 所示。

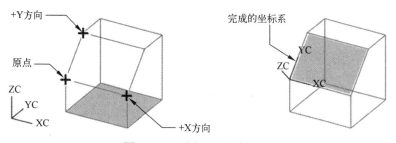

图 3-1-4 原点、X 点和 Y 点

◆ 对象的坐标系：根据选定的曲线、平面或制图对象的坐标系来定义相关的坐标系，如图 3-1-5 所示。

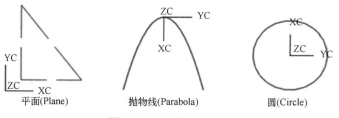

图 3-1-5 对象的坐标系

◆ ⌖点、垂直于曲线：通过一点且垂直于曲线定义坐标系。当选择线性曲线时，X 轴是从曲线到点的垂直矢量，Y 轴是 Z 轴与 X 轴的矢量积，Z 轴是垂直点的切矢，原点是曲线上的点，垂直点在此点处垂直于曲线，如图 3-1-6 所示。当用户选择一条非线性曲线，X 轴处于任意的方位且并不指向选定的点。

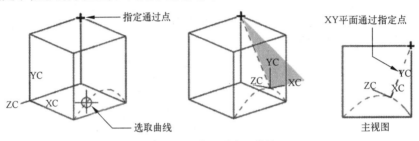

图 3-1-6　点、垂直于曲线

◆ ⌖绝对坐标系：指定模型空间坐标系为坐标系。选择此项可以返回系统默认坐标系。
◆ ⌖偏置坐标系：选择已有坐标系，通过三轴向进行增量平移定义坐标系。当需要快速回到某一保存的坐标系时，此选项非常有用。

3．动态操纵 WCS

动态操纵 WCS 能够可视化地辅助用户平移或旋转工作坐标系（WCS），并给出实时反馈。执行"动态坐标系"命令后，当前坐标系的显示如图 3-1-7 所示，可以针对此坐标系进行"动态"变换。

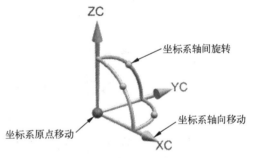

图 3-1-7　动态坐标系

　　◆ 坐标系原点移动：通过"点构造器"或捕捉特殊点完成坐标系原点的移动。
　　◆ 坐标系轴向移动：选择各轴向的箭头，可以拖动或定义坐标系沿该轴方向移动输入的距离。
　　◆ 坐标系轴间旋转：选择各轴间圆球，可以拖动方式旋转"捕捉"角度，或者输入角度数值，按〈Enter〉键确定。根据"右手定则"，确定角度值的"正"向（右手大拇指指向旋转轴，其余四个手指弯曲方向为旋转"正"向）。

4．显示坐标系

"显示坐标系"命令用于在图形窗口中开启和关闭 WCS 的显示。也可以按〈W〉键控制 WCS 的显示与关闭。

5．保存坐标系

"保存坐标系"命令⌖用于按当前 WCS 原点和方位创建坐标系对象，以便以后使用。

3.1.4　点构造器

"点构造器"⌖通常位于某个命令的对话框中，可在创建或编辑对象时指定临时点位置。"点"对话框如图 3-1-8 所示。

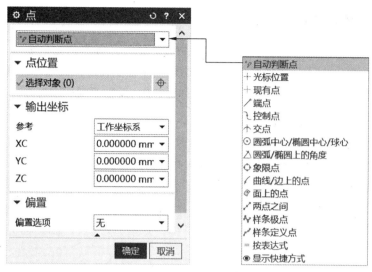

图 3-1-8 "点"对话框

用户可以通过目标捕捉的方式指定点（关联），也可以输入坐标值指定点（非关联）。

3.1.5 矢量构造器

"矢量构造器"通常位于某个命令的对话框中，可在创建或编辑对象时指定临时矢量方向。"矢量"对话框如图 3-1-9 所示。

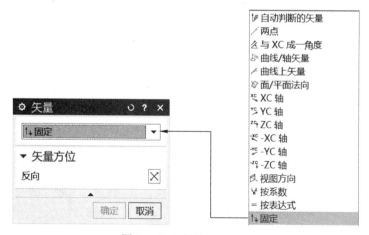

图 3-1-9 "矢量"对话框

常用矢量定义方法如下：

- 自动判断的矢量：根据选定的对象自动推断矢量方向。
- 两点：在任意两点之间指定一个矢量，方向为第一点指向第二点。
- 与 XC 成一角度：在 XC-YC 平面中，在与 XC 轴成指定角度处指定一个矢量。
- 曲线上矢量：在曲线上的任一点指定一个与曲线相切的矢量。可按照弧长或弧长百分比来指定位置。
- 面/平面法向：指定与基准面或平的表面的法向平行的矢量。
- XC 轴/YC 轴/ZC 轴：指定一个与现有坐标系 XC/YC/ZC 轴或 X/Y/Z 轴平行的矢量。

3.1.6 基本体素特征

"体素特征"是基本解析形状（常用的可独立存在的基本体）的一个实体，它可以用作实体建模初期的基本形状。对于简单的零件，可以通过基本体素特征结合布尔运算直接创建。在空间创建基本体素特征时需要满足以下三要素：形体尺寸、矢量方向和位置点。

1. 块（长方体）

长方体有长、宽、高三个方向，NX 中 XC 方向表示长度方向，YC 方向表示宽度方向，ZC 方向表示高度方向。长方体的创建有如下三种方式。

1）原点和边长：使用一个拐角点（原点，同时为定位点）、三边长（即长度、宽度和高度）来创建长方体，如图 3-1-10 所示。

2）两点和高度：使用高度和 XC-YC 平面（或平行于 XC-YC 平面）的两个 2D 对角拐角点来创建长方体，如图 3-1-11 所示。

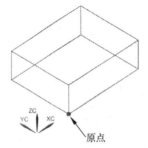
图 3-1-10 "原点和边长"方式

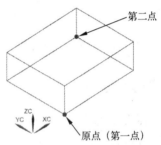
图 3-1-11 "两点和高度"方式

3）两个对角点：使用相对拐角的两个 3D 对角点来创建长方体，如图 3-1-12 所示。

2. 圆柱

圆柱体有底圆直径和高度两个尺寸，其创建有如下两种方式。

1）轴、直径和高度：使用方向矢量、直径和高度创建圆柱，如图 3-1-13 所示。

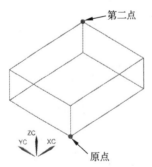
图 3-1-12 "两个对角点"方式

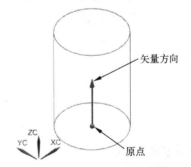
图 3-1-13 "轴、直径和高度"方式

2）圆弧和高度：使用圆弧和高度创建圆柱，如图 3-1-14 所示。圆弧大小确定了底圆直径大小，圆弧所在平面的法向确定了高度方向。

3. 圆锥

圆锥的创建有如下五种方式。

1）"直径和高度"方式：通过定义底部直径、顶部直径和高度值生成实体圆锥，如图 3-1-15

所示。

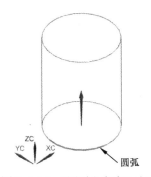

图 3-1-14 "圆弧和高度"方式

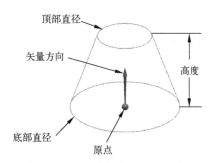

图 3-1-15 "直径和高度"方式

2)"直径和半角"方式：通过定义底部直径、顶部直径和半角值生成圆锥，如图 3-1-16 所示。

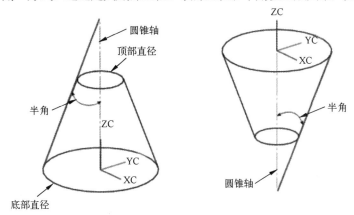

图 3-1-16 "直径和半角"方式

3)"底部直径，输入高度和半角"方式：通过定义底部直径、高度和半角值生成圆锥。注意：这三个值相互制约，不恰当的数值可能无法生成实体。

4)"顶部直径，输入高度和半角"方式：通过定义顶部直径、高度和半角值生成圆锥。注意：这三个值相互制约，不恰当的数值可能无法生成实体。

5)"两个共轴的圆弧"方式：通过选择两条弧生成圆锥特征。两条弧不必平行。如果选中的弧不是共轴的，系统会将第二条选中的弧（顶弧）平行投影到由基弧形成的平面上，直到两个弧共轴为止。圆锥与弧不相关联，如图 3-1-17 所示。

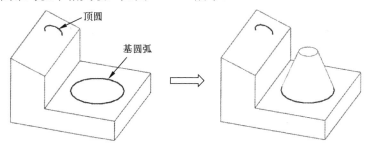

图 3-1-17 "两个共轴的圆弧"方式

4．圆球

球的创建有以下两种方式。

1)"中心点和直径"方式：使用指定的中心点和直径创建球。

2)"圆弧"方式：使用选定的圆弧创建球。选定的圆弧可定义球的中心和直径。

体素特征是参数化的，用户可以在部件导航器或图形窗口双击体素特征进行修改。

3.1.7 布尔运算

"布尔运算"允许将原先存在的实体和（或）多个片体结合起来。通常在创建基本体素特征和扫描特征的过程中，可直接使用布尔运算，将当前创建的实体与前面已存实体进行"求和""求差""求交"操作。当然，也可以创建完成后再进行，此时，每个布尔运算的选项都提示指定一个"目标体"（或"目标实体"）和一个或多个"工具体"（或"工具实体"）。目标体被这些工具修改，运算终了时这些工具体就成为目标体的一部分。

1. 合并（求和）

"合并"布尔命令 可将两个或多个工具实体的空间体组合为一个目标实体，如图 3-1-18 所示。

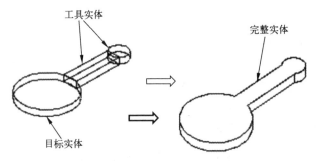

图 3-1-18 实体"求和"示例

 注意：
- 当使用"求和"命令时，目标实体和工具实体必须重叠或共享面，这样才会生成有效的实体。否则，将显示下列错误信息：工具体完全在目标体外。
- 如果要合并片体，建议使用"缝合"命令。如果实体具有重合的面，也可以使用"缝合"命令来合并。

2. 减去（求差）

"减去"命令 可以从目标实体中移除一个或多个工具实体的体积，如图 3-1-19 所示。

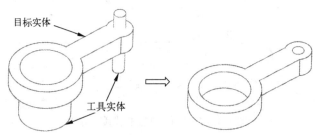

图 3-1-19 实体"求差"示例

注意:
- ◇ 如果工具实体将目标实体完全拆分为多个实体,如图 3-1-20 所示,则所得实体为参数化特征。
- ◇ 如果存在零厚度(工具实体的顶点或边可能与目标实体的顶点或边"相切"),如图 3-1-21 所示,系统则发出以下错误信息:"工具和目标未形成完全相交或者其接触状况将导致区域壁厚为 0"。

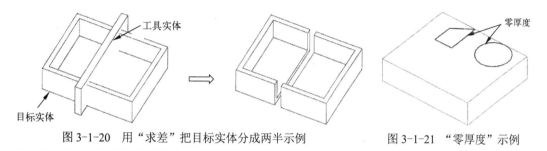

图 3-1-20 用"求差"把目标实体分成两半示例　　　图 3-1-21 "零厚度"示例

3. 相交(求交)

"相交"命令 可创建包含目标实体与一个或多个工具实体的共享空间体或区域,如图 3-1-22 所示,工具实体与目标实体必须体相交。求交可作为建立复杂形状毛坯的一种手段。

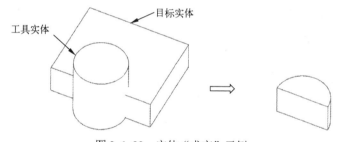

图 3-1-22 实体"求交"示例

上述三种操作在"目标实体"与"工具实体"的选择上都有所要求,见表 3-1-1。

表 3-1-1 "目标实体"与"工具实体"的选择要求

	目标实体	工具实体	是否允许?
求和	实 体	实 体	√
	实 体	片 体	×
	片 体	实 体	×
	片 体	片 体	×
求差	实 体	实 体	√
	实 体	片 体	√
	片 体	实 体	√
	片 体	片 体	×
求交	实 体	实 体	√
	实 体	片 体	×
	片 体	实 体	√
	片 体	片 体	√

注:√——是,×——否。

[任务实施]

1. 拟定建模方案

根据前面的任务分析，制定建模方案，如图 3-1-23 所示。

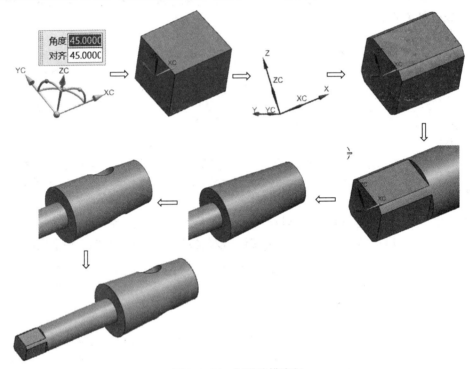

图 3-1-23 阀芯建模流程

2. 操作步骤

（1）启动 NX

单击"开始"→"程序"→Siemens NX→NX，启动后进入 NX 初始界面。

（2）新建文件

➢ 单击"新建"按钮，弹出"新建"对话框。

➢ 单击"模型"选项卡，设置"文件夹"为"D:\教材\项目 3\"，在"名称"文本框中输入文件名"阀芯"，单位设置为"毫米"。

➢ 单击"确定"按钮，进入 NX 建模模块。

3-1
阀芯三维建模操作视频

提示："文件夹"即为文件的存放目录（路径），文件夹要事先建好。

（3）旋转坐标系

➢ 单击上边框条中"WCS 动态"命令图标。

➢ 选择动态坐标系 YC-ZC 平面里的球形手柄，并在场景对话框中输入角度 45，按〈Enter〉键。

➢ 单击中键确认。

(4) 创建长方体（长 14、宽 12 和高 12）
- 执行长方体命令：单击"主页"选项卡→"基本（特征）"组→"块"命令图标 ，弹出"块"对话框。
- 指定长方体创建方式：在"类型"下拉列表框中选择"原点和边长"方式。
- 输入尺寸参数：分别在"块"对话框的"尺寸"选项组的长度、宽度、高度文本框中输入数值 14、12 和 12。
- 指定长方体定位点：单击"原点"选项组中"点对话框"图标 ，弹出"点"对话框。在"输出坐标"选项组的"参考"选项下拉列表框中选择"工作坐标系"，在 XC、YC、ZC 文本框中分别输入 0、-6、-6，即定义长方体的左下角点在工作坐标系（WCS）中的位置（XC=0，YC=-6，ZC=-6）。
- 连续单击"确定"按钮两次，完成图 3-1-24 所示长方体创建。

(5) 定向坐标系
- 单击上边框条中"WCS 定向"命令图标 ，弹出"坐标系"对话框。
- 在"类型"下拉列表框中选择" 绝对坐标系"。
- 单击"确定"按钮，工作坐标系回到初始的默认位置。

(6) 创建圆柱体（Ø15×14）
- 执行圆柱体命令：单击"主页"选项卡→"基本（特征）"组→"圆柱体"命令图标 ，弹出"圆柱"对话框。
- 指定圆柱体创建方式：在"类型"下拉列表框中选择"轴、直径和高度"方式，即通过定义底部直径与高度参数来确定圆柱体。
- 指定圆柱体的方向：单击"轴"选项组中"指定矢量"右侧的 按钮，选择 ，即"+XC"方向。
- 输入圆柱体的参数：在"尺寸"选项组中输入直径 15，输入高度 14。
- 指定圆柱体的定位点：单击"点对话框"图标 ，在"点"对话框中输入底面圆心坐标（0，0，0），单击"确定"按钮。
- 选择布尔操作类型：在"布尔"选项组下"布尔"下拉列表框中选择" 相交"，即"求交"操作，单击"应用"按钮，结果如图 3-1-25 所示。

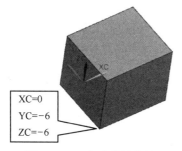

XC=0
YC=-6
ZC=-6

图 3-1-24 完成的长方体　　图 3-1-25 Ø15×14 圆柱体与长方体"求交"结果

提示："应用"和"确定"按钮的区别是"应用"按钮不会关闭对话框（即不会退出当前命令），当要连续使用某一命令时，使用"应用"按钮。

(7) 创建圆柱体（Ø15×50）
- 在"圆柱"对话框中指定矢量方向为"+XC"，输入直径 15，输入高度 50。

➤ 单击"轴"选项组中"指定点"选项，此时上边框条中"捕捉点"功能激活，如图 3-1-26 所示。"⊙圆弧中心"捕捉方式默认处于激活状态，否则需单击来激活。将选择球移动到已创建实体右端面的任一圆弧边缘处，出现如图 3-1-27 所示"圆弧中心"捕捉符号时单击。

➤ 在"布尔"选项组中"布尔"下拉列表框中选择"合并"，即"求和"操作。

➤ 单击"确定"按钮，结果如图 3-1-28 所示。

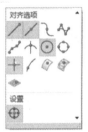

图 3-1-26　捕捉点功能　　　　图 3-1-27　捕捉圆心　　　　图 3-1-28　完成的圆柱体

（8）创建圆台

➤ 执行圆锥命令：单击"主页"选项卡→"基本（特征）"组→"圆锥"命令图标，弹出"圆锥"对话框。

➤ 指定圆锥创建方式：在"类型"下拉列表框中选择"顶部直径，输入高度和半角"方式，即通过定义圆台底部直径、高度及侧面半径值来确定圆台。

➤ 指定圆台轴线方向：单击"轴"选项组的"指定矢量"右侧的按钮，在下拉列表框中选择，即"+XC"方向。

➤ 输入圆台参数：在"尺寸"选项组中输入顶部直径 24.7，输入高度 54，输入半角 arctan（1/14）。

➤ 指定圆台定位点：单击"轴"选项组中"指定点"选项，将选择球移到 Ø15 圆柱体右端面边缘处，捕捉到圆心后单击。

➤ 选择布尔操作类型：在"布尔"下拉列表框中选择"求和"操作，单击"确定"按钮，完成的圆台如图 3-1-29 所示。

 注意：圆台在 NX 中是通过"圆锥"命令来创建的，当顶部直径为非零时即为"圆台"。

（9）创建圆柱体（Ø15×40）

➤ 执行圆柱体命令，在"圆柱"对话框中指定矢量方向为"+ZC"。在"尺寸"选项组中输入直径 15，输入高度 40。

➤ 单击"点对话框"图标，在"点"对话框中输入点坐标（118-22，0，-20），单击"确定"按钮，返回"圆柱"对话框。

➤ 在"布尔"选项组下"布尔"下拉列表框中选择"减去"，即"求差"操作。

➤ 单击"确定"按钮，结果如图 3-1-30 所示。

 注意：高度 40 的数值可以改变。

图 3-1-29 完成的圆台　　　　　　图 3-1-30 布尔减运算结果

（10）保存文件

单击"保存"命令图标🖫，保存文件，完成建模过程。

 [问题探究]

1．长方体如何定位？

_____

2．Ø15 的圆柱体为什么要分成两段处理？

_____

 [总结提升]

  对于由基本几何体组成的简单的零件，如轴类、手柄等，用基本体素特征直接创建是一种快捷的建模方法。建模前先进行形体分析，了解零件的组成。一般按照"先做添加材料后做减除材料，先做主体再做细节"的次序进行。阀芯零件的左侧形状比较特殊，它由长度 14 的长方体与圆柱体共同部分构成。建模时 Ø15 的圆柱体要分成两段处理，然后按照从左到右的顺序依次建模。该零件也可以按照由右至左的顺序展开，但会多出一个"求和"特征。因此，建模策略应根据零件的具体结构特点制定。另外，为了便于长方体的定位，使用了坐标变换。

 [拓展训练]

完成图 3-1-31 所示零件的三维建模。

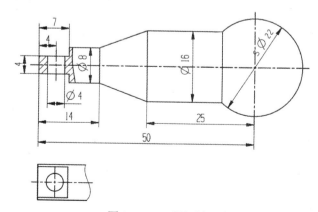

图 3-1-31 球头手柄

任务 3.2　端盖三维建模

[任务描述]

分析图 3-2-1 所示的端盖零件图，建立正确的建模思路，在 NX 建模模块中使用旋转命令创建端盖主体，用孔命令创建直孔，用圆周阵列的方法完成均布孔的创建，最终完成端盖零件的三维建模。

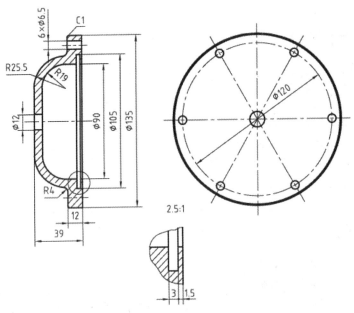

图 3-2-1　端盖零件图

[任务分析]

端盖是一个回转类零件，由两段直径不同的圆柱组成，内部还有数段圆孔。如用基本体素特征创建，特征多，效率也不高。可以采用先创建回转截面，然后绕着轴线旋转创建主体部分。端盖上的小孔用孔命令创建比较简单。先做一个均匀分布的孔，然后用圆周阵列的方法创建可以加快建模进程。小的圆角、倒角一般不在二维草图中创建，直接在三维模型中操作。要完成该零件的建模，事先应掌握旋转、槽、孔、阵列特征、边倒圆和倒斜角等方面的知识。

[必备知识]

3.2.1　扫描特征：旋转

大多情况下零件主体不是由基本解析形状构成的，此时需要使用扫描特征来构建。扫描特征包括截面线串沿指定方向拉伸扫描、绕指定轴线旋转扫描、沿指定引导线串扫描等。

"旋转"命令可将截面曲线绕轴旋转生成回转体，如图 3-2-2 所示，该命令一般用于创建回转体。"旋转"对话框如图 3-2-3 所示，其选项说明如下：

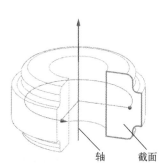

图 3-2-2 旋转

图 3-2-3 "旋转"对话框

（1）截面

包含曲线或边的一个或多个开放或封闭集合。

1）曲线：选择曲线、边、草图或面来定义截面。

2）绘制截面：用于打开草图生成器和创建特征内部的截面，退出草图生成器时，草图被自动选为要旋转的截面。

 注意："旋转"命令中用绘制截面创建的草图属于内部草图，部件导航器中无该草图特征。若要编辑该草图，需要编辑旋转特征，在"旋转"对话框中单击"绘制截面"按钮，进入草图环境进行修改。

（2）"轴"选项组

用于选择并定位旋转轴。旋转轴不得与截面曲线相交，因为旋转后会产生自相交，但可以和一条边重合。

1）指定矢量：选择曲线或边，或使用矢量构造器或矢量列表来定义矢量。

2）指定点：指定一点来定义旋转轴的位置。若选对象来定义矢量时，此项不可用。

（3）"限制"选项组

用于定义旋转开始/结束的方法和位置。

1）开始/结束：用开始和结束限制表示旋转体的两端。

◇ 值：为旋转的起点或终点输入角度值。

◇ 直至选定对象：选择要开始或停止旋转的面或基准平面。

2）角度：指定旋转的起始角或终止角，正值或负值均有效。

（4）偏置

1）无：不将偏置添加到旋转截面。

2）两侧：将偏置添加到旋转截面的两侧，如图 3-2-4 所示。

◇ 开始：旋转对象偏置的起始位置，值的大小是相对于旋转剖面线所在平面而言，方向由矢量决定，正值同向，负值反向。

◇ 结束：旋转对象偏置的终止位置。

图 3-2-4 两侧偏置

3.2.2 成型特征：槽

成型特征用于添加结构细节到模型上，这些特征包括：孔、凸台、垫块、腔、键槽和槽等。成型特征不能独立存在，必须加在已存在的几何体上。

创建成型特征的通用步骤是：

◇ 选择成形特征类型。

◇ 选择平的安放面（孔、槽除外）。

◇ 选择水平参考（可选项）。

◇ 输入特征参数。

◇ 定位特征。

使用"槽"命令 🔘 可在圆柱或圆锥面上创建一个凹槽，就好比用一个成型刀具车削加工退刀槽。

可以选择一个外部的或内部的面作为槽的定位面，槽的轮廓对称于通过选择点的平面并垂直于旋转轴，如图 3-2-5 所示。

（1）槽的类型

槽有三种类型，如图 3-2-6 所示。

◇ 矩形：创建四周均为尖角的槽。

◇ 球形端槽：创建底部为球体的槽。

◇ U 形槽：创建在拐角有半径的槽。

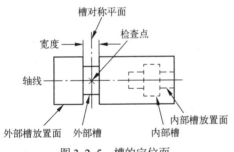

图 3-2-5 槽的定位面

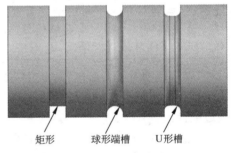

图 3-2-6 槽的类型

（2）槽的参数

槽的参数如图 3-2-7 所示。

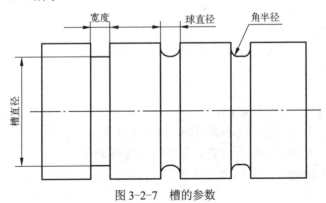

图 3-2-7 槽的参数

（3）槽的定位

槽的定位是通过指定目标边、刀具边和距离来定位。目标边相当于基准，可以选择实体上的边线或外部的点、线、面；刀具边可选择成型刀具上的边线或中心线；距离是沿着轴线方向度量的。

3.2.3 成型特征：孔

"孔"命令 用于在部件或装配中添加孔特征。其对话框如图 3-2-8 所示。

（1）类型

用于显示可以创建的孔特征类型列表，包括简单、沉头、埋头、锥孔、有螺纹和孔系列 6 种类型。孔类型不同，其对话框包含的内容也有所不同。

（2）形状

用于指定孔径定义方式及大小。孔径定义方法有以下几种。

- ◇ 定制：由定制值定义孔径的大小。
- ◇ 钻孔大小：从"标准钻位大小"列表选择直径，仅对简单孔显示。
- ◇ 螺钉间隙：与列表中选择的紧固件螺纹规格匹配的间隙。
- ◇ 螺纹标准：从螺纹标准中选择，仅对螺纹孔显示。

不同类型孔的形状及参数如下：

- ◇ 简单孔：以指定的孔直径（孔径）、孔深度（孔深）和顶点的顶锥角生成一个简单的孔，如图 3-2-9 所示。

图 3-2-8 "孔"对话框

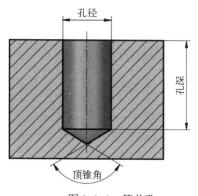

图 3-2-9 简单孔

- ◇ 沉头孔：指定孔直径、孔深度、顶锥角、沉头直径和沉头深度以生成沉头孔，如图 3-2-10 所示。
- ◇ 埋头孔：指定孔直径、孔深度、顶锥角、埋头直径和埋头角度以生成埋头孔，如图 3-2-11 所示。

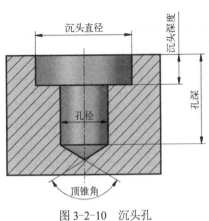
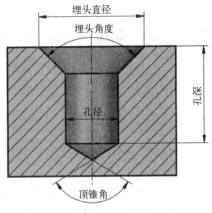

图 3-2-10　沉头孔　　　　　　　　图 3-2-11　埋头孔

◇ 锥孔：指定孔直径（放置面端）、锥角、孔深以生成锥形孔，如图 3-2-12 所示。

◇ 螺纹孔（有螺纹）：选择螺纹标准、大小并指定螺纹深度等以生成螺纹孔，如图 3-2-13 所示。普通螺纹选"GB193"，梯形螺纹选"GB5796"，55°非螺纹密封管螺纹选"inch BSP"，55°螺纹密封圆锥内螺纹选"inch BSPT"。

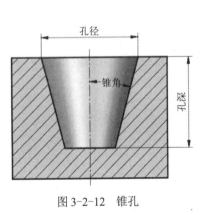
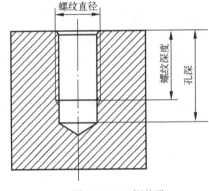

图 3-2-12　锥孔　　　　　　　　图 3-2-13　螺纹孔

◇ 孔系列：创建起始、中间和结束尺寸一致的多形状、多目标体的对齐孔，通常用于装配后配作使用。

（3）位置

用于指定孔中心的位置。可以创建草图点、目标捕捉点，或在"点"对话框中输入点坐标确定。

 注意：确定孔位置的点必须位于实体表面上，否则无法创建孔。

（4）方向

用于指定孔的方向，有以下两种定义方法。

◇ 垂直于面：沿着与公差范围内每个指定点最近的面的法向的反向定义孔的方向。

◇ 沿矢量：沿指定的矢量定义孔方向。

（5）限制

用于指定孔深的确定方法和大小。

3.2.4 阵列特征：圆形

"阵列特征"命令可以使用各种选项定义阵列边界、实例方向、旋转和变化来创建特征（线性、圆形和多边形等）阵列。

"圆形阵列"命令 使用旋转轴和可选的径向间距参数定义布局，如图 3-2-14 所示。

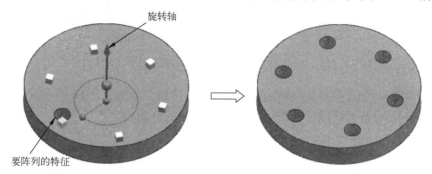

图 3-2-14 "圆形阵列"示例

（1）参考点

为输入特征指定位置参考点。一般用默认位置，无需定义。

（2）阵列定义

1）旋转轴：指定旋转轴的方向及位置。

◇ 指定矢量：定义旋转正方向。

◇ 指定点：定义旋转轴的位置。

2）角度方向：定义"圆形阵列"参数。

◇ 间距：用于指定阵列参数的定义方式。

◇ 数量：阵列实例的数目。

◇ 间隔角：相邻两阵列实例间的夹角（圆心角），如图 3-2-15 所示。

◇ 跨角：阵列实例间的总夹角（圆心角），如图 3-2-16 所示。

图 3-2-15 "间隔角"示例　　　　图 3-2-16 "跨角"示例

3）辐射：选中"创建同心圆成员"选项后，创建同心圆阵列特征，如图 3-2-17 所示。

4）实例点：选择实例点可改变选定实例特征的位置或参数大小，也可以通过快捷菜单抑制、删除和旋转该实例特征。

5）方位：设定布局中的阵列特征是保持恒定方位，还是跟随从某些定义几何体派生的方位。

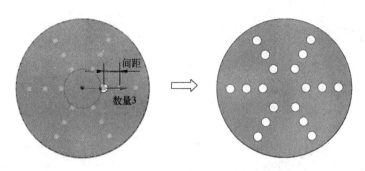

图 3-2-17 "辐射"示例

◇ 与输入相同：使阵列特征与输入特征保持方位一致，如图 3-2-18 所示。
◇ 跟随阵列：使阵列特征跟随布局方向，如图 3-2-19 所示。

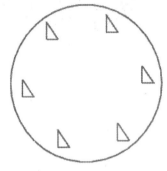 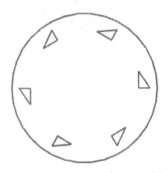

图 3-2-18 "与输入相同"示例　　　　图 3-2-19 "跟随阵列"示例

（3）阵列方法

1）方法：

◇ 变化：支持将多个特征作为输入以创建阵列特征对象，并评估每个实例位置处的输入。
◇ 简单：支持将单个特征作为输入以创建阵列特征对象，只对输入特征进行有限评估。
◇ 单个：最快的创建方法，创建单个特征作为输出。

2）可重用的引用：当"方法"设置为"变化"时可用。以列表形式显示输入特征定义的参数，用户可以选择在阵列中每个实例位置处评估的特征参数。

3.2.5　边倒圆

"边倒圆"命令 可在两个面之间倒圆锐边。边倒圆操作对凹边添加材料，对凸边则减去材料，如图 3-2-20 所示。

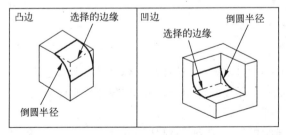

图 3-2-20 "边倒圆"示例

"边倒圆"对话框如图3-2-21所示。

1. 圆角类型

（1）恒定圆角

选择的每一条边线上圆角大小保持不变。圆角大小可在"半径"文本框中输入。当要为多个离散的边添加不同半径时可以使用"⊕添加新集"选项，完成当前边线的选择和半径定义后，再进入下一个边的定义。

（2）可变圆角

通过向边链添加具有不重复半径值的点来创建可变半径圆角。其实质是在边集的不同位置点给定不同的半径值。可变半径圆角生成示例如图3-2-22所示。

图3-2-21 "边倒圆"对话框

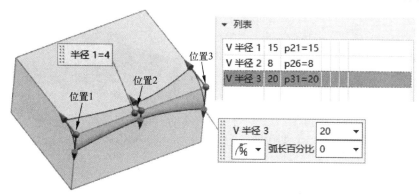

图3-2-22 可变半径圆角生成示例

1）指定半径点：在使用"边"组中"选择边"选项选择边线后可用，允许添加点并设置沿边集中的多条边的半径值。

2）V半径：在选择"可变半径点"时可用，在选定的点处设置半径。

3）位置：在选择"可变半径点"时可用，设定可变半径点位置确定的方法。

◇ 弧长：按沿边曲线的距离定义位置。

◇ 弧长百分比：将可变半径点设置为弧长的百分比。

◇ 通过点：在边曲线上指定一点来定义位置。

4）结束处软半径更改：在倒圆边链的端部应用软更改。倒圆边链的两端均为零斜率。

2. 拐角突然停止

在创建或编辑边倒圆并指定其边集后，可以添加突然停止点到其边集合，从而在沿着边的某些位置中止倒圆。

该选项可设置倒圆边的长短，通过指定不倒圆的位置和整条边的百分比来控制倒圆的长度，如图3-2-23所示。

3. 溢出

当圆角的相切边与该实体上的其他边相交时，就会发生圆角溢出。该选项用于对圆角溢出的控制。

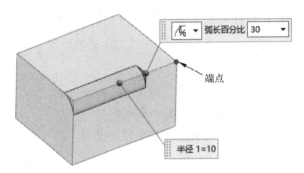

图 3-2-23　拐角突然停止示例

（1）首选
- 跨光顺边滚动：在溢出区域是光顺的或是另一个圆角面时使用，倒圆面与邻接面光滑连接，如图 3-2-24 所示。

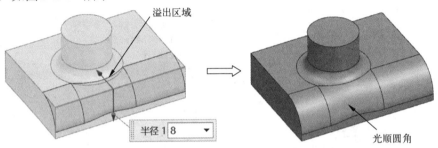

图 3-2-24　跨光顺边滚动

- 沿边滚动：移除与其中一个定义面的相切，并允许圆角滚动到任何边上，无论该边是光顺的还是尖锐的，如图 3-2-25 所示。

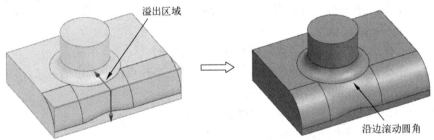

图 3-2-25　沿边滚动

- 修剪圆角：当倒圆与锐边相交时，延伸相邻面以修剪圆角面，相当于在特征前面添加圆角，如图 3-2-26 所示。

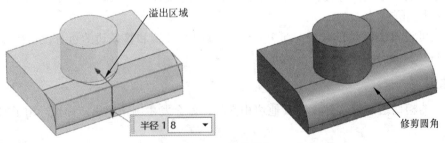

图 3-2-26　修剪圆角

（2）显式

控制是否将"沿边滚动溢出"选项应用于所选边。

（3）重叠

指定如何解决重叠的圆角。此选项与溢出的区别在于：它仅对倒圆特征的边的交互起作用。溢出对任何边都有效，包括倒圆边。

3.2.6 倒斜角

"倒斜角"命令可在实体的锐边上形成斜角。凸边倒斜角是要去除材料，凹边倒斜角是要添加材料。"倒斜角"对话框如图 3-2-27 所示。

倒斜角有三种类型。

◇ 对称：创建一个简单倒斜角，在所选边的每一侧有相同的偏置距离，即 45°倒角，如图 3-2-28 所示。

图 3-2-27 "倒斜角"对话框

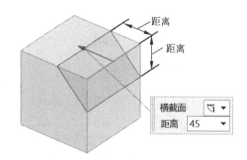

图 3-2-28 "对称"示例

◇ 非对称：创建一个倒斜角，在所选边的每一侧有不同的偏置距离，如图 3-2-29 所示。

◇ 偏置和角度：创建具有单个偏置距离和一个角度的倒斜角，如图 3-2-30 所示。

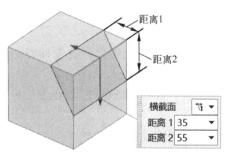

图 3-2-29 "非对称"示例

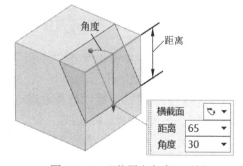

图 3-2-30 "偏置和角度"示例

[任务实施]

1. 拟定建模方案

根据前面的任务分析，拟定建模方案如图 3-2-31 所示。

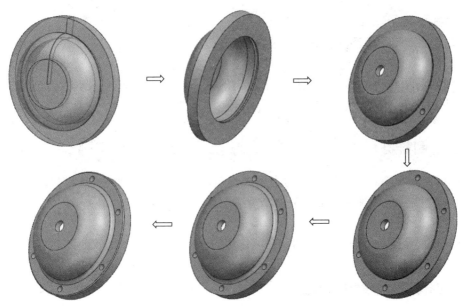

图 3-2-31　端盖建模方案

2. 操作步骤

（1）启动 NX

单击"开始"→"程序"→Siemens NX→NX，启动后进入 NX 初始界面。

（2）新建文件

单击"新建"按钮 ，在"新建"对话框中单击"模型"选项卡，设置"文件夹"为"D:\教材\项目 3\"，在"名称"文本框中输入文件名"端盖"，单位设置为"毫米"，单击"确定"按钮，进入 NX 建模模块窗口。

（3）绘制草图截面

单击"草图"命令图标 ，以 XZ 平面作为草图平面，绘制如图 3-2-32 所示草图。

 注意：回转截面一般画出有剖面线的部分，但小圆孔、圆角除外。

（4）创建主体部分

➢ 执行"旋转"命令：单击"主页"选项卡→"基本"组→"旋转"命令图标 ，弹出"旋转"对话框。

➢ 选择截面曲线：设置"选择意图"为"相连曲线"或"自动判断曲线"，在图形窗口选择图 3-2-32 所示草图曲线。

➢ 定义旋转轴和位置：激活"指定矢量"选项，选择基准坐标系中的 X 轴。

➢ 设置参数：在"限制"组下输入"开始角度"为 0，"结束角度"为 360。

➢ 单击"确定"按钮，完成主体部分的创建。隐藏草图后如图 3-2-33 所示。

（5）创建槽

➢ 执行"槽"命令：单击"主页"选项卡→"基本"组→"槽"命令图标 ，弹出"槽"对话框。

➢ 选择"槽"类型：在"槽"对话框中选择"矩形"。

➢ 选择放置面：选择模型上 Ø90 圆孔表面。
➢ 定义槽的参数：在弹出的如图 3-2-34 所示"矩形槽"对话框中输入槽直径 105，宽度 3，单击"确定"按钮。

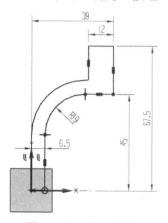

图 3-2-32　草图截面　　　　　图 3-2-33　旋转体　　　　图 3-2-34　"矩形槽"对话框

➢ 定位槽：目标边选择右端面边线，刀具边选择刀具上的右边线，如图 3-2-35 所示。输入定位尺寸 1.5。
➢ 单击"确定"按钮，完成槽的创建如图 3-2-36 所示。

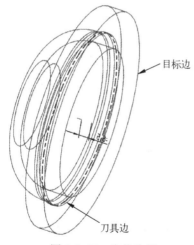

图 3-2-35　定位选择　　　　　　　　图 3-2-36　槽

（6）创建孔
1）创建 Ø12 孔。
➢ 单击"主页"选项卡→"基本"组→"孔"命令图标，弹出"孔"对话框。
➢ "类型"设置为"简单"，在"孔径"文本框中输入 12，在"深度限制"下拉列表框中选择"直至下一个"，"布尔运算"设置为"减去"。
➢ 选择左端面的圆心定位。
➢ 单击"应用"按钮，完成 Ø12 孔的创建。
2）创建 Ø6.5 孔。
➢ 将"孔径"修改为 6.5，在 Ø135 圆柱左端表面上合适位置单击，进入草图环境，如

图 3-2-37 所示。

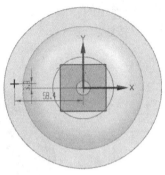

图 3-2-37　草图点

- 单击"关闭"按钮,关闭"草图点"对话框。
- 将点约束到 X 轴上,修改点到 Y 轴的定位尺寸为 60,如图 3-2-38 所示。
- 单击"完成"命令图标,退出草图,回到"孔"对话框界面。
- 单击"确定"按钮,完成 Ø6.5 孔的创建,如图 3-2-39 所示。

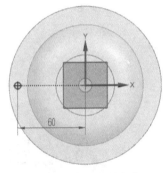

图 3-2-38　点的定位　　　　　　图 3-2-39　孔

(7) 创建圆形阵列

- 执行"圆形阵列"命令:单击"主页"选项卡→"基本"组→"阵列特征"命令图标,在"布局"下拉列表框中选择"圆形"。
- 选择要形成阵列的特征:在部件导航器或图形窗口选择 Ø6.5 圆孔。
- 定义旋转轴:激活"指定矢量"选项,选择 Ø135 圆柱面,则以圆柱轴线作为旋转轴。
- 定义参数:在"数量"文本框中输入 6,"间隔角"文本框中输入 60,按〈Enter〉键。
- 单击"确定"按钮,完成圆形阵列,如图 3-2-40 所示。

(8) 倒圆

单击"主页"选项卡→"基本"组→"边倒圆"命令图标,选择圆形边线,修改半径为 4,单击"确定"按钮。

(9) 倒角

- 单击"主页"选项卡→"基本"组→"倒斜角"命令图标。
- 选择 Ø135 圆柱左端边线。
- "横截面"设置为"对称","距离"改为 1。
- 单击"确定"按钮,结果如图 3-2-41 所示。

图 3-2-40　圆形阵列　　　　　图 3-2-41　完成的端盖模型

（10）保存文件

单击"保存"命令图标，保存文件，完成建模过程。

[问题探究]

回转截面如何确定？

[总结提升]

盘、盖、轮等回转类零件一般采用旋转的方法创建主体部分。旋转截面一般指带剖面线的部分，但要排除小孔。倒圆、倒角一般不在二维草图中绘制，而是在三维模型上操作。零件上的槽可以单独用"槽"命令创建。均布孔可使用圆形阵列的方法可以创建建模进程。

[拓展训练]

完成图 3-2-42 所示端盖零件的三维建模。

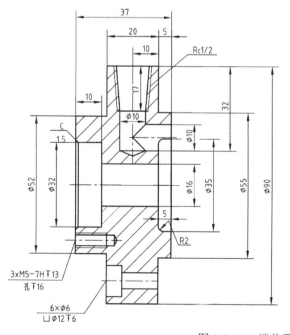

图 3-2-42　端盖零件图

任务 3.3　拨叉三维建模

[任务描述]

分析图 3-3-1 所示的拨叉零件图，建立正确的建模思路，在 NX 建模中使用拉伸命令完成各组成部分的创建，最终完成拨叉零件的三维建模。

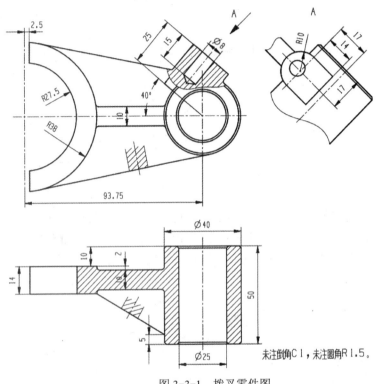

图 3-3-1　拨叉零件图

[任务分析]

通过形体分析可知，拨叉由工作部分（左端）、支撑部分（右端）、连接部分（中间支撑板）、三角筋板和拱形凸台组成，除了圆柱可以用基本体素特征创建外，其他部分只能用拉伸的方法创建。其中，拱形凸台是一个倾斜结构，可以采用坐标变换或创建基准平面的方法辅助建模。要完成该零件的建模，需要掌握拉伸、草图操作和基准面等方面的知识。

[必备知识]

3.3.1　扫描特征：拉伸

"拉伸"命令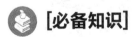是将选取的截面线串（曲线、草图、实体边）在指定方向上扫掠一段线性距离来生成实体或片体，如图 3-3-2 所示。

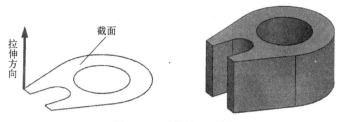

图 3-3-2 "拉伸"示例

"拉伸"对话框如图 3-3-3 所示,其常用选项说明如下:

图 3-3-3 "拉伸"对话框

1. 截面

截面几何体包括曲线、草图和实体边。

1)绘制截面:打开草图任务环境,创建内部草图作为截面。

2)曲线:选择截面的曲线、边、草图或面进行拉伸。

2. 方向

选择或定义拉伸方向。系统默认的方向垂直于所选截面几何体所在的面。

3. 限制

(1)开始/结束

用于定义拉伸特征的起点与终点,有以下两种方法定义。

1)由"值"定义:距离的"零"位置是沿拉伸方向,定义在所选截面几何体所在面,分别定义开始距离与终点距离的数值（可以定义为负值），如图3-3-4所示。

"对称值"是由"值"定义中的一种特殊情况，向截面曲线两侧各拉伸指定值的一半。

2）由"边界面"定义：有些情况下由具体的数值无法定义拉伸到达面的位置，则可以由所选定的"边界面"来定义拉伸的终止位置。

◇ 直至下一个：沿拉伸方向，直到下一个完全相交的面为终止位置，如图3-3-5所示。

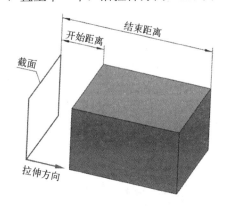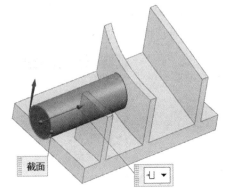

图3-3-4　由"值"定义　　　　　　图3-3-5　"直至下一个"示例

◇ 直至选定对象：沿拉伸方向，直到下一个被选定的终止面位置，如图3-3-6所示。

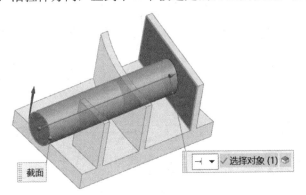

图3-3-6　"直至选定对象"示例

注意：开始也可以"选择对象"作为开始拉伸的位置，如图3-3-7所示。

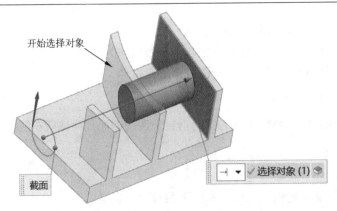

图3-3-7　"选择对象"作为开始示例

◇ 直至延伸部分：在截面延伸超出所选面的边界时，将拉伸特征修剪到该面。也就是说，如果拉伸截面延伸到选定的面以外或部分与选定的面相交，则软件会将选定的面在数学上进行延伸，然后应用"修剪"功能，如图 3-3-8 所示。

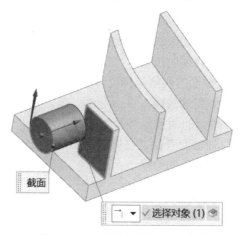

图 3-3-8 "直至延伸部分"示例

◇ 贯通：沿指定方向延伸拉伸特征，使其完全贯通所有的可选体。对于要打穿多个体，该命令最为方便，如图 3-3-9 所示。

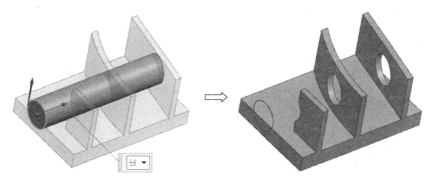

图 3-3-9 "贯通"示例

（2）开放轮廓智能体

沿着开口端点延伸开放轮廓几何体以找到目标体的闭口，如图 3-3-10 所示。

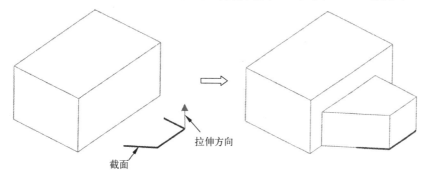

图 3-3-10 "开放轮廓智能体"示例

注意：布尔运算需设置为"合并"或"减去"才能看到预览效果。

4. 拔模

单击"拔模"下拉列表框可以在生成拉伸特征的同时，对侧面进行拔模。
- 从起始限制：创建从拉伸起始限制开始的拔模。
- 从截面：创建从拉伸截面开始的拔模。
- 从截面-不对称角：在从截面的两侧延伸拉伸特征时可用，创建一个从拉伸截面开始并在该截面的两侧相反方向倾斜的拔模。
- 从截面-对称角：在从截面的两侧延伸拉伸特征时可用，创建一个从拉伸截面开始、在该截面的两侧相反方向以相同角度倾斜的拔模。

5. 偏置

单击"偏置"下拉列表框，可以拉伸得到中空或加厚/变薄的实体。
- 单侧：将单侧偏置添加到拉伸特征。该选项仅用于封闭轮廓，拉伸后相对于无偏置得到的实体将会变大或变小，常用来填充孔与创建凸台，如图 3-3-11 所示。
- 两侧：向具有起始与终止值的拉伸特征添加偏置。封闭轮廓拉伸后会得到中空实体，如图 3-3-12a 所示；开放轮廓拉伸后会得到薄壁实体，如图 3-3-12b 所示。

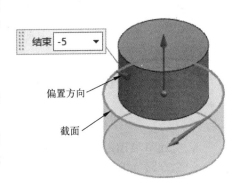

图 3-3-11 "单侧"示例

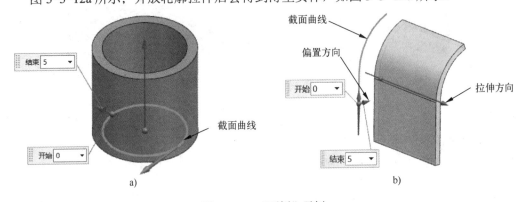

a)　　　　　　　　　　　b)

图 3-3-12 "两侧"示例
a) 中空实体　b) 薄壁实体

- 对称：向拉伸特征添加对称偏置。可看成是"两侧"偏置的一种特例。

3.3.2 草图操作

1. 投影曲线

"投影曲线"命令是将草图外部对象（曲线、边、草图、点）沿草图平面的法向投影到草图中，如图 3-3-13 所示。

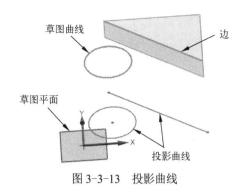

图 3-3-13 投影曲线

 注意:
◇ 要投影的对象必须有一个早于草图激活的时间戳记。
◇ 投影曲线默认与要投影的对象关联,也可以设置成不关联。
◇ 投影曲线始终固定,不需要再添加约束。
◇ 投影曲线可以编辑,如修剪、延伸和删除等。

2. 交点

"交点"命令 是在指定几何体通过草图平面的位置创建一个关联点和基准轴,如图 3-3-14 所示。一般用于确定圆弧与草图平面的交点位置。

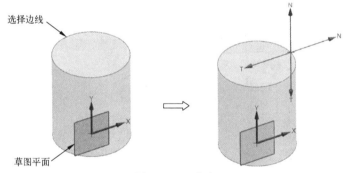

图 3-3-14 交点

3. 修剪配方曲线

"修剪配方曲线"命令 可关联地修剪投影/相交曲线到选定的边界,如图 3-3-15 所示。投影到草图或相交到草图的曲线称为方法链。

"修剪配方曲线"对话框如图 3-3-16 所示。

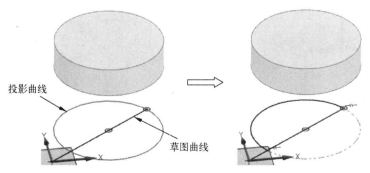

图 3-3-15 修剪配方曲线　　　　　　　　图 3-3-16 "修剪配方曲线"对话框

注意：
◇ 选择方法链时，选择的边界侧不同，修剪结果也不同。此外，要注意区域设置是保留还是放弃。
◇ 编辑父曲线时会更新方法链。

3.3.3 基准特征

基准特征是一种构造工具，辅助用户在要求的位置与方位建立特征和草图。NX 中有三种类型的基准特征：基准面、基准轴和基准坐标系。

1．基准面

"基准平面" 可建立参考平面以辅助定义其他特征，包括相对基准面和固定基准面两种。

相对基准面是相对于在模型中的其他对象（如曲线、边缘、控制点、表面）或其他基准建立的。相对基准面是相关和参数化的特征，随时可编辑。

固定基准面不参考其他几何体。通过取消选中"基准平面"对话框中的"关联"复选框，可以使用任何基准平面构造方法来创建固定基准面。

 注意： 在一个部件文件中可以建立多个基准面，但建议最多建立三个固定基准面（XC-YC、XC-ZC、YC-ZC），其他可按设计意图建立相对基准面。

"基准平面"对话框如图 3-3-17 所示，其构造方法有以下几种。

图 3-3-17 "基准平面"对话框

1) 自动判断：根据所选的对象确定要使用的最佳基准平面类型。
2) 按某一距离：创建与一个平的面或其他基准平面平行且相距为指定距离的基准平面，如图 3-3-18 所示。

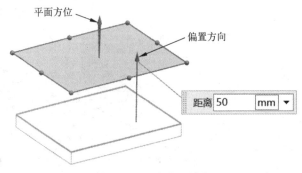

图 3-3-18 按某一距离

注意：平面方位类似于纸张的正反面，画草图时会有区别。

3）成一角度：创建绕着选定面上的轴（线性曲线、边或基准轴）旋转指定角度的基准平面。角度可取负值，得到另一个解，如图 3-3-19 所示。

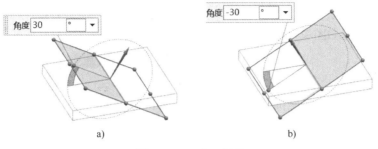

图 3-3-19 成一角度
a) 30° b) -30°

4）二等分：在两个选定的平的面或平面的中间位置创建平面，即创建对称平面。

5）曲线和点：使用点、直线、平的边、基准轴或平的面的各种组合来创建平面（例如三个点、一个点和一条曲线等）。

6）两直线：使用任何两条线性曲线、线性边或基准轴的组合来创建平面。

7）相切：创建通过已知点、线、边、面，且与选择的曲面相切的基准平面，如图 3-3-20 所示。

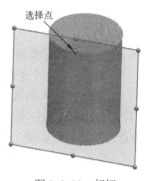

图 3-3-20 相切

注意：当有多个解时，可单击"平面方位"组下的"备选解"按钮进行切换。图 3-3-21 为多解示例。

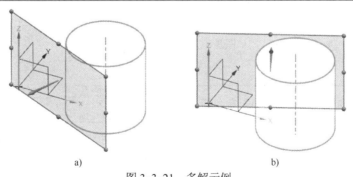

图 3-3-21 多解示例
a) 相切位置 1 b) 相切位置 2

8）通过对象：通过选定对象或在所选对象的曲面法向上创建基准平面。

9）点和方向：根据一点和指定方向创建平面。

10）曲线上：创建通过曲线或边上某个位置（有弧长、弧长百分比、通过点三种方法定义），并与曲线或边垂直的平面，如图 3-3-22 所示。

11）YC-ZC 平面/XC-ZC 平面/XC-YC 平面：以工作坐标系的 YC-ZC/XC-ZC/XC-YC 平面创建固定基准平面。

2．基准轴

使用"基准轴"命令可定义线性参考对象。与基准平面类似，基准轴也分为关联基准轴和非关联基准轴两类。

"基准轴"对话框如图 3-3-23 所示，其构造方法有以下几种。

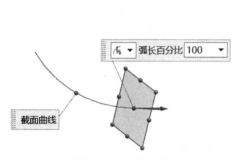

图 3-3-22 曲线上

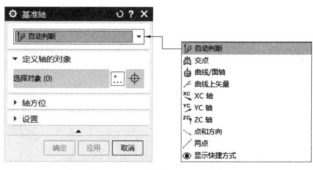

图 3-3-23 "基准轴"对话框

1）自动判断：根据所选的对象确定要使用的最佳基准轴类型。
2）交点：在两个平的面、基准平面或平面的相交处创建基准轴。
3）曲线/面轴：沿线性曲线或线性边，或者圆柱面、圆锥面、环面的轴创建基准轴。
4）曲线上矢量：创建通过曲线，或在边上某个位置与之相切、垂直，或者与另一选择对象垂直的基准轴，如图 3-3-24 所示。

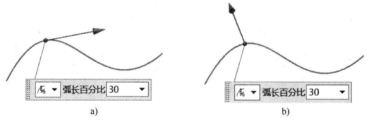

图 3-3-24 曲线上矢量
a）相切 b）法向

 注意：使用备选解可在相切与垂直之间切换。

5）XC 轴/YC 轴/ZC 轴：以工作坐标系的 XC 轴/YC 轴/ZC 轴创建非关联基准轴。
6）点和方向：从某个指定的点沿指定方向创建基准轴。
7）两点：定义两个点，经过这两个点创建基准轴，如图 3-3-25 所示。

3．基准坐标系

基准坐标系包括原点、三个基准轴、三个基准平面，可用前面定义坐标系的各种方法来创建基准坐标系。基准坐标系的各个相关分量，即

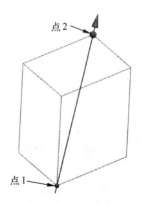

图 3-3-25 两点

它的基准轴、基准面和原点均可以分别选取，以关联地定义其他特征的位置和方向。

[任务实施]

1. 拟定建模方案

根据前面的任务分析，拟定的建模方案如图3-3-26所示。

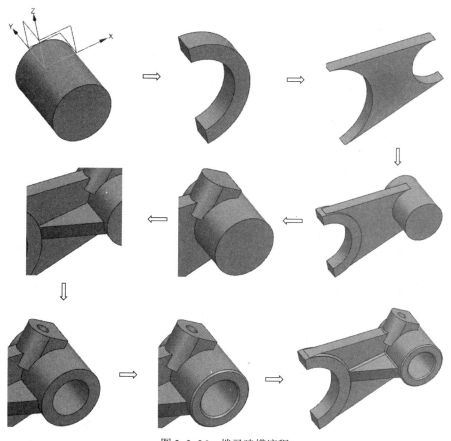

图3-3-26　拨叉建模流程

2. 建模操作步骤

（1）启动NX

单击"开始"→"程序"→Siemens NX→NX，启动后进入NX初始界面。

3-3
拨叉三维建模
操作视频

（2）新建文件

单击"新建"按钮，在"新建"对话框中单击"模型"选项卡，设置"文件夹"为"D:\教材\项目3\"，在"名称"文本框中输入文件名"拨叉"，单位设置为"毫米"，单击"确定"按钮，进入NX建模模块界面。

（3）创建支撑部分（Ø40×50圆柱）

单击"圆柱"命令图标，以-YC为轴矢量方向，（0，0，0）为原点，创建直径为40、高度为50的圆柱，如图3-3-27所示。

（4）创建工作部分

1）创建基准平面 1

- 单击"主页"选项卡→"构造"组→"基准平面"命令图标，弹出"基准平面"对话框。
- "类型"选用默认（自动判断），选择基准坐标系中 XZ 平面，输入"距离"-17。
- 单击"确定"按钮，完成基准平面 1 的创建，如图 3-3-28 所示。

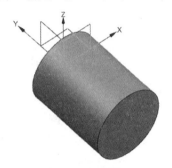
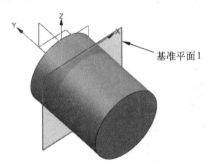

图 3-3-27　圆柱　　　　　　　　　图 3-3-28　基准平面 1

2）创建截面草图

以基准平面 1 作为草图平面，绘制如图 3-3-29 所示草图。

3）拉伸

- 执行拉伸命令：单击"主页"选项卡→"基本"组→"拉伸"命令图标，弹出"拉伸"对话框。
- 选择截面曲线：选择图 3-3-29 所示的草图曲线。
- 设置"限制"：在"开始"下拉列表框中选择"对称值"，在"距离"文本框中输入 14。
- 布尔运算：在"布尔"下拉列表框中选择"无"。
- 单击"确定"按钮，完成工作部分创建，如图 3-3-30 所示。

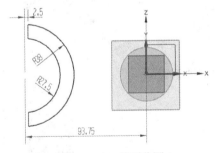

图 3-3-29　截面草图 1　　　　　　　图 3-3-30　拉伸体 1

（5）创建连接部分

1）创建截面草图

- 单击"草图"命令图标，以基准平面 1 作为草图平面，绘制两条切线如图 3-3-31 所示。
- 单击"主页"选项卡→"包含"组→"投影曲线"命令图标，分别选择 Ø40 和 R38 圆柱底圆的边线，将它们投影到当前草图平面上。
- 单击"主页"选项卡→"编辑"组→"修剪配方曲线"命令图标，以两条切线作为边界，分别修剪投影曲线，结果如图 3-3-32 所示。

➢ 单击"完成"命令图标■,退出草图。

2)拉伸

单击"拉伸"命令图标◎,将图 3-3-32 所示截面草图对称拉伸 10,完成连接部分创建,如图 3-3-33 所示。

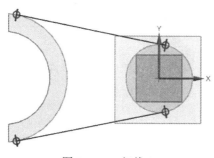

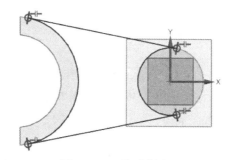

图 3-3-31 切线　　　　　　　　　　图 3-3-32 截面草图 2

3)求和

单击"合并"命令图标◎,"目标"选择"连接部分",刀具分别选择"工作部分"和"支撑部分",单击"确定"按钮,完成求和操作。

(6)创建拱形凸台

1)创建基准平面 2

➢ 单击"基准平面"命令图标◆。
➢ 设置"类型"为"成一角度",选择基准坐标系中 XY 平面作为"平面参考","通过轴"选择 Y 轴,输入角度-45。
➢ 展开"偏置"选项组,选中"偏置"复选框,输入距离 25。
➢ 单击"确定"按钮,完成基准平面 2 的创建,如图 3-3-34 所示。

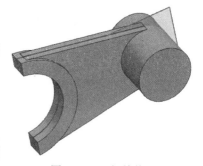

图 3-3-33 拉伸体 2

2)创建截面草图

以基准平面 2 作为草图平面(选择 Y 轴作为"草图方向",基准坐标系原点作为"草图原点",如图 3-3-35 所示),绘制如图 3-3-36 所示截面草图。

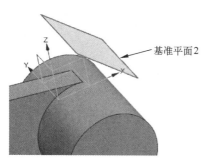

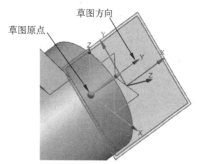

图 3-3-34 基准平面 2　　　　　　　图 3-3-35 草图方向、草图原点的选择

3)拉伸

单击"拉伸"命令图标◎,选择图 3-3-36 所示截面草图,根据需要单击"反向"按钮⊠,开始距离、结束距离分别输入 0、25,设置"布尔运算类型"为"合并",单击"确定"按钮,完成拱形凸台的创建,如图 3-3-37 所示。

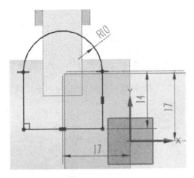
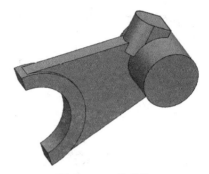

图 3-3-36　截面草图 3　　　　　图 3-3-37　拉伸体 3

(7) 创建筋板

1) 创建截面草图

➤ 以 XY 平面作为草图平面，进入草图环境后单击"主页"选项卡→"包含"组→"交点"命令图标。

➤ 选择 Ø40 圆柱底圆边线，根据需要单击"循环解"按钮，单击"应用"按钮。

➤ 选择 R38 圆柱底圆边线，创建另一个交点，如图 3-3-38 所示。

➤ 绘制并约束直线，如图 3-3-39 所示。

➤ 单击"完成"命令图标，退出草图。

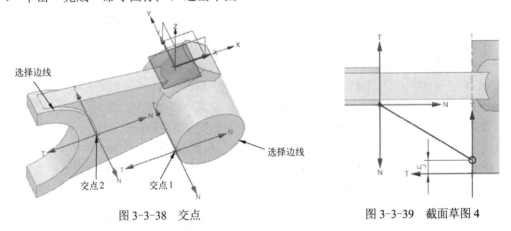

图 3-3-38　交点　　　　　　　　图 3-3-39　截面草图 4

2) 拉伸

➤ 单击"拉伸"命令图标，选择图 3-3-39 所示的草图直线。

➤ 在"开始"下拉列表框中选择"对称值"，"距离"文件框中输入 10，选中"开放轮廓智能体"复选框，设置"布尔运算类型"为"合并"。

➤ 单击"确定"按钮，完成筋板的创建，如图 3-3-40 所示。

(8) 创建孔

1) 创建 Ø25 孔

单击"孔"命令图标，在"孔"对话框的"类型"下拉列表框中选择"简单"，输入孔径 25，"深度限制"选择"直至下一个"，设置"布尔运算类型"为"减去"，捕捉圆柱底面圆心后单击，单击"应用"按钮，完成 Ø25 圆孔的创建。

2) 创建 Ø8 孔

将孔径改为 8，"深度限制"选择"值"，输入孔深 15，捕捉拱形柱体底面圆心后单击，确

定后完成 Ø8 圆孔的创建，如图 3-3-41 所示。

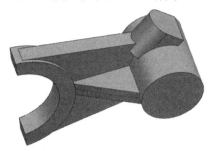

图 3-3-40　拉伸体 4　　　　　　　　图 3-3-41　孔

（9）创建细节特征

1）创建倒角

单击"倒角"命令图标◉，按图纸要求给相应部位倒角，如图 3-3-42 所示。

2）创建倒圆

单击"边倒圆"命令图标◉，先选择如图 3-3-43 所示 4 条边线进行倒圆角 R1.5，再选择如图 3-3-44 所示边线进行倒圆角，最后给拱形凸台倒圆角 R1.5，结果如图 3-3-45 所示。

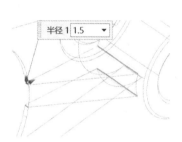

图 3-3-42　倒角　　　　　　　　图 3-3-43　倒圆边线选择 1

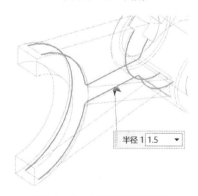

图 3-3-44　倒圆边线选择 2　　　　　图 3-3-45　完成的拨叉

（10）保存文件

单击"保存"命令图标🖫，保存文件，完成建模过程。

 [问题探究]

1. 工作部分和连接部分的截面草图能否在 XZ 平面上绘制？哪种方法好？为什么？

2．倒圆角的顺序不同对结果有没有影响？一般怎样安排？

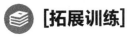 **[总结提升]**

拨叉是典型的叉架类零件，该类零件一般都按支撑部分、工作部分、连接部分逐个建模。第一个特征可用基本体素特征创建，其上的倾斜结构可以通过创建基准平面辅助建模。倒圆角一般按照先支路再主干、先大后小的顺序依次操作。

[拓展训练]

完成图3-3-46所示钳移摆架零件的三维建模。

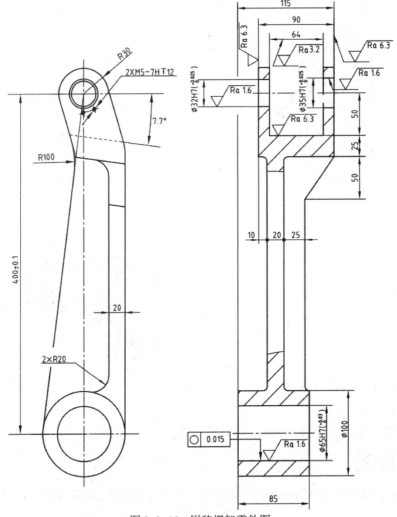

图3-3-46　钳移摆架零件图

任务 3.4 轴承盖三维建模

[任务描述]

分析图 3-4-1 所示的轴承盖零件图,建立正确的建模思路,在 NX 建模模块中使用合适的方法完成轴承盖零件的三维建模。

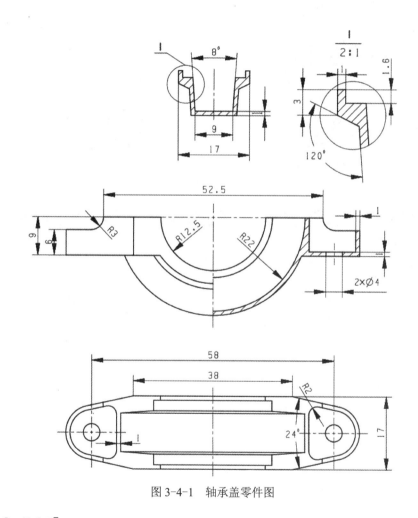

图 3-4-1 轴承盖零件图

[任务分析]

通过形体分析可知,轴承盖是对称的,中间是一个回转体,上部是拉伸体。由于中间内部是空的,上部的拉伸体可以用修剪的方法处理,也可以先做加材料,再做中间的减材料。对称零件用镜像的方法可以加快建模进程。要完成该零件的建模,需掌握修剪体、镜像特征、镜像几何体等方面的知识。

[必备知识]

3.4.1 特征操作：修剪体

"修剪体"命令 可以通过面或平面来修剪一个或多个目标体，如图 3-4-2 所示。被修剪的几何体称为目标体，用来修剪的面称为工具面。一旦选择或定义了工具面，会显示一个法向矢量，该矢量指向舍弃的部分。用户可以通过单击图 3-4-3 所示的"修剪体"对话框中"工具"组下"反向"按钮 进行修剪方向的切换。

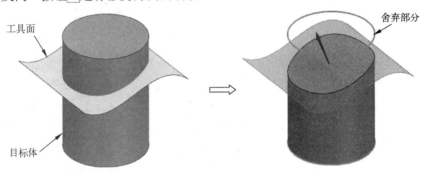

图 3-4-2 修剪体

a)

b)

图 3-4-3 "修剪体"对话框

注意：
◇ 工具面可以事先创建，也可以通过临时定义方法定义，如通过"平面"对话框新建一个平面，如图 3-4-3b 所示。
◇ 如有多个工具面，则所有工具面必须属于同一个体。
◇ 当使用片体修剪实体时，该片体的形状应大于目标实体，否则系统会显示提示："相交目标和工具面可能有问题，造成相交缝隙"。处理方法是将片体扩大。
◇ 当目标是一个或多个片体时，面修剪工具将自动沿线性切线延伸，并且完整修剪与其相交的所有选定片体，而不考虑这些交点是完整的还是部分的，如图 3-4-4 所示。

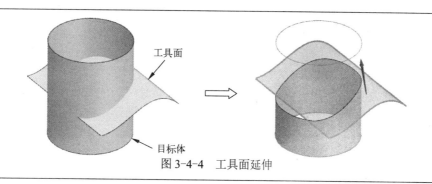

图 3-4-4 工具面延伸

3.4.2 特征操作：镜像特征

"镜像特征"命令 可通过基准平面或平面镜像选定特征的方法来生成对称的模型，如图 3-4-5 所示。

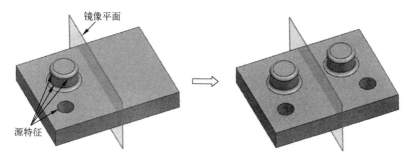

图 3-4-5 镜像特征示例

在以下条件下，镜像特征的对称性可能有所不同：

✧ 未选择所有原始源特征。图 3-4-6 所示为仅选择凸台而不选择圆角的特征镜像的结果。

✧ 重用源特征的父引用，可能使镜像位置上的值或效果与源位置上的不同。如图 3-4-7 所示，长圆柱形草图与长方体边线间标有定位尺寸，如果选择了"重用引用"草图，镜像后的草图定位会冲突，结果如图 3-4-7a 所示。如果不选择，则会得到如图 3-4-7b 所示结果。

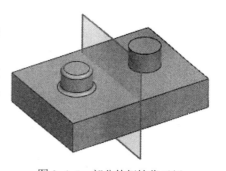

图 3-4-6 部分特征镜像示例

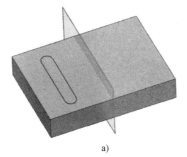
a)

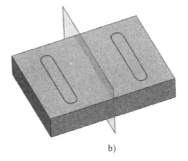
b)

图 3-4-7 重用源特征的父引用
a) 选中重引用草图　b) 不选中重引用草图

注意：选中"可重用引用"旁边的复选框，镜像特征会使用与源特征相同的父引用。不选中该复选框，则将对父引用进行镜像（或复制）和转换，并且镜像特征使用镜像的父引用。

◇ 镜像某个阵列的选定实例，而非整个阵列。图 3-4-8 所示为对后排线性阵列的孔，选择其中两个实例进行镜像的情况。

3.4.3 特征操作：镜像几何体

"镜像几何体"命令可创建相对指定平面的关联或非关联镜像几何体。

镜像几何体与镜像特征的区别主要有以下几点：

◇ 镜像特征可镜像的对象是特征，即部件导航器中显示的特征（包括体特征、片体特征、基准面、草图、曲线等），而镜像几何体可镜像的对象是几何体（如实体、片体、用"基本曲线"命令绘制的曲线等）。

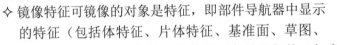

图 3-4-8 阵列镜像示例

◇ 镜像特征常用来对部分特征镜像，镜像几何体常用来对整个实体镜像。
◇ 镜像几何体可以创建非关联的镜像几何体。

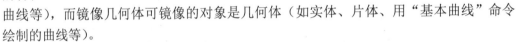

1. 拟定建模方案

根据前面的任务分析，拟定的建模方案如图 3-4-9 所示。

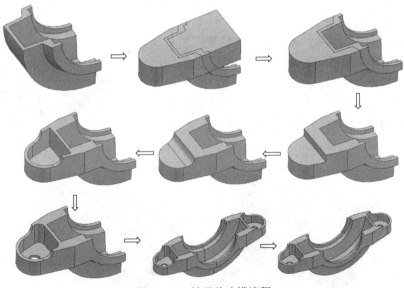

图 3-4-9 轴承盖建模流程

2. 操作步骤

（1）启动 NX

单击"开始"→"程序"→Siemens NX→NX，启动后进入 NX 初始界面。

（2）新建文件

单击"新建"按钮，在"新建"对话框中单击"模型"选项卡，设置"文件夹"为"D:\教材\项目 3\"，在"名称"文本框中输入文件名"轴承盖"，单位设置为"毫米"，单击"确定"按钮，进入 NX 建模模块界面。

（3）创建中间部分（下面介绍的是创建中间部分的一半）。

1）绘制草图截面：以 YZ 平面为草图平面，绘制如图 3-4-10 所示草图。

2）旋转：单击"旋转"命令图标，选择图 3-4-10 所示截面草图，选择 Y 轴作为旋转轴，输入开始角度 0，输入结束角度 90，单击"确定"按钮，完成旋转体创建，如图 3-4-11 所示。

（4）创建左侧部分

1）绘制草图截面：以 XY 平面为草图平面，绘制如图 3-4-12 所示草图。

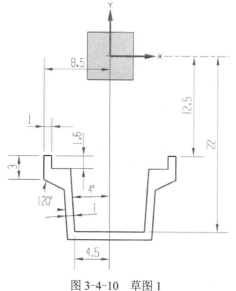

图 3-4-10 草图 1

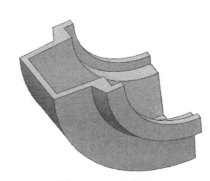

图 3-4-11 旋转体

2）拉伸：单击"拉伸"命令图标，将图 3-4-12 所示草图向下拉伸，拉伸距离为 9，如图 3-4-13 所示。

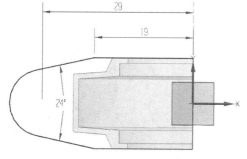

图 3-4-12 草图 2

图 3-4-13 拉伸体

3）修剪：
- 单击"主页"选项卡→"基本"组→"修剪体"命令图标 。
- 选择图 3-4-13 所示的拉伸体作为目标体，选择图 3-4-11 所示旋转体的外部面（5 个面）作为工具面，根据修剪方向需要可单击"反向"按钮。
- 单击"确定"按钮，结果如图 3-4-14 所示。

4）合并：将修剪体和旋转体进行布尔求和，如图 3-4-15 所示。

图 3-4-14 修剪体　　　　　　　　　　　图 3-4-15 合并

5）对称拉伸：以 XZ 平面为草图平面，绘制如图 3-4-16 所示矩形草图。草图不需要完全约束，但要超出实体边缘。

对称拉伸图 3-4-16 所示草图，布尔求差，结果如图 3-4-17 所示。

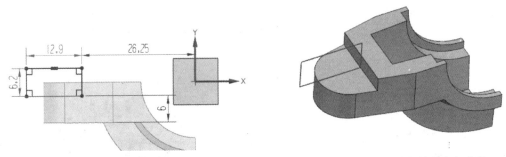

图 3-4-16 草图 3　　　　　　　　　　　图 3-4-17 对称拉伸并布尔求差

6）倒圆角：单击"边倒圆"命令图标 ，选择边线并倒圆角 R3，如图 3-4-18 所示。

7）拉伸切除：以 XY 平面为草图平面，绘制如图 3-4-19 所示矩形草图。

将图 3-4-19 所示草图向下拉伸，距离为 8，布尔求差，结果如图 3-4-20 所示。

 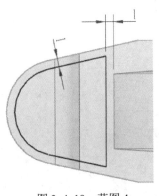 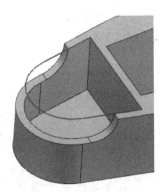

图 3-4-18 倒圆 1　　　　　图 3-4-19 草图 4　　　　　图 3-4-20 拉伸并切除

8)创建孔:单击"孔"命令图标,在底部创建 Ø4 圆孔,如图 3-4-21 所示。

9)倒圆角:单击"边倒圆"命令图标,给槽的侧面倒圆角 R2,完成左侧部分的创建,如图 3-4-22 所示。

(5)镜像体
- 单击"主页"选项卡→"基本"组→"镜像几何体"命令图标。
- 在图形窗口选择实体作为要镜像的几何体,选择 YZ 平面为镜像平面。
- 单击"确定"按钮,结果如图 3-4-23 所示。

图 3-4-21 孔

图 3-4-22 倒圆 2

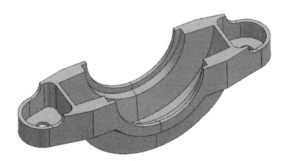

图 3-4-23 镜像几何体

镜像几何体没有布尔运算,使用"合并"命令将左右两部分合并成一个实体。

(6)保存文件

单击"保存"命令图标,保存文件,完成建模过程。

[问题探究]

1. 镜像几何体能否用镜像特征代替?有什么区别?

2. 如果不使用修剪命令,有没有其他方法?

[总结提升]

建模中经常会遇到柱体(拉伸体)和中空回转体连接的问题,一般有两种处理方法:一种是用中空的回转体表面修剪柱体,另一种是先将柱体与回转体求和再做回转体上中间的空心部分。对称的模型可以只做一半,然后用镜像的方法创建,也可以采用镜像局部对称特征的方法创建。学习中要学会比较和总结,做到举一反三。

[拓展训练]

1. 完成图 3-4-24 所示下盖零件的三维建模。

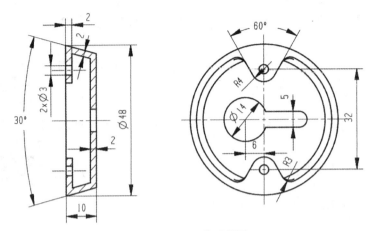

图 3-4-24　下盖零件图

2. 完成图 3-4-25 所示闸板零件的三维建模。

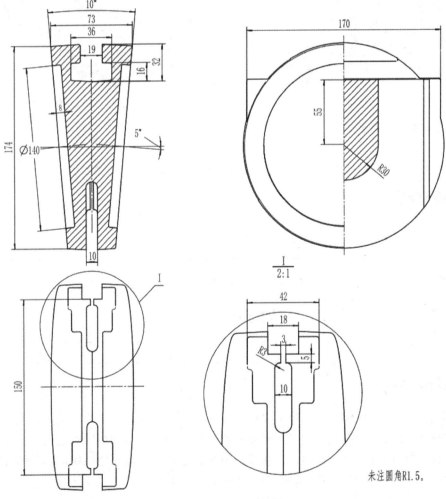

图 3-4-25　闸板零件图

任务 3.5　壳体三维建模

[任务描述]

分析图 3-5-1 所示的壳体零件图，建立正确的建模思路，在 NX 建模模块中使用合适的方法完成壳体零件的三维建模。

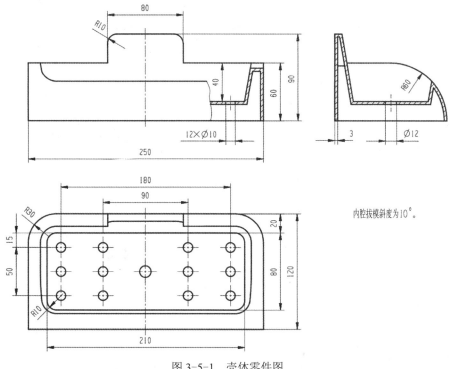

图 3-5-1　壳体零件图

[任务分析]

通过图纸分析可知，壳体是一个薄壳类零件，中间的内腔四周有拔模斜度，腔的底部有规律分布的圆孔。具有均匀厚度的薄壳类零件一般采用抽壳的方法创建，由于其上有拔模、圆角等特征，要合理安排它们之间的顺序。要完成该零件的建模，需掌握腔、垫块、拔模、抽壳、线性阵列、特征重排和插入特征方面的知识。

[必备知识]

3.5.1　成型特征：腔

随着 NX 版本更新，许多成型特征命令已不在用户界面上显示，用户可在命令查找器中搜索并添加到右边框条或其他位置。

(1) 类型及参数

腔有圆柱形、矩形两种常用类型。圆柱形腔及其参数如图 3-5-2 所示,其中,腔直径、深度必须定义。矩形腔及其参数如图 3-5-3 所示,其中长度、宽度、深度必须定义。

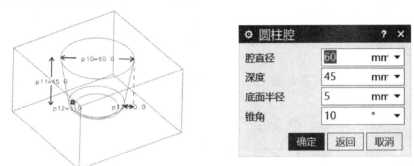

图 3-5-2　圆柱形腔及其参数

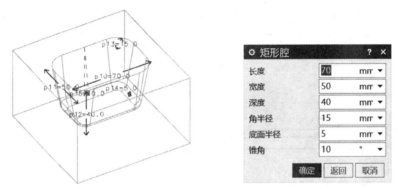

图 3-5-3　矩形腔及其参数

(2) 定位方法

"定位"对话框如图 3-5-4 所示。所有定位方法中目标边和刀具边如果不在测量平面内,则先投影,然后再应用相应的定位方法。

1)水平定位：创建水平参考方向的定位尺寸,如图 3-5-5 所示。

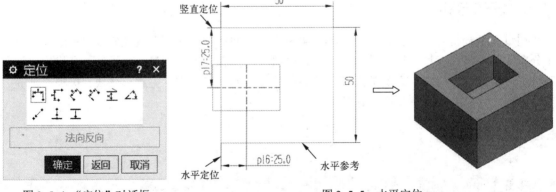

图 3-5-4　"定位"对话框　　　　　　　图 3-5-5　水平定位

2)竖直定位：创建垂直于水平参考方向的定位尺寸,如图 3-5-5 所示。

3)平行定位：创建一个与两点连线平行的定位尺寸,如图 3-5-6 所示。

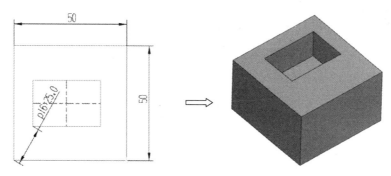

图 3-5-6 平行定位

4）垂直定位：创建一个点到目标边垂直距离的定位尺寸，如图 3-5-7 所示。

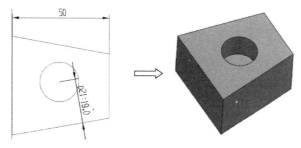

图 3-5-7 垂直定位

5）平行距离：创建一个目标边与刀具边之间的平行距离的定位尺寸。

6）角度定位：创建一个目标边与刀具边成指定角度的定位尺寸。选择边时需要注意选择的位置，分别选择中点的两边会产生不同类型的角度尺寸。

7）点到点定位：约束定位点与目标点重合，如图 3-5-8 所示。

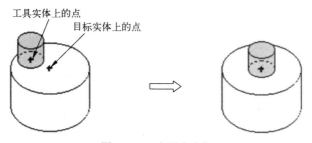

图 3-5-8 点到点定位

8）点到线定位：约束定位点在目标边上，如图 3-5-9 所示。

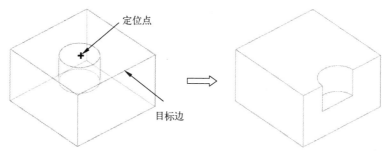

图 3-5-9 点到线定位

9）⊥线到线定位：约束刀具边与目标边重合，如图 3-5-10 所示。

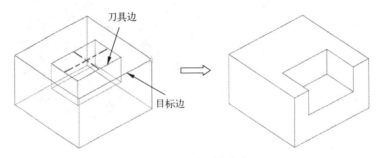

图 3-5-10　线到线定位

3.5.2　成型特征：垫块

"垫块"命令 ● 可在现有实体上创建垫块。矩形垫块及其参数如图 3-5-11 所示。垫块的定位与腔类似，不再赘述。

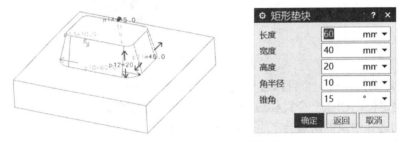

图 3-5-11　矩形垫块及其参数

3.5.3　拔模

"拔模"命令 ● 通常用于对模型、部件、模具或冲模的竖直面添加斜度，以便借助拔模面将部件或模型与其模具或冲模分开。

脱模方向是模具或冲模为了与部件分离而移动的方向。NX 会根据输入几何体自动判断脱模方向，也可利用"矢量构造器"定义脱模方向。

拔模角是相对于矢量方向的。正角度使系统将选中的面向内（朝向体的中心）倾斜；负角度使系统将选中的面向外倾斜，如图 3-5-12 所示。

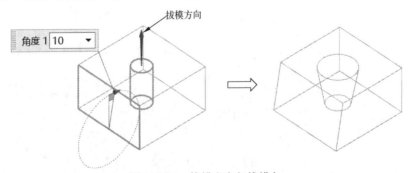

图 3-5-12　拔模方向与拔模角

"拔模"对话框如图 3-5-13 所示，常用拔模类型如下。

1) 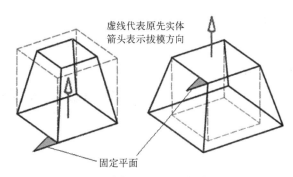面拔模：相对于固定面，对要拔模的面添加斜度。固定平面处截面大小保持不变，如图 3-5-14 所示。

图 3-5-13 "拔模"对话框　　　　图 3-5-14 面拔模

固定平面也可以选择参考点（不一定在实体上）来定义，通过该点并与拔模方向垂直的面表示固定平面位置。拔模特征与它的参考点相关。

2) 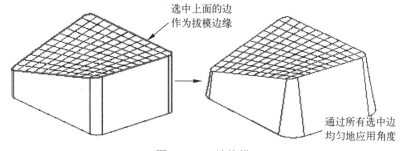边拔模：用一个指定的角度，沿一个选择的边缘组进行拔模，如图 3-5-15 所示。

该类型适用于所选实体边缘不共面的情况。当需要的边不包含在垂直于方向矢量的平面内时，此选项特别有用。

图 3-5-15 边拔模

3) 与面相切拔模：以给定的拔模角并相切于用户选择的所有表面进行拔模，如图 3-5-16 所示。

该拔模类型适用于对相切表面拔模后要求仍然保持相切的情况。与面相切拔模对于塑模部件或铸件特别有用，可以解决可能的拔模不足问题。

注意：与面相切拔模只能添加材料，不能从实体上减去材料。

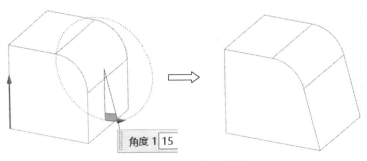

图 3-5-16 与面相切拔模

3.5.4 抽壳

使用"抽壳"命令 ◎ 可挖空实体，或通过指定壁厚来绕实体创建壳。"抽壳"对话框如图 3-5-17 所示。其上参数介绍如下。

图 3-5-17 "抽壳"对话框

（1）类型

1）打开：在抽壳之前移除实体上部的面，如图 3-5-18 所示。

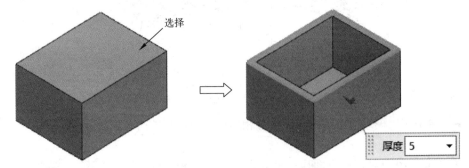

图 3-5-18 "打开"抽壳

2）封闭：对实体的所有面进行抽壳，且不移除任何面，如图 3-5-19 所示。

（2）厚度

为壳设置均匀壁厚。

(3) 备选厚度
1) ◆选择面：用于选择厚度集的面。可以为每个面集中的所有面指定统一厚度值。
2) 厚度 0：为当前选定的厚度集指定不同于"厚度"选项中的厚度值，如图 3-5-20 所示。
3) ⊕添加新集：使用选定的面创建面集。有多个不同厚度的面时，可使用该选项。
4) 列表：列出厚度集及其名称、值和表达式信息。

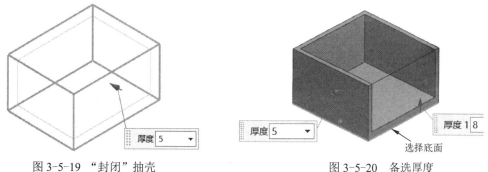

图 3-5-19 "封闭"抽壳　　　　　图 3-5-20 备选厚度

3.5.5 阵列特征：线性

"线性"阵列▦可使用一个或两个线性方向定义布局，如图 3-5-21 所示。

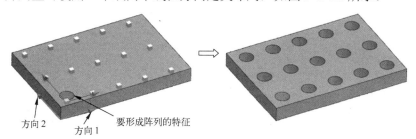

图 3-5-21 "线性"阵列示例

(1) 边界定义
定义阵列的边界，控制实例特征在边界范围内或边界范围外生成。
◇ 无：不定义阵列的边界。超出实体的实例特征仍然创建，但不能正确生成。
◇ 面：指定面定义阵列的边界，实例特征不会在边界之外创建。
◇ 曲线：指定封闭的曲线串定义阵列的边界，实例特征不会在边界之外创建，如图 3-5-22 所示。

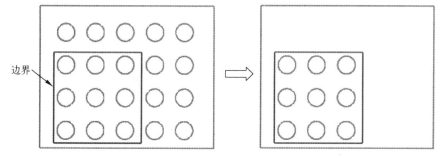

图 3-5-22 "曲线边界"阵列示例

◇ 排除：定义一个边界，该边界内不会创建实例特征，如图 3-5-23 所示。

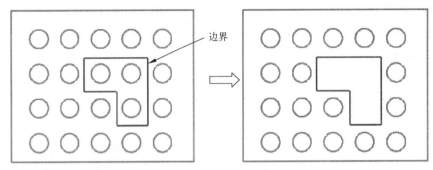

图 3-5-23 "排除边界"阵列示例

（2）方向

定义"线性"阵列方向及其参数，如图 3-5-24 所示。

◇ 数量：阵列实例的数目。

◇ 间隔（节距）：相邻两阵列实例沿阵列方向的距离。

◇ 跨距：阵列实例沿阵列方向的总距离。

（3）实例点

选择实例点可改变所选定实例特征的位置或参数大小，也可以通过快捷菜单抑制、删除、旋转、改变大小或重新定位该实例特征，如图 3-5-25 所示。

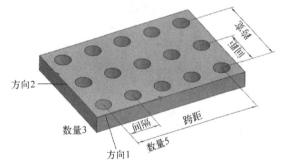
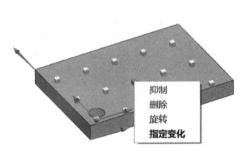

图 3-5-24 "线性"阵列方向及其参数　　　　图 3-5-25 实例点快捷菜单

（4）阵列设置

◇ 仅限框架：仅生成最外围实例特征，如图 3-5-26 所示。

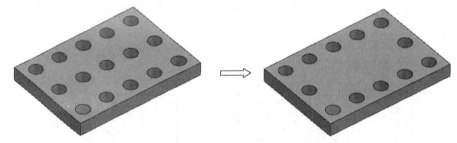

图 3-5-26 "仅限框架"示例

◇ 交错：阵列特征交错排列，如图 3-5-27 所示。

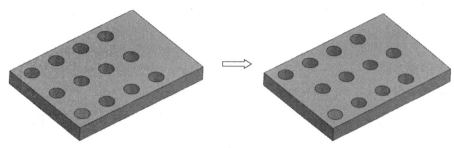

图 3-5-27 "交错"示例

 注意：默认的交错位置在两个实例中间，如果需要改变位置，可选中实例点，通过右击得到的快捷菜单（后简称为右键快捷菜单）中的"指定变化"命令对相应的参数进行修改。

3.5.6 特征重排与插入特征

对于较复杂的模型，由于考虑不周，常常遇到需要调整特征次序的情况。调整特征次序，主要有以下两种方法：

◇ 在部件导航器中选中需要调整次序的特征，通过右键快捷菜单（图 3-5-28）中的"重排在前"、"重排在后"命令选择目标特征并进行调整。

◇ 在部件导航器中拖动需要调整次序的特征到目标特征后释放。

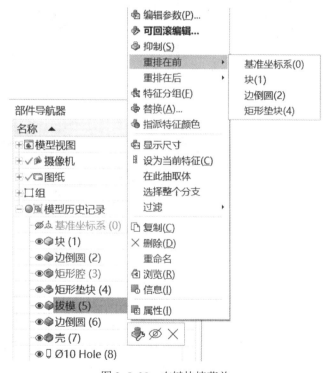

图 3-5-28 右键快捷菜单

如果要在某个特征前插入一个特征，在部件导航器中该特征前一个特征处单击右键，执行"设为当前特征"命令。添加特征后，光标移至最后一个特征，单击右键，再执行"设为当前特征"命令。

[任务实施]

1. 拟定建模方案

根据前面的任务分析，拟定的建模方案如图 3-5-29 所示。

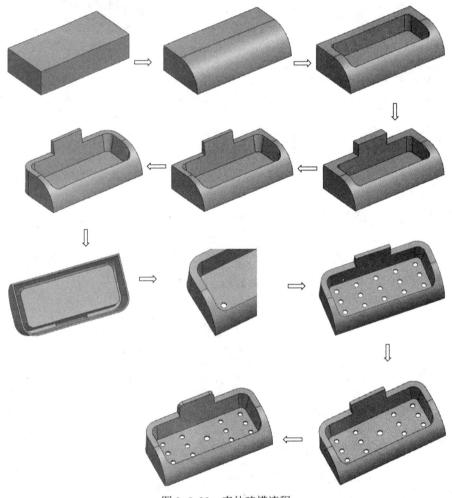

图 3-5-29 壳体建模流程

2. 操作步骤

（1）启动 NX

单击"开始"→"程序"→Siemens NX→NX，启动后进入 NX 初始界面。

3-5
壳体三维建模
操作视频

（2）新建文件

单击"新建"按钮，在"新建"对话框中单击"模型"选项卡，设置"文件夹"为"D:\教材\项目 3\"，在"名称"文本框中输入文件名"壳体"，单位设置为"毫米"，单击"确定"按钮，进入 NX 建模模块界面。

（3）创建块

单击"块"命令图标，以（-125，-60，0）为原点坐标，创建长 250、宽 120、高 60 的长方体，如图 3-5-30 所示。

（4）倒圆角

单击"边圆角"命令图标，倒圆角 R60，如图 3-5-31 所示。

图 3-5-30　长方体

图 3-5-31　倒圆角 R60

（5）创建腔

- 执行命令：单击"腔"命令图标，弹出"腔"对话框。
- 选择类型：在"腔"对话框中选择"矩形"。
- 选择放置面：选择上表面作为放置面。
- 定义水平参考：选择 X 轴作为水平参考。
- 输入参数：在文本框输入参数值，如图 3-5-32 所示。
- 单击"确定"按钮，弹出"定位"对话框。
- 定位：单击"线到线定位"按钮，如图 3-5-33 所示，分别选择 X 轴和水平中心线。再次单击"线到线定位"按钮，分别选择 Y 轴和竖直中心线。

图 3-5-32　输入参数 1

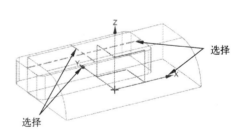

图 3-5-33　腔的定位

- 单击"取消"按钮，完成矩形腔的创建，如图 3-5-34 所示。

（6）创建垫块

- 单击"垫块"命令图标，选择"矩形"。
- 选择平的上表面作为放置面，选择 X 轴作为水平参考，输入参数，如图 3-5-35 所示。
- 单击"确定"按钮，弹出"定位"对话框。
- 单击"线到线定位"按钮，按图 3-5-36 所示选择对象定位，结果如图 3-5-37 所示。

图 3-5-34　矩形腔

（7）拔模

- 单击"拔模"命令图标，选择"面"拔模类型。
- 脱模方向默认为 ZC 方向。

图 3-5-35 输入参数 2

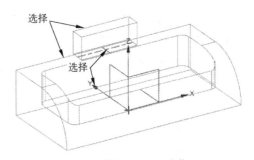

图 3-5-36 定位

- 激活"选择固定面"选项，选择腔的底面。
- 激活"选择面"选项，选择腔的侧面。
- 输入拔模角度 10°。
- 单击"确定"按钮，完成拔模创建，如图 3-5-38 所示。

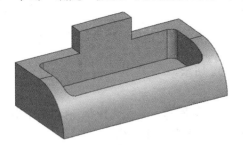

图 3-5-37 垫块

图 3-5-38 拔模

（8）倒圆角 R30

单击"边圆角"命令图标，倒圆角 R30，如图 3-5-39 所示。

（9）抽壳

- 单击"主页"选项卡→"基本"组→"壳"命令图标。
- 选择底面作为开口面。
- 输入抽壳厚度 3。
- 单击"确定"按钮，完成抽壳如图 3-5-40 所示。

图 3-5-39 倒圆角 R30

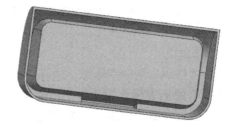

图 3-5-40 抽壳

（10）创建孔

单击"孔"命令图标，创建 Ø10 孔，如图 3-5-41 所示。

（11）阵列特征

- 单击"阵列特征"命令图标，弹出"阵列特征"对话框。
- 选择 Ø10 孔特征作为要形成阵列的特征。

- 在"布局"下拉列表框中选择"线性"。
- 激活"方向1"下的"指定矢量"选项,选择X轴,输入数量5、间隔45。选中"使用方向2"复选框,选择Y轴,输入数量3、间隔25。
- 单击"确定"按钮,完成线性阵列,如图3-5-42所示。

 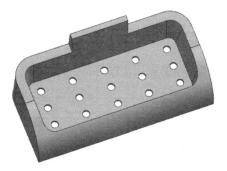

图 3-5-41 Ø10 孔　　　　　　　　　　图 3-5-42 阵列特征

（12）编辑实例

双击部件导航器中的阵列特征,在图形窗口选择中间一列前后两个实例点,单击右键,执行"删除"命令,如图3-5-43所示。单击"确定"按钮。

如图3-5-44所示,在部件导航器中展开阵列特征,选择中间的实例,单击右键,执行"编辑参数"命令,弹出如图3-5-45所示"实例特征"对话框,双击"Diameter",修改"Value"为12,单击"确定"按钮,完成中间孔孔径的修改,结果如图3-5-46所示。

图 3-5-43 删除实例点　　　　　　　　图 3-5-44 实例特征及菜单选择

 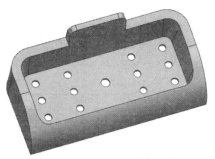

图 3-5-45 "实例特征"对话框　　　　　图 3-5-46 实例编辑结果

（13）倒圆角

单击"边圆角"命令图标，给垫块倒圆角 R10，结果如图 3-5-47 所示。

（14）保存文件

单击"保存"命令图标，保存文件，完成建模过程。

图 3-5-47　倒圆角后的壳体

 [问题探究]

1. 倒圆和拔模的先后次序如何判断？

_____

2. 如何改变实例特征的位置？

_____

 [总结提升]

NX 成型特征常用于在毛坯上添加或去除材料。腔、垫块命令具有倒圆、拔模、拉伸的组合功能，是一种高效的建模工具。壳体零件一般使用抽壳的方法创建，但要分析倒圆、拔模、抽壳的先后次序，学会特征次序的调整。线性阵列用于规律分布特征的创建，有时个别实例的大小或位置与其他实例不一致，用户要学会对线性阵列进行编辑。

 [拓展训练]

1. 完成图 3-5-48 所示箱体零件的三维建模。

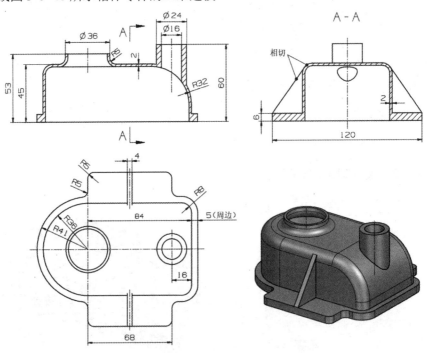

图 3-5-48　箱体零件图

2. 完成图 3-5-49 所示壳体零件的三维建模。

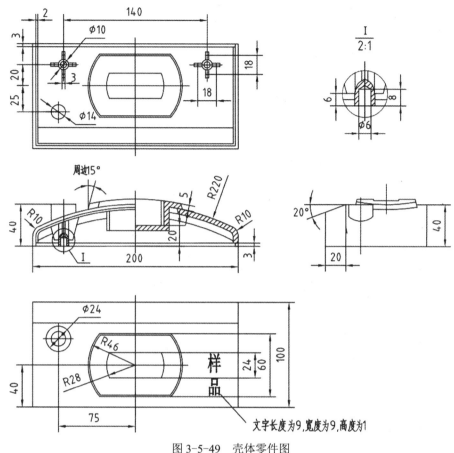

图 3-5-49　壳体零件图

任务 3.6　异形体三维建模

 [任务描述]

分析图 3-6-1 所示的异形体零件图，建立正确的建模思路，在 NX 建模模块中使用图层管理不同图形对象，并采用合适的方法完成异形体零件的三维建模。

 [任务分析]

通过图纸分析可知，异形体零件总体上可看作一个薄壳零件，可以考虑用抽壳的方法创建。其上有一个截面为拱形形状的异形结构，可以用"沿引导线扫掠"命令创建。三个切口处可采用先切除再添加材料的方法处理。模型复杂时，可使用图层对不同对象进行有效管理。要完成该零件的建模，需掌握图层、沿引导线扫掠等方面的知识。

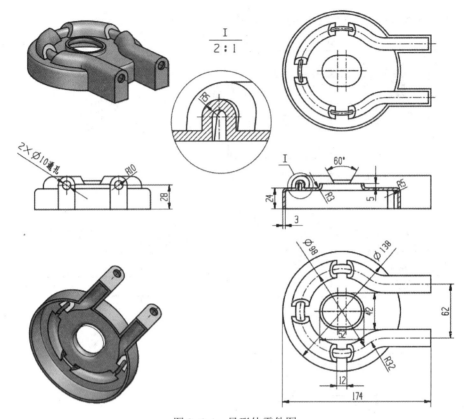

图 3-6-1 异形体零件图

 [必备知识]

3.6.1 图层

1. 图层术语

1）图层：图层用于存储文件中的对象，其工作方式类似于容器，通过结构化且一致的方式来收集对象。与显示和隐藏不同，图层提供一种更为永久的方式来对文件中对象的可见性和可选择性进行组织和管理。每个文件最多可有 256 层。

2）工作图层：设计部件时可以使用多个图层，但当前操作只能在一个图层上工作，这个图层称为工作图层。工作图层的层号显示在"视图"选项卡→"层"组→"工作层"列表框中。

3）类别：是指具有相同属性的层的集合。

4）图层可选择性：使用图层控制文件中可选的数据。将图层设为可选时，该图层上的所有可见对象都将显示，且可选定用于后续操作。工作图层始终是可见且可选择的。

5）图层可见性：控制图层为不可见，或者可见但不可选。

◇ 仅可见：该层上的几何对象和视图是可见的，但不可选择。

◇ 不可见：该层上的所有几何对象和视图均不可见。

2. 图层操作

（1）图层设置

使用"图层设置"命令可将对象放置在 NX 文件的不同图层上，并为部件中所有视图的图层设置可见性和可选择性。"图层设置"对话框如图 3-6-2 所示。其上参数介绍如下。

1) 工作层：显示当前的工作图层。可以输入从 1～256 的数字以更改工作图层。

> **注意**：工作层设置的另外一种方法是在"视图"选项卡→"层"组→"工作层"列表框中直接输入层号，按〈Enter〉键。

2) 图层列表：显示所有图层的列表、类别、关联的图层，以及它们的当前状态。

3) 显示：控制要在图层列表框中显示的图层。

◇ 所有图层：在图层列表框中列出显示所有图层。

◇ 含有对象的图层：在图层列表框中只显示所包含对象的图层。

◇ 所有可选图层：在图层列表框中只显示可选图层。

◇ 所有可见图层：在图层列表框中只显示可见或可选图层。

4) 图层控制：除工作层外，其他层还有 3 种状态可供设置。操作方法是：在图层列表框中选择一个图层名，单击 4 种层状态按钮中的一个即可。

（2）移动至图层

"移动至图层"命令可将某一层上的几何对象移到另外一层上。其操作步骤如下：

◇ 执行"移动至图层"命令。

◇ 在"类选择"对话框中，选择用于移动操作的对象。

◇ 在"图层移动"对话框（如图 3-6-3 所示）的"目标图层或类别"文本框中输入目标层名，或从"类别过滤"列表框中选择参考几何体。

图 3-6-2 "图层设置"对话框

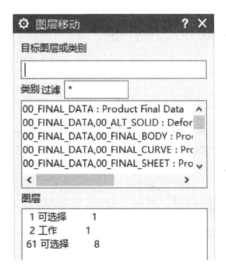

图 3-6-3 "图层移动"对话框

◇ 单击"确定"按钮，移动选定对象到新图层。

3. 图层标准

NX 默认的图层标准见表 3-6-1。

表 3-6-1　NX 默认的图层标准

层	对　　象	类　别　名
1	最终数据、最终主体	00-final-data，00-final-body
2	最终数据、交替实体	00-final-data，00-alt-solid
3	最终数据、最终曲面	00-final-data，00-final-sheet
4	最终数据、最终曲线	00-final-data，00-final-curve
5	最终数据、辅助基准	00-final-data，00-mate-datum
6～10	最终数据	00-final-data
11～20	主体（实体）	01-body
21～60	草图	02-sketch
61	基准、基准坐标系	03-datum，03-fixed-datum
62～80	基准	03-datum
81～90	曲线	04-curve
91～110	曲面	05-sheet
111～115	注释	06-annotation
170	图框	13-drawing-pattern
171	图纸尺寸	13-drawing-dimension
172	图纸符号	13-drawing-symbol
173	图纸规范	13-drawing-specification

3.6.2　沿引导线扫掠

使用"沿引导线扫掠"命令 ，可以通过沿一条引导线扫掠一个截面来创建体，如图 3-6-4 所示。

"沿引导线扫掠"对话框如图 3-6-5 所示。

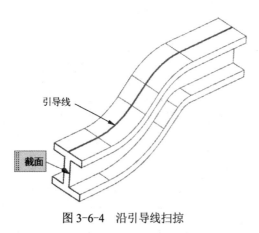

图 3-6-4　沿引导线扫掠

图 3-6-5　"沿引导线扫掠"对话框

截面曲线和引导线均可以是闭合曲线或开放曲线。关于截面曲线与引导线的关系应注意以下几个问题：

◇ 截面曲线通常应该位于开放式引导路径的起点附近或封闭式引导路径的任意曲线的端点（如果有尖点，要远离尖点）。如果截面线远离引导曲线，则不能得到希望的结果，如图 3-6-6 所示。
- 引导线路径中的直线段是拉伸的，扫掠方向沿直线方向，扫掠距离为直线的长度。
- 引导线路径中的圆弧段是回转的，旋转轴为圆弧轴，位于圆弧中心并垂直于圆弧平面，旋转角度是圆弧的起始角和终止角的差。
- 若引导线串为光顺曲线，则圆角处半径相对于截面曲线要足够大，否则不能生成扫掠体。如图 3-6-7 所示，引导线串中圆弧半径不能小于正方形边长的一半时，才能生成扫掠体。
- 引导线与截面线串的相对位置会影响扫掠结果。如图 3-6-7 中，引导线通过正方形上、下两条边的扫描结果是不同的。

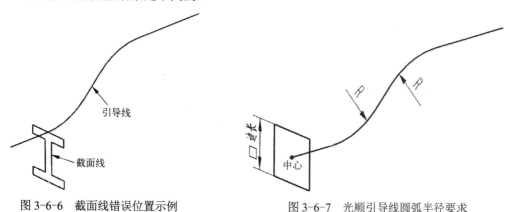

图 3-6-6　截面线错误位置示例　　　　图 3-6-7　光顺引导线圆弧半径要求

3.6.3　管

"管"命令通过沿着中心线路径扫掠一个圆形横截面来创建单个实体，如图 3-6-8 所示。横截面是通过"管"对话框中外径、内径值定义的，如图 3-6-9 所示。此命令常用来创建线束、布管、电缆或管道组件等。

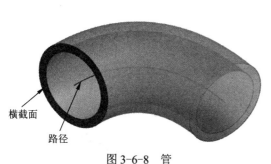

图 3-6-8　管　　　　图 3-6-9　"管"对话框

"管"对话框中各选项说明如下。
1）路径：指定管的中心线路径。可以选择多条曲线或边。
2）横截面：
- 外径：用于设置管外径的值，外径必须大于 0。
- 内径：用于设置管内径的值，内径必须大于等于 0，且必须小于外径。

3）设置——输出：如果路径包含样条线或二次曲线，则设定是将该部分创建为单段还是多段。

◇ 多段：用于设置管为有多段面的复合面，如图 3-6-10 所示。

◇ 单段：为包含样条样或二次曲线的路径各自创建一个面，如图 3-6-11 所示。

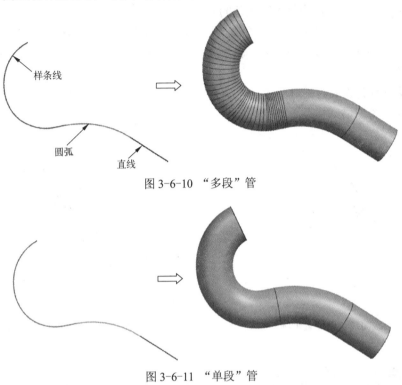

图 3-6-10 "多段"管

图 3-6-11 "单段"管

提示："管"可以看成是"沿导引线扫掠"的一种特殊情况，即截面形状为圆形且引导线通过截面中心。但要注意"管"的路径必须是光顺的，不能有尖点，而"沿导引线扫掠"的引导线可以光顺，也可以不光顺。

3.6.4 拆分体

"拆分体"命令 可通过使用一个面、一组面或基准平面将实体或片体拆分为多个体，如图 3-6-12 所示。拆分后虽然分成多个体，但在部件导航器中以一个特征存在。各个体与原几何体是关联的，可以对每个体特征操作，但不能删除。

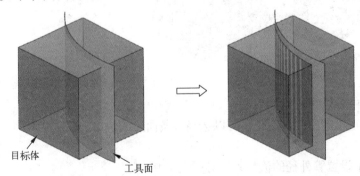

图 3-6-12 拆分体

"拆分体"对话框如图 3-6-13 所示。其用法与修剪体类似，但其工具面的定义方法更丰富，可通过拉伸或旋转草图来创建拆分工具。

图 3-6-13　"拆分体"对话框

3.6.5　偏置面

使用"偏置面"命令可沿面的法向偏置一个或多个面，如图 3-6-14 所示。如果体的拓扑不更改，则可以根据正的或负的距离来偏置面。

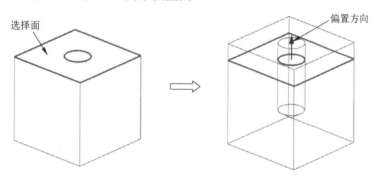

图 3-6-14　偏置面

[任务实施]

1. 拟定建模方案

根据前面的任务分析，拟定的建模方案如图 3-6-15 所示。

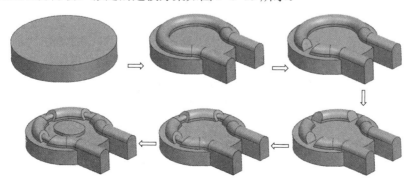

图 3-6-15　异形体建模流程

图 3-6-15 异形体建模流程（续）

2．操作步骤

（1）启动 NX

单击"开始"→"程序"→Siemens NX→NX，启动后进入 NX 初始界面。

（2）新建文件

单击"新建"按钮，在"新建"对话框中单击"模型"选项卡，设置"文件夹"为"D:\教材\项目 3\"，在"名称"文本框中输入文件名"异形体"，单位设置为"毫米"，单击"确定"按钮，进入 NX 建模模块界面。

3-6 异形体三维建模操作视频

（3）创建圆柱

- 单击"视图"选项卡→"层"组，在"工作层"列表框中输入 11，按〈Enter〉键。
- 单击"圆柱"命令图标，创建一个以 ZC 为轴矢量方向，（0，0，0）为原点，直径为 Ø138、高度为 24 的圆柱，如图 3-6-16 所示。

图 3-6-16 圆柱

（4）创建截面为拱形形状的异形结构

1）创建引导线：

- 设置 21 层为工作层。
- 单击"草图"命令图标，弹出"创建草图"对话框。
- 在"平面方法"下拉列表框中选择"新平面"，在"指定平面"下拉列表框中选择"自动判断"。
- 选择圆柱上表面，输入距离 4，按〈Enter〉键。
- 激活"指定矢量"选项，选择 X 轴。
- 激活"指定点"选项，选择坐标原点。
- 单击"确定"按钮，进入草图环境。
- 绘制如图 3-6-17 所示草图。

2）创建截面：设置 22 层为工作层。单击"草图"命令图标，弹出"创建草图"对话框，在"平面方法"下拉列表框中选择"新平面"，在"指定平面"下拉列表框中选择"曲线上"，选择图 3-6-18 所示直线，修改弧长为 0，按〈Enter〉键。

激活"指定矢量"选项，选择 Y 轴。激活"指定点"选项，选择坐标原点。单击"指定平面"后的"反向"按钮，确定后进入草图环境，绘制如图 3-6-19 所示草图。

3）创建沿引导线扫掠：

- 设置 12 层为工作层。

项目 3　实体建模

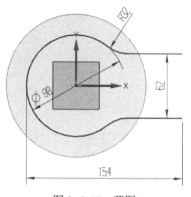

图 3-6-17　草图 1

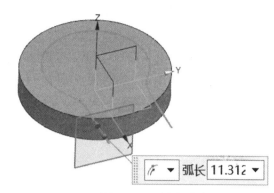

图 3-6-18　新建平面

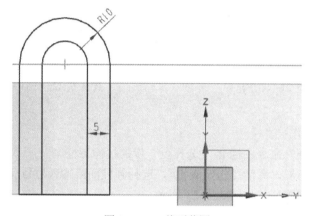

图 3-6-19　截面草图

- 单击"曲面"选项卡→"基本"组→"沿引导线扫掠"命令图标 。
- 将"选择意图"设置为"相切曲线",激活其后"在相交处停止"按钮 ,选择图 3-6-19 中外围的拱形曲线。
- 单击中键,选择图 3-6-17 中草图曲线。
- 设置"布尔运算"为"合并"。
- 单击"确定"按钮,完成沿引导线扫掠创建,如图 3-6-20 所示。

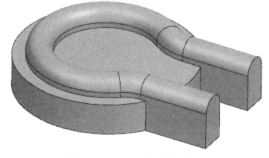

图 3-6-20　沿引导线扫掠 1

(5) 创建拉伸并切除
- 设置 13 层为工作层。
- 单击"拉伸"命令图标 ,选择圆柱上表面,绘制一个相对于 Y 轴对称的矩形,如

图 3-6-21 所示（注意矩形宽度方向要超出异形结构），单击"完成"命令图标。
➢ 在"拉伸"对话框中设置"终点"为"直至下一个"，"布尔运算"为"减去"，"拔模类型"选择"从起始限制"，输入角度 30。
➢ 单击"确定"按钮完成拉伸并切除，如图 3-6-22 所示。

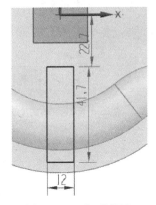
图 3-6-21 矩形草图

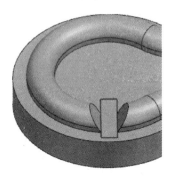
图 3-6-22 拉伸并切除

（6）阵列特征
➢ 设置 14 层为工作层。
➢ 单击"阵列特征"命令图标，选择上一步的拉伸特征。
➢ 选择"圆形"布局，激活"指定矢量"，选择圆柱面，输入数量 3，间隔角 180。
➢ 确定后完成圆形阵列，如图 3-6-23 所示。

（7）创建沿引导线扫掠
➢ 设置 15 层为工作层。
➢ 单击"曲面"选项卡→"基本"组→"沿引导线扫掠"命令图标。
➢ 选择图 3-6-19 中内部的拱形曲线。
➢ 单击中键，选择图 3-6-17 中草图曲线。
➢ 设置"布尔运算"为"合并"。
➢ 单击"确定"按钮，完成沿引导线扫掠创建，如图 3-6-24 所示。

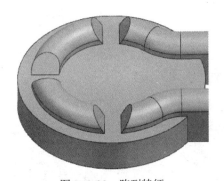
图 3-6-23 阵列特征

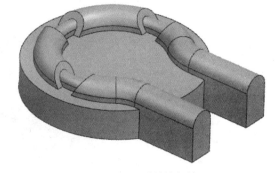
图 3-6-24 沿引导线扫掠 2

（8）创建长圆柱凸台
➢ 设置 16 层为工作层。
➢ 单击"拉伸"命令图标，选择圆柱上表面，绘制草图如图 3-6-25 所示，单击"完成"命令图标 。
- 在"拉伸"对话框中输入终点距离 5，设置"布尔运算"为"合并"，"拔模"为"无"。
- 确定后完成拉伸体创建，如图 3-6-26 所示。

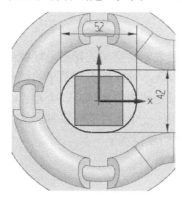 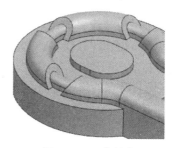

图 3-6-25　草图 2　　　　　　　　图 3-6-26　拉伸体

（9）倒圆角

设置 17 层为工作层。单击"边圆角"命令图标 ，分别对圆柱和长圆柱底面倒圆角 R5、R3，如图 3-6-27 所示。

（10）抽壳

设置 1 层为工作层。单击"壳"命令图标 ，选择体的下表面和长圆柱上表面，输入厚度 3，单击"确定"按钮，完成抽壳，如图 3-6-28 所示。

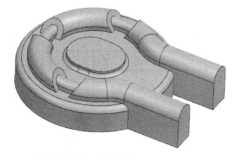 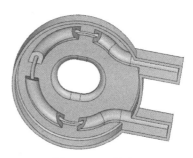

图 3-6-27　倒圆角　　　　　　　　图 3-6-28　抽壳

（11）创建孔

单击"孔"命令图标 ，创建 Ø10 孔，如图 3-6-29 所示。

（12）保存文件

单击"保存"命令图标 ，保存文件，完成建模过程。

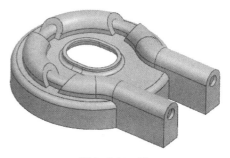

图 3-6-29　孔

 [问题探究]

1. 抽壳中的移除面如何判断？

2. 切口处有没有其他建模方法?如何做?

[总结提升]

沿引导线扫掠相当于拉伸与旋转的组合，一般用来创建空间的异形毛坯或部分结构，使用时要注意截面线串与引导线串的相对位置，位置不合适，可能得不到希望的结果。截面形状为圆形时一般用管命令创建比较快捷。本次任务中切口处结构的创建是一个难点，还可以采用拆分体结合偏置面的方法创建。NX 软件功能强大，往往一个题目都有多种解法。用户要通过练习、比较和总结选择合理的建模方法，不断提高自己的建模水平。

[拓展训练]

1. 完成图 3-6-30 所示机械弯头零件的三维建模。

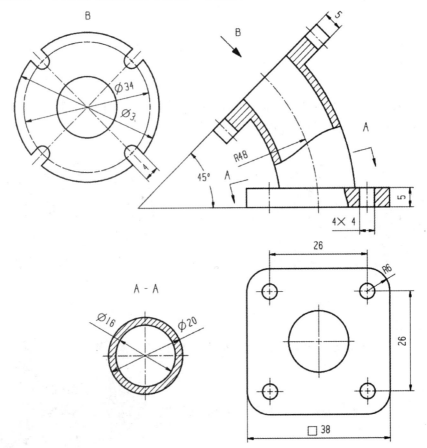

图 3-6-30　机械弯头零件图

2. 完成图 3-6-31 所示外壳零件的三维建模。

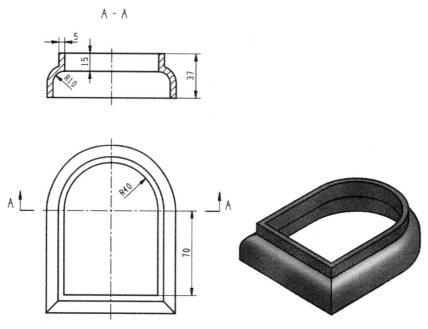

图 3-6-31 外壳零件图

项目 4　　曲面建模

小家电、消费日用品等在设计时除了满足功能性要求外,还要考虑美观性,通常需要做成曲面形状。利用前面学过的实体建模方法往往很难满足要求。NX 提供了强大的自由形状建模功能,可以基于点、线、面完成自由曲面的创建和编辑,从而设计出复杂、美观的产品。通过本项目的学习,可达成以下目标:

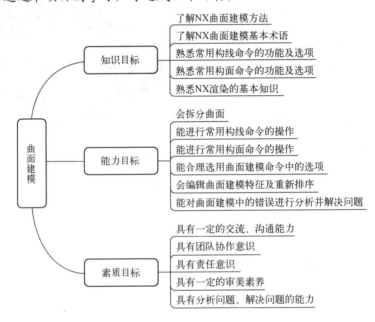

任务 4.1　塑料壶曲面建模

[任务描述]

分析图 4-1-1 所示的塑料壶,建立正确的建模思路,在 NX 建模模块中使用合适的曲线、曲面命令,完成塑料壶的三维建模。

[任务分析]

通过对塑料壶图分析可知,塑料壶前后对称。根据已知条件,先用扫掠的方法构建中间的大面,镜像后桥接曲线,使用通过曲线网格命令构建侧面。上部可以通过拉伸和通过曲线组等方法构建,把手部分可采用扫掠的方法创建。要完成塑料壶的建模,需掌握桥接曲线、扫掠、通过曲线网格、通过曲线组、加厚等方面的知识。

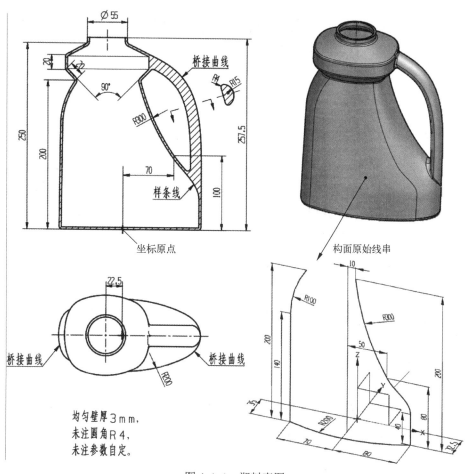

图 4-1-1 塑料壶图

 [必备知识]

4.1.1 NX 曲面建模概述

1. 曲面建模方法

NX 曲面建模也称为自由形状造型,是指那些不能利用体素和标准成型特征,仅含有直线、弧和二次曲线的草图来构建的模型。根据创建方式的不同,可以将曲面工具分类为以下几类。

◇ 基于点:利用通过点、从极点和拟合曲面命令实现。
◇ 基于曲线:利用直纹面、通过曲线组、通过曲线网格、扫掠等命令实现。
◇ 基于面:利用桥接、N 边曲面、延伸、偏置曲面等命令实现。

基于点生成的片体为非参数化特征;基于曲线生成的片体为参数化特征(全息片体);基于片体生成的片体大部分为参数化特征。本教材主要介绍基于曲线的曲面建模。

2. 曲面建模基本术语

1)片体:一个或多个没有厚度的面的集合,通常所说的曲面即是片体。

2）实体：与片体相对应，整个体由面包围，具有一定的体积。

3）补片：样条曲线可以由单段或者多段曲线构成，类似的，曲面也可以由单个补片或者多个补片组成。单个补片曲面是由一个参数方程表达，多个补片曲面则由多个参数方程来表达。从加工的角度考虑，应尽可能使用较少的补片。

4）曲面U、V方向：曲面的参数方程含有U、V两个参数变量。相应的曲面模型也用U、V两个方向来表征。通常，曲面的引导线方向（行方向）是U方向，曲面的截面线串的方向（列方向）是V向。

5）曲面阶数：又称为"次数"，曲面由参数方程来表达，而阶数是参数方程的一个重要参数，每个曲面都包含U、V两个方向的阶数，其阶数数值在2~24间，建议使用3、5阶来创建曲面，因为这样的曲面比较容易控制形状。

6）曲面连续性：连续性描述了曲面或曲线的连续方式和平滑程度。在创建或编辑曲面时，可以利用连续性参数设置连续性，从而控制曲面的形状与质量。NX中采用G0、G1、G2来表示连续性。

◇ G0（位置连续）：曲面或曲线点点相连，即曲线之间无断点，曲面相接处无裂缝。
◇ G1（相切连续）：曲面或曲线点点连续，且所有连接的线段或曲面之间都是相切关系。
◇ G2（曲率连续）：曲面或曲线点点连续，且其连接处的"曲率"为连续变化。

3．曲面造型相关经验与设计原则
◇ 构造自由形状特征的边界曲线应尽可能简单。
◇ 构造自由形状特征的边界曲线要保证光滑连续，避免产生尖角、交叉和重叠。
◇ 曲率半径应尽可能大，否则会造成加工的困难和复杂形状。
◇ 一般情况下，曲线阶数≤3；当需要曲率连续时，考虑使用5阶曲线；构造的自由形状特征的阶数≤3，应尽可能避免使用高阶自由形状特征。
◇ 自由形状特征之间的圆角过渡应尽可能在实体上进行操作。
◇ 先构建"主要"片体，再构建"过渡"片体。
◇ 尽可能采用片体加厚的方法建立薄壳零件。

4.1.2 桥接曲线

使用"桥接曲线"命令 ╱ 可以创建位于两曲线上用户定义点之间的光滑连接曲线，如图4-1-2所示。也可以使用此命令创建延伸至基准平面的桥接曲线。

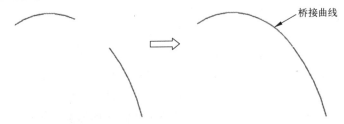

图4-1-2 桥接曲线示例

"桥接曲线"对话框如图4-1-3所示。其上各选项功能如下。

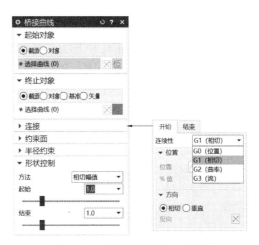

图 4-1-3 "桥接曲线"对话框

（1）起始/终止对象

1）截面：选择一个可以定义曲线起点/终点的截面。可以选择曲线、边。

2）对象：选择一个可以定义曲线起点/终点的对象。可以选择面、点。

3）基准：为曲线终点选择一个基准，并且曲线与该基准垂直，如图 4-1-4 所示。

4）矢量：选择一个可以定义曲线终点的矢量。

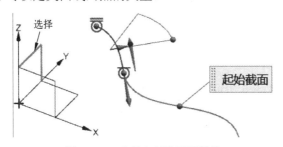

图 4-1-4 曲线与基准平面桥接

（2）连接

1）起始/结束：用于指定要编辑的点。可以为桥接曲线的起点与终点单独设置连续性、位置及方向选项。

2）连续性：用于定义桥接曲线起点与终点的约束。

◆ G0（位置）：两个对象相连但不相切。

◆ G1（相切）：两个对象在共点处相切，即一阶导数连续。

◆ G2（曲率）：两个对象在共点处曲率连续，即二阶导数连续。

◆ G3（流）：两个对象在共点处曲率光顺，即三阶导数连续。

3）位置：定义桥接曲线起点和终点的位置。

4）方向：通过矢量构造器在起点和终点处定义桥接曲线的方向。

◆ 相切：定义选取点处指向桥接曲线终点的切矢方向。

◆ 垂直：强制选取点处指向桥接曲线终点的副法向。可以使用"选择面"选项来选择一个或多个参考面。

（3）约束面

约束桥接曲线与选择的面重合。仅支持 G0 和 G1 连续性。

(4)形状控制

以交互方式重新设置桥接曲线的形状。有以下几种方法（类型）。

◆ 相切幅值：表示起始值和终止值中的相切百分比，初始值为 1。

◆ 深度和歪斜度："深度"控制曲线曲率影响桥接的方式，该值表示曲率影响的百分比；"歪斜度"控制最大曲率的位置，其值表示沿桥接方向从起点到终点的距离的百分比。

◆ 二次曲线：根据指定的 Rho 值来改变二次曲线的饱满度，从而更改桥接曲线形状。输入曲线必须共面。仅支持 G0 和 G1 连续性。

◆ 模板曲线：选择现有样条来控制桥接曲线的整体形状。仅支持 G0 和 G1 连续性。

4.1.3 扫掠

使用"扫掠"命令 可通过沿一条、两条或三条引导线串扫掠一个或多个截面来创建实体或片体，如图 4-1-5 所示。

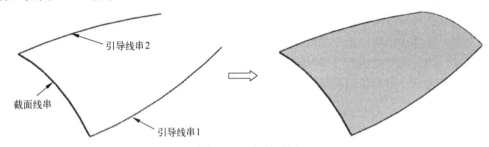

图 4-1-5 扫掠示例

"扫掠"对话框如图 4-1-6 所示。其上各选项功能如下。

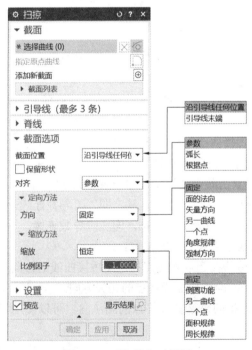

图 4-1-6 "扫掠"对话框

(1) 截面

1) 选择曲线：用于选择多达 150 条截面线串。截面线串可以含有尖形拐角，如果所有选择的引导线是闭合的，第一截面线串可以被选为最后的截面线串，如图 4-1-7 所示。

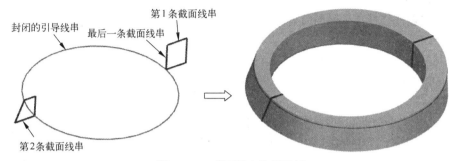

图 4-1-7　截面线串选择示例

2) 指定原点曲线：用于更改闭环中的原始曲线，重新定义箭头起始位置。
3) 添加新截面：将当前选择添加到"截面"组的列表框中，并创建新的空截面。也可以通过按鼠标中键来添加新集。

(2) 引导线

引导线串在扫掠方向（V 方向）上控制着扫掠体的方位和缩放比例。用户必须提供一条、两条或三条引导线串（最多 3 条）。每条引导线串的所有对象必须光顺而且连续。

(3) 截面/引导线列表

列出现有的截面/引导线集。选择线串集的顺序可以确定所产生的扫掠。

- ◇ 移除：从列表中移除选定的线串。
- ◇ 上移：在列表中将选定的线串向上移动，对线串集的顺序进行重排序。
- ◇ 下移：在列表中将选定的线串向下移动，对线串集的顺序进行重排序。

 注意：◇ 每条截面线串/引导线串的箭头位置和方向应保持一致。
　　　◇ 截面线串/引导线串选择时需按顺序依次选取。

(4) 脊线（1 条）

使用脊线可以控制截面线串的方位，并避免在导线上不均匀分布参数导致的变形。在脊线串的每一点上，系统构建一正交脊线串的截平面，在 U 方向的所有等参数线位于这个平面族的成员上。当脊线串处于截面线串的法向时，该线串状态最佳。图 4-1-8 为有、无使用脊线的对比。

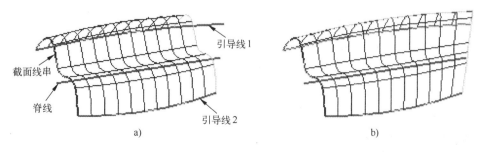

图 4-1-8　脊线示例
a) 有脊线　b) 无脊线

注意：当引导线串长于脊线串时，脊线串将决定扫掠特征的长度。

（5）截面选项

1）截面位置：选择单个截面时可用。当截面在引导对象的中间时，下列选项产生不同的扫掠结果。

✧ 沿引导线任何位置：沿引导线在截面的两侧进行扫掠。

✧ 引导线末端：沿引导线从截面开始仅在一个方向进行扫掠。

2）插值：选择多个截面时可用，可确定截面之间的曲面过渡的形状。

✧ 线性：从一个截面线串到另一个截面线串按线性规律过渡，如图 4-1-9b 所示。

✧ 三次方：从一个截面线串到另一个截面线串按三次方函数规律过渡，如图 4-1-9c 所示。

✧ 混合：从一个截面线串到另一个截面线串按 G1 连续规律过渡，如图 4-1-9d 所示。

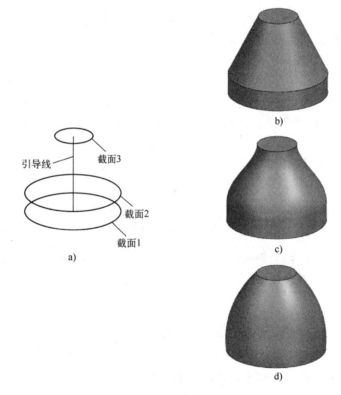

图 4-1-9　插值示例

a) 截面与引导线　b) 线性　c) 三次方　d) 混合

3）对齐：定义沿截面的等参数曲线的对齐方式。

✧ 参数：按等参数间隔沿截面对齐等参数曲线。

✧ 弧长：按等弧长间隔沿截面对齐等参数曲线。

✧ 根据点：按截面间的指定点对齐等参数曲线。如果截面线串包含任何尖角，则建议使用"根据点"来保留它们。

4）保留形状：保持锐边。仅当"对齐"设置为"参数"或"根据点"时可用。

5）定向方法：在截面沿引导线移动时控制该截面的方向。使用单个引导线串时可用。

◇ 固定：在截面线串沿引导线移动时保持固定的方位，且结果是平行的或平移的简单扫掠。
◇ 面的法向：截面线沿引导线扫掠时的第二个方向与所选择的面法向相同。图 4-1-10 中凸轮槽为面的法向的具体应用。

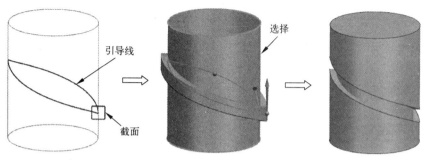

图 4-1-10 "面的法向"的应用

◇ 矢量方向：指定矢量方向，在扫掠过程中，截面线与引导线的法平面之间总是保持这个角度不变。
◇ 角度规律：用于通过规律子函数来定义方位的控制规律。图 4-1-11 为"角度规律"应用。

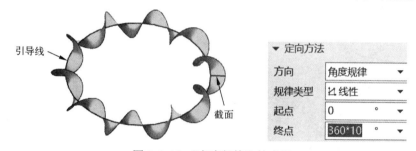

图 4-1-11 "角度规律"的应用

◇ 强制方向：用于在截面线串沿引导线串扫掠时通过矢量来固定剖切平面的方位。图 4-1-12c 为强制方向应用。

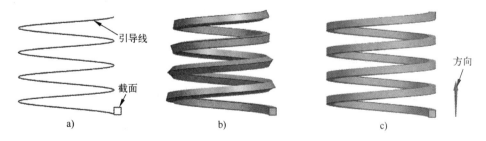

图 4-1-12 "固定"与"强制方向"比较
a) 截面与引导线 b) 固定 c) 强制方向

6) 缩放：控制截面沿引导线进行扫掠过程中截面大小的变化。
使用一条引导线时以下选项可用：
◇ 恒定：沿整条引导线保持恒定的比例因子。
◇ 倒圆功能：在指定的起始与终止比例因子之间允许线性或三次缩放，这些比例因子对应于引导线串的起点与终点。

◇ 面积规律：用于通过规律子函数来控制扫掠体的横截面积。
◇ 周长规律：用于通过规律子函数来控制扫掠体的横截面周长。

4.1.4 通过曲线组

使用"通过曲线组"命令 可创建通过多个截面的体，如图 4-1-13 所示。

"通过曲线组"对话框如图 4-1-14 所示。曲面命令中的同名选项与前面所提到功能类似，这里不再重复解释。其余选项功能如下。

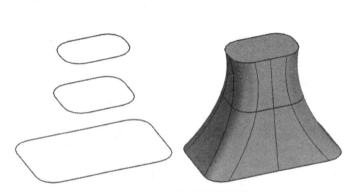

图 4-1-13　通过曲线组示例　　　　图 4-1-14　"通过曲线组"对话框

（1）连续性

1）第一个截面/最后一个截面：用于选择约束面并指定所选截面的连续性，以控制所生成曲面的形状。图 4-1-15 为 G0 与 G1 的连续性对比。

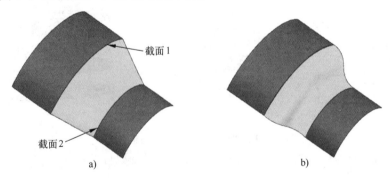

图 4-1-15　G0 与 G1 的连续性对比
a) G0　b) G1

2）流向：用于指定相对于约束曲面和输出曲面的等参数方向。此选项仅适用于 G1 和 G2。

◇ 未指定：等参数的流向未限制为任何特定方向。
◇ 等参数：流向沿约束曲面的等参数方向（U 或 V）。

◇ 垂直：流向垂直于约束曲面的边线。
（2）输出曲面选项
1）补片类型：用于指定 V 方向（即垂直于截面）的补片是单个还是多个。
◇ 单侧：创建单个补片。最大截面数为 25，V 方向的阶次为选定的线串数减一。
◇ 多个：创建多个补片。
◇ 匹配线串：创建与截面线串数接近的补片。
2）V 向封闭：沿 V 方向的各列封闭第一个与最后一个截面之间的特征。选中此复选框，如果选择的截面是封闭的，且"体类型"选项设置为"体"，则 NX 会创建实体。
3）垂直于终止截面：使输出曲面垂直于两个终止截面。
4）构造：指定创建曲面的构造方法。
◇ 法向：创建标准的曲线网格曲面。创建的体或曲面可能比通过其他构造选项创建的对象具有更多的补片。
◇ 样条点：使用输入曲线的点及这些点处的斜率值来创建体。
◇ 简单：创建尽可能简单的曲线网格曲面。

4.1.5　通过曲线网格

"通过曲线网格"命令 可通过 U、V 两个方向的已有线串组建立片体或实体，如图 4-1-16 所示。两组线串组近似正交，一组称为主线串，另一组称为交叉线串。"通过曲线网格"对话框如图 4-1-17 所示。其上各选项功能如下。

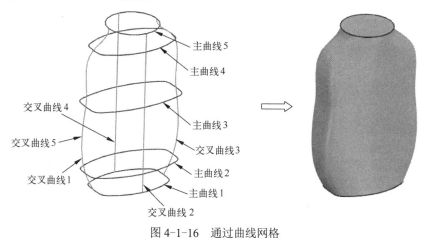

图 4-1-16　通过曲线网格

（1）主曲线

选择曲线、边或点作为主截面集。选择时应注意以下问题：
◇ 主曲线必须至少选择两个。
◇ 只能为第一个与/或最后一个集选择点。
◇ 必须按顺序选择主曲线，且主曲线的指向应相同。

（2）交叉曲线

选择曲线或边作为横截面集。如果主截面都是闭环，则可以为第一组和最后一组横截面来选择相同的曲线以创建封闭体。

（3）连续性

对所要生成的片体或实体定义边界约束条件，以使它在起始或最后的主曲线、交叉线处与一个或多个被选择的体表面相切或等曲率过渡。

如果选中"全部应用"复选框，则选择一个便可更新所有设置。

（4）输出曲面选项——着重

指定曲面穿过主曲线或交叉曲线，或穿过这两条曲线的平均线。只有在主曲线与交叉线不相交时才有意义。

◇ 两者皆是：主曲线和交叉曲线有同等效果。

◇ 主线串：主曲线发挥更多的作用。

◇ 交叉线串：交叉曲线发挥更多的作用。

（5）设置

1）重新构建：通过重新定义主截面与横截面的次数和或段数，构造高质量的曲面。仅在输出曲面选项组中的构造设置为"法向"时才可用。

图 4-1-17 "通过曲线网格"对话框

2）公差：指定相交与连续选项的公差值，以控制有关输入曲线的、重新构建的曲面的精度。适当增加公差值有利于提高曲面生成的概率。

 注意：通过曲线网格构造特征时，主曲线和交叉曲线可以不相交，但两组曲线间的最大距离必须小于相交公差，否则系统报错

4.1.6 有界平面

使用"有界平面"命令可创建由共面的封闭曲线或边线围成的平面片体。

4.1.7 缝合

使用"缝合"命令可将两个或多个片体连接成单个新片体。如果这组片体包围一定的体积即形成封闭，则创建一个实体。

使用"缝合"命令时应注意以下几点：

◇ 选定片体的任何缝隙都不能大于指定公差，否则将获得一个片体。

◇ 片体中如有交叉，则不能缝合成实体。

4.1.8 加厚

使用"加厚"命令可将一个或多个面或片体增加厚度变为实体，如图 4-1-18 所示。加厚效果是通过将选定面沿着其法向进行偏置然后创建侧壁而生成的。"加厚"对话框如图 4-1-19 所示。其上各选项功能如下：

当有多个面片区域时，可以在"区域行为"选项组中"不同厚度的区域"下定义不同偏置值并选择某个区域的边界线来加厚不同厚度，如图 4-1-20 所示。

项目 4　曲面建模

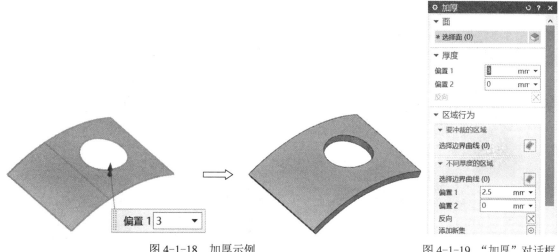

图 4-1-18　加厚示例　　　　　　　　　　图 4-1-19　"加厚"对话框

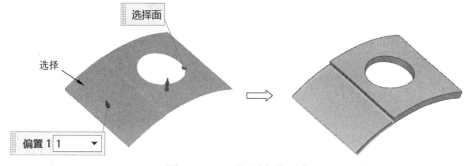

图 4-1-20　不同厚度的区域

[任务实施]

1. 拟定建模方案

根据前面的任务分析，拟定的建模方案如图 4-1-21 所示。

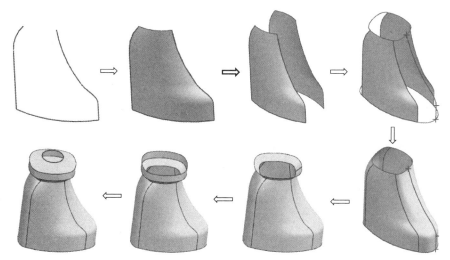

图 4-1-21　建模流程

图 4-1-21 建模流程（续）

2. 操作步骤

（1）启动 NX

单击"开始"→"程序"→Siemens NX→NX，启动后进入 NX 初始界面。

4-1 塑料壶曲面建模操作视频

（2）新建文件

单击"新建"按钮，在"新建"对话框中单击"模型"选项卡，设置"文件夹"为"D:\教材\项目 4\"，在"名称"文本框中输入文件名"塑料壶"，单位设置为"毫米"，单击"确定"按钮，进入 NX 建模模块界面。

（3）壶身创建

1）构建截面线和引导线：

➢ 单击"视图"选项卡，在工作层框中输入 62，按〈Enter〉键。

➢ 单击"基准平面"命令图标，创建与 XZ 平面相距-35 的基准平面 1，如图 4-1-22 所示。

➢ 设置 21 层为工作层，以基准平面 1 为草图平面，绘制如图 4-1-23 所示草图。

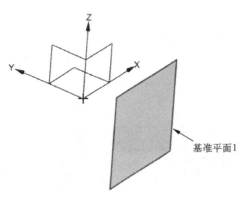

图 4-1-22 基准平面

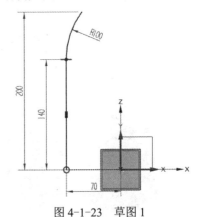

图 4-1-23 草图 1

➢ 按快捷键〈Ctrl+L〉，设置63层为工作层，21、62层为不可见，创建与XZ平面相距-32.5的基准平面2。
➢ 设置22层为工作层，以基准平面2为草图平面，绘制如图4-1-24所示草图。
➢ 设置23层为工作层，21层可见，63层为不可见，以XY平面为草图平面，绘制如图4-1-25所示草图。

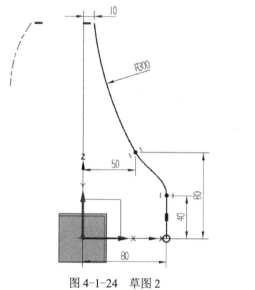
图4-1-24 草图2

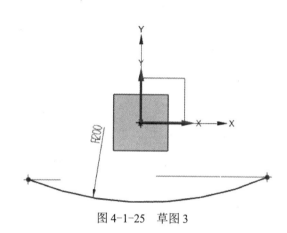
图4-1-25 草图3

2）扫掠：
➢ 设置91层为工作层。
➢ 单击"曲面"选项卡→"基本"组→"扫掠"命令图标 。
➢ 选择草图3作为截面线。
➢ 按两次鼠标中键，选择草图1作为引导线1，单击"添加新集"按钮 ，选择草图2作为引导线2。
➢ 单击"确定"按钮，完成扫掠特征创建，如图4-1-26所示。

3）镜像特征：单击"镜像特征"命令图标 ，将图4-1-26中的片体相对于XZ平面镜像，结果如图4-1-27所示。

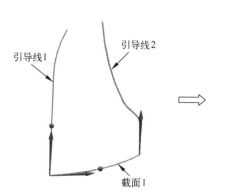

图4-1-26 扫掠1

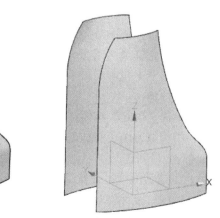
图4-1-27 镜像特征

4）桥接曲线：
- 设置 81 层为工作层，21、22、23 层为不可见。
- 单击"曲线"选项卡→"派生"组→"桥接"命令图标。
- 设置选择意图为"单条曲线"，选择片体下面的边线作为起始对象，单击中键，选择镜像特征对应的边线作为终止对象。
- 展开"连接"选项组，分别设置开始和结束的连续性为"G2（曲率）"，位置为"弧长百分比"，%值为 0。
- 设置"形状控制"组中相切幅值为 1.2。
- 单击"确定"按钮，完成曲线的桥接。
- 类似方法完成其他三处曲线桥接，结果如图 4-1-28 所示。

5）构建轮廓线：设置 24 层为工作层，以 XZ 平面作为草图平面，绘制草图如图 4-1-29 所示。

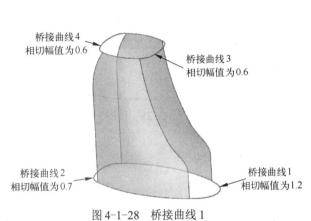

图 4-1-28　桥接曲线 1

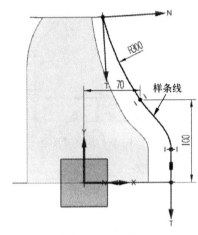

图 4-1-29　草图 4

6）通过曲线网格：
- 设置 92 层为工作层。
- 单击"曲面"选项卡→"基本"组→"通过曲线网格"命令图标。
- 设置选择意图为"相切曲线"，按图 4-1-30a 所示依次选择三条主线串，注意每选一条，单击一次中键。
- 再将选择意图改为"单条曲线"，激活"交叉曲线"组中"选择曲线"，按图 4-1-30a 所示分别选择两条交叉曲线。
- 将第一主线串和最后主线串的连续性设置为"G1（相切）"，分别选择扫掠片体和镜像特征片体。
- 单击"确定"按钮，完成网格曲面创建，如图 4-1-30b 所示。
- 用类似方法可完成左侧网格曲面的创建，如图 4-1-31 所示。

（4）壶口创建

1）创建截面线：设置 25 层为工作层，24、81 层为不可见。以 XZ 平面作为草图平面，绘制如图 4-1-32 所示草图。

2）扫掠：设置 93 层为工作层。单击"扫掠"命令图标，选择草图 5 作为截面线，按两次鼠标中键,选择片体上部边线作为引导线,单击"确定"按钮,完成扫掠特征创建,如图 4-1-33 所示。

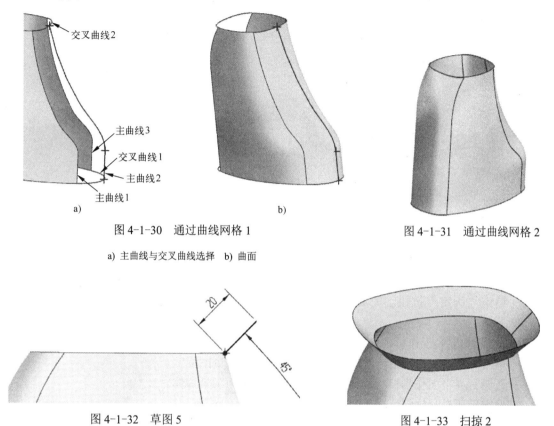

图 4-1-30　通过曲线网格 1

a) 主曲线与交叉曲线选择　b) 曲面

图 4-1-31　通过曲线网格 2

图 4-1-32　草图 5

图 4-1-33　扫掠 2

3）拉伸:设置 94 层为工作层,25 层为不可见。单击"曲面"选项卡→"基本"组→"拉伸"命令图标,选择扫掠 2 片体边线并向上拉伸,拉伸深度为 20,如图 4-1-34 所示。

4）创建截面线:设置 26 层为工作层。单击"草图"命令图标,新建一个草图平面,相距 XY 平面为 250,X 轴为草图水平方向,草图原点为坐标原点,绘制如图 4-1-35 所示草图。

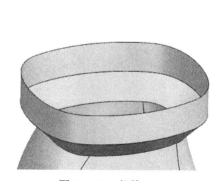

图 4-1-34　拉伸 1

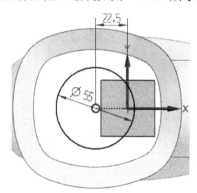

图 4-1-35　草图 6

5）通过曲线组:
➢ 设置 95 层为工作层。
➢ 单击"曲面"选项卡→"基本"组→"通过曲线组"命令图标。

➢ 选择草图6，单击中键，选择拉伸1的边线。
➢ 单击"确定"按钮，完成通过曲线组的创建，如图4-1-36所示。

6）拉伸：设置96层为工作层，26层为不可见。单击"拉伸"命令图标，选择通过曲线组片体边线并向上拉伸7.5，拉伸深度为如图4-1-37所示。

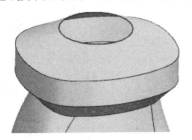
图4-1-36 通过曲线组

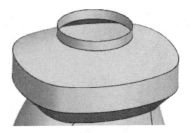
图4-1-37 拉伸2

7）有界平面：
➢ 设置97层为工作层。
➢ 单击"曲面"选项卡→"基本"组→"有界平面"命令图标。
➢ 选择片体底部边线。
➢ 单击"确定"按钮，完成有界平面的创建，如图4-1-38所示。

8）缝合：
➢ 设置98层为工作层。
➢ 单击"曲面"选项卡→"组合"组→"缝合"命令图标。
➢ 选择有界平面作为目标片体，选择其他曲面作为工具片体。
➢ 确定后所有片体缝合成单个片体。

（5）把手创建

1）相交曲线：
➢ 设置82层为工作层。
➢ 单击"曲线"选项卡→"派生"组→"相交曲线"命令图标。
➢ 选择图4-1-36所示通过曲线组曲面作为第一组面，单击中键，选择XZ平面作为第二组面。
➢ 单击"确定"按钮，完成相交曲线的创建，如图4-1-39所示。

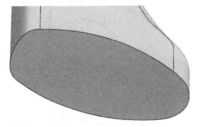
图4-1-38 有界平面

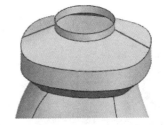
图4-1-39 相交曲线

2）桥接曲线：设置83层为工作层，24层为可见。将图4-1-39中右侧相交曲线和24层草图4中直线桥接，连续性设置为"G2（曲率）"，相切幅值为1，结果如图4-1-40所示。

3）创建截面：设置27层为工作层，24、82层为不可见。单击"草图"命令图标，新建一个草图平面，距离XY平面为40，X轴为草图水平方向，草图原点为坐标原点，绘制如图4-1-41

所示草图。

图 4-1-40 桥接曲线 2

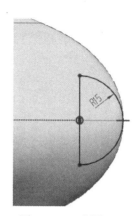

图 4-1-41 草图 7

4）扫掠：设置 11 层为工作层。单击"扫掠"命令图标，选择草图 7 作为截面线，按两次鼠标中键，选择桥接曲线 2 作为引导线，确定后完成扫掠特征创建，如图 4-1-42 所示。

5）修剪体：单击"修剪体"命令图标，选择扫掠 3 作为目标体，单击中键，选择缝合片体作为工具面，将缝合片体内部多余实体修剪。

（6）倒圆角

设置 27、83 层为不可见。使用"边倒圆"命令将缝合片体的边线倒圆角 R4，如图 4-1-43 所示。

图 4-1-42 扫掠 3

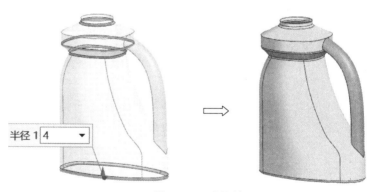

图 4-1-43 倒圆角 1

（7）加厚
- 设置 12 层为工作层。
- 单击"曲面"选项卡→"基本"组→"加厚"命令图标。
- 选择片体作为要加厚的面。
- 在"偏置 1"文本框中输入 3，单击反向按钮。
- 确定后片体向内增厚 3mm，如图 4-1-44 所示。

（8）合并

设置 1 层为工作层，98 层为不可见。使用"合并"命令将两实体布尔求和，如图 4-1-45 所示。

图 4-1-44 加厚

图 4-1-45 合并

（9）倒圆角

使用"边倒圆"命令，先给图 4-1-46 所示把手侧面边线倒圆 R4，再选择图 4-1-47 所示其他部位倒圆角 R4，最后给图 4-1-48 所示部位倒圆角 R1。完成的塑料壶建模如图 4-1-49 所示。

图 4-1-46 倒圆角 2

图 4-1-47 倒圆角 3

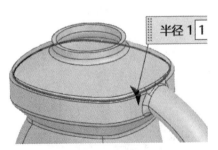
图 4-1-48 倒圆角 4

图 4-1-49 塑料壶建模

（10）保存文件

单击"保存"命令图标，保存文件，完成建模过程。

[问题探究]

1. 曲面建模的一般步骤是什么？

2. 片体倒圆时为什么留了一处没有倒圆？

3. 除了片体加厚，还有什么方法创建塑料壶主体部分？

 [总结提升]

曲面建模一般按照由点构线→由线构面→由面构体的顺序进行。先做大面，再做连接的面。桥接是常用的连接两曲线的方法，使用时应注意连续性的设置和相切幅值的调整。由面构体时建议采用片体加厚的方法，也可以构造封闭曲面，缝合后抽壳创建。接头位置的处理要认真分析，合理安排操作顺序。曲面建模中建议合理设置图层，便于不同图形对象的管理。

[拓展训练]

完成图 4-1-50 所示吊钩零件的曲面建模，吊钩部分截面形状自定。

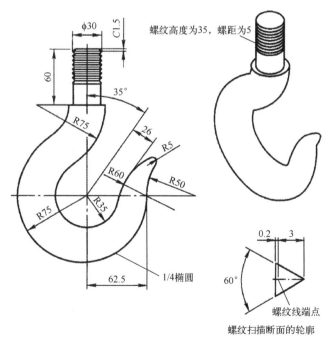

图 4-1-50　吊钩零件图

任务 4.2 女式皮鞋曲面建模与渲染

  [任务描述]

分析图 4-2-1 所示女式皮鞋，采用曲面造型工具完成外形设计，最终生成为实体。尺寸、颜色自定，整体形状和结构与图示类似，并进行渲染。

图 4-2-1　女式皮鞋图片

  [任务分析]

从女式皮鞋图片可知，女式皮鞋分为鞋面、鞋底、鞋跟三个部分。鞋底可用扫掠的方法做出大面形状，修剪后加厚。鞋面比较复杂，需要进行合理分割，分成前部、后部和中间部分。首先构建鞋面的轮廓曲线，包括分割处的曲线；其次，使用"通过曲线网格"命令依次构建各个分段，缝合后加厚。鞋跟比较简单，构线后用直纹面即可创建。最后在 NX 渲染模块利用系统场景、系统艺术外观材料、光线追踪艺术外观进行渲染。要完成本次任务，需掌握修剪片体、直纹、抽取几何特征、截面曲线、组合投影、渲染等方面的知识。

[必备知识]

4.2.1　修剪片体

使用"修剪片体"命令 可用曲线、面或基准平面修剪片体的一部分，如图 4-2-2 所示。

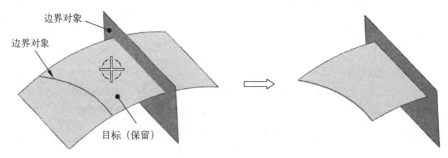

图 4-2-2　修剪片体

"修剪片体"对话框如图 4-2-3 所示。其上各选项功能如下。

图 4-2-3 "修剪片体"对话框

（1）目标

指被修剪的片体。选择目标片体时光标的位置也同时确定了保持或舍弃的区域。

（2）边界

指用来修剪的对象。可以选择面、边、曲线或基准。

（3）投影方向

当选择不在目标片体上的曲线或边作为边界对象时需要设置该选项，以确定修剪边界位置。

◇ 垂直于面：沿曲面法向投影选定的曲线或边，如图 4-2-4a 所示。

◇ 垂直于曲线平面：沿垂直于曲线所在平面将曲线投影到曲面上，如图 4-2-4b 所示。

◇ 沿矢量：用矢量构造器定义投影方向。

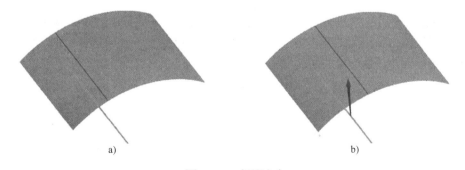

图 4-2-4 投影方向

a) 垂直于面 b) 垂直于曲线平面

（4）区域

用于在修剪曲面时选择将保留或舍弃的区域。

◇ 保留：选定区域侧被保留。

◇ 放弃：选定区域侧被舍弃。

（5）设置——延伸边界对象至目标体边

将边界对象延伸到其他边界对象或目标边。该选项默认为打开。

> **注意**：边界对象投影后必须达到或超过目标片体的边界才可以修剪。

4.2.2 修剪和延伸

"修剪和延伸"命令用于通过由边或曲面组成的一组工具对象来延伸和修剪一个或多个曲面。

"修剪和延伸"对话框如图 4-2-5 所示。其上各选项的功能如下。

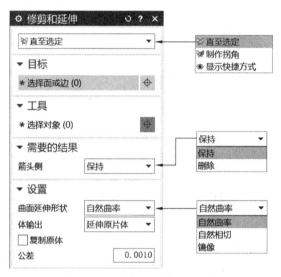

图 4-2-5 "修剪和延伸"对话框

（1）类型

◇ 直至选定：使用选中的边的延伸或面作为工具修剪或延伸目标，如图 4-2-6 所示。如果选择了边作为目标或工具，则可以在修剪之前进行延伸；如果选择了面，则在修剪之前不会进行延伸，且选定的面仅可用于修剪。

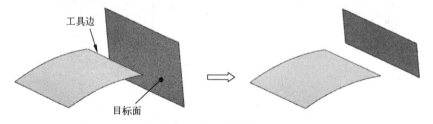

图 4-2-6 直至选定

◇ 制作拐角：在目标和工具之间形成拐角，如图 4-2-7 所示。

（2）箭头侧

◇ 保持：保留箭头侧的片体。

◇ 删除：删除箭头侧的片体。

（3）曲面延伸形状

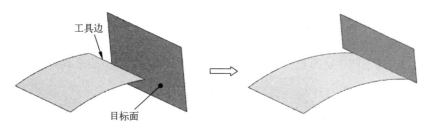

图 4-2-7 制作拐角

◇ 自然曲率：在边界处曲率连续的小面积延伸 B 曲面，然后在该面积以外切向延伸。
◇ 自然相切：从边界沿切向延伸 B 曲面。
◇ 镜像的：以镜像曲面的曲率连续的形状延伸 B 曲面。

4.2.3 直纹

使用"直纹"命令🖉可在两个截面之间过渡来创建体，如图 4-2-8 所示。截面线串可由单个对象或多个对象组成，也可以通过选择曲线上的点或端点作为第一个截面线串。

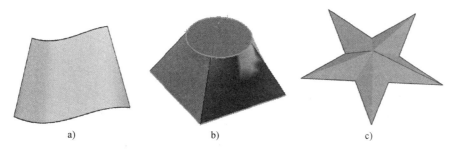

图 4-2-8 直纹示例
a）开仪截面 b）封闭截面 c）点截面

"直纹"对话框如图 4-2-9 所示。其上各选项功能如下。
通过定义 NX 沿截面隔开新曲面的等参数曲线的方式（即对齐方法），可以控制特征的形状。对齐方法有以下几种：

◇ 参数：沿截面以相等的参数间隔来隔开等参数曲线连接点，NX 使用每条曲线的全长，如图 4-2-10 所示。

图 4-2-9 "直纹"对话框

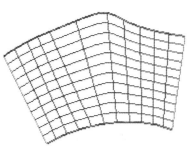

图 4-2-10 "参数"对齐

◇ 弧长：沿定义截面以相等的弧长间隔来隔开等参数曲线连接点，NX 使用每条曲线的全长，如图 4-2-11 所示。
◇ 根据点：对齐不同形状的截面之间的点，NX 沿截面放置对齐点及其对齐线，如图 4-2-12 所示。

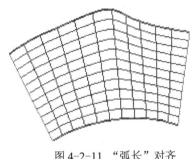
图 4-2-11 "弧长"对齐

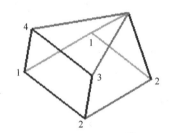
图 4-2-12 "根据点"对齐

 注意： "根据点"对齐方式用于不同形状的截面线的对齐，特别是截面线具有尖角或有不同截面形状时，应该采用点对齐方法。

◇ 距离：按指定方向沿每个截面以相等的距离隔开点。这样会得到全部位于垂直于指定方向矢量的平面内的等参数曲线。
◇ 角度：围绕指定的轴线沿每条曲线以相等角度隔开点。这样会得到所有包含轴线的平面内的等参数曲线。
◇ 脊线：将点放置在所选截面与垂直于所选脊线的平面的相交处。得到的体的范围取决于这条脊线的限制，如图 4-2-13 所示。
◇ 可扩展：创建可展平而不起皱、拉长或撕裂的曲面。

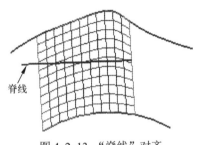
图 4-2-13 "脊线"对齐

 注意： 选中"保留形状"复选框时，只能使用"参数"和"根据点"对齐方法，可以保留尖角。

4.2.4 抽取几何特征

使用"抽取几何特征"命令，可通过复制现有对象来创建关联或非关联的点、曲线、面、体、基准等。

"抽取几何特征"对话框如图 4-2-14 所示。其上各选项功能如下。

如抽取不同几何元素类型，则"抽取几何特征"对话框中的参数会有所区别。在使用该命令时，应重点关注"设置"选项组中一些选项的设置。

图 4-2-14 "抽取几何特征"对话框

(1) 关联

选中该项，则对父项所做的所有更改在抽取的特征中会同步更新。

（2）隐藏原先项

在创建抽取的特征后隐藏原始几何体，即仅显示抽取的几何体。

（3）固定于当前时间戳记

指定在创建后续特征时，抽取的特征在部件导航器中保留其时间戳记顺序。选中该项，添加到原始几何体的特征将不会添加到抽取的几何体中。该特征会放置在部件导航器中的抽取特征之后。取消选中该项，添加到原始几何体的特征也会添加到抽取的几何体中，且该特征会放置在部件导航器中的抽取特征之前。

4.2.5 截面曲线

使用"截面曲线"命令 可在指定的平面与体、面或曲线之间创建相交几何体。"截面曲线"对话框如图 4-2-15 所示，有以下几种创建方法。

图 4-2-15 "截面曲线"对话框

◇ 选定的平面：使用选定的现有平面或在过程中定义的平面来创建截面曲线，如图 4-2-16 所示。

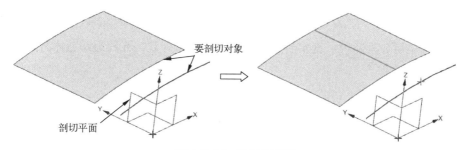

图 4-2-16 选定的平面

◇ 平行平面：通过指定基本平面及起点位置、终点位置、步进（步长）参数，构建一系列平行平面来创建截面曲线。

◇ 径向平面：使用指定的一组放射状平面来创建截面曲线。可以指定径向轴及点来定义基本平面、步长值（平面之间夹角）以及起始角与终止角，如图 4-2-17 所示。

◇ 垂直于曲线的平面：使用垂直于曲线或边的多个剖切平面来创建截面曲线。可通过等弧长、等参数等方法控制剖切平面沿曲线的间距。

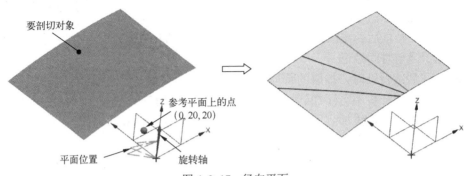

图 4-2-17 径向平面

4.2.6 组合投影

使用"组合投影"命令 可通过组合两个现有曲线的投影来创建一条新的曲线，如图 4-2-18 所示。两条曲线的投影必须相交。

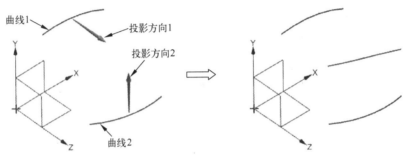

图 4-2-18 组合投影示例

默认情况下投影方向垂直于曲线所在平面的方向，不需要设置。"组合投影"通常用来构建曲面体的空间轮廓曲线。

4.2.7 渲染

NX 中的渲染可分为两种：真实着色和使用高级艺术外观、光线追踪艺术外观和艺术外观任务、场景的高端渲染。

1. 真实着色

使用"真实着色"命令 可通过预定义的视觉效果实现逼真的产品可视化。可以旋转模型并实时查看可视化更改。

可以使用如图 4-2-19 所示功能区中的真实着色设置或"真实着色编辑器"对话框（如图 4-2-20 所示）将真实着色效果应用到模型。该对话框中各选项功能如下。

图 4-2-19 功能区真实着色选项

1）全局材料：将选定的全局材料应用于显示部件中的所有对象。

2）特定于对象的材料：将指定材料应用到已显示部件中的特定对象。对象材料优先于任何全局材料，并且可应用到面、实体和小平面体。

3）全局反射：真实着色可使用球形环境反射图，其中的单个纹理包含了周围环境在镜像的球上反射出的图像。

4）背景：为视图中显示的真实着色选择背景，可以选择外部图像。

5）显示地板反射：在地板平面上反射模型或装配。

6）场景灯光：给场景添加灯光效果。

图 4-2-20 "真实着色编辑器"对话框

◇ 场景灯光 1：使用光亮的右上和左上定向光源。
◇ 场景灯光 2：使用光亮的右上、左上和前部定向光源。
◇ 场景灯光 3：使用光亮的右上、顶部、左上和前部定向光源。
◇ 场景灯光 4：使用光亮的右上、顶部、左上、右下和左下定向光源。
◇ 场景灯光 5：使用光亮的右上、顶部、左上、前部、右下和左下定向光源。
◇ 定制灯光：使用"场景"首选项→灯光或高级光对话框中指定的定制灯光。

2．高级渲染

高级渲染功能区如图 4-2-21 所示。

图 4-2-21 高级渲染功能区

（1）高级艺术外观

高级艺术外观渲染模式提供接近照片般逼真的显示，以及更复杂的材料、基于图像打光和阴影。其显示是动态的。

（2）艺术外观任务

使用"艺术外观任务"环境、"光线追踪艺术外观"渲染模式和"高级艺术外观"显示模式，可实现模型的逼真视觉描绘并生成静态图像。

（3）光线追踪艺术外观

使用"光线追踪艺术外观"命令可产生照片般逼真的、基于物理的高质量渲染。

（4）场景

用于在 NX 中创建场景的两个主要工具是系统场景和场景首选项命令。

1）系统场景（在窗口最左侧这一列资源条中 ）：NX 提供各种具有预定义背景、舞台、反射、阴影和全局照明属性的室内和户外场景。NX 可自动生成特定场景的效果，如打光、阴影和背景。必要时可进一步更改这些元素。

2）场景首选项：场景首选项中的内容会随渲染样式的不同而有所区别，下面以高级艺术外观为例进行简单介绍。

"背景"首选项如图 4-2-22 所示。
- 2D 背景：用于将背景设置为纯色、渐变或用户指定的图像文件。球体一般不使用 2D 背景。
- 环境：用于将背景设为 3D 圆顶，通常使用环境选项卡中指定的环境图像。提供全景背景环境，将比平面显示的背景环境更丰富，信息更多。

"灯光"首选项如图 4-2-23 所示。通过"灯光"首选项可以调整光源位置、强度等。

图 4-2-22 "背景"首选项

图 4-2-23 "灯光"首选项

"环境"首选项如图 4-2-24 所示。其上各选项功能如下。

图 4-2-24 "环境"首选项

- 选择图像文件：打开"基于图像打光图像文件"对话框，用于选择创建打光方案所需的图像文件的类型。将高动态范围图像（HDRI）用于全局照明的过程称为基于图像的打光（IBL）。基于图像的打光是一种渲染技法，渲染部件时使用图像作为打光、反射和阴影参考。
- ◇ 从图像资源板选择：打开高动态范围图像（HDRI）调色板，从 HDRI 图像调色板中选择图像。
- ◇ 旋转角度：设置环境图像的旋转角度。
- ◇ 地平面：用于将地板与 YC-ZC、XC-ZC、XC-YC 或用户定义的平面对齐。
- ◇ 使视图适合地面：可与地面可见性和"适合窗口"命令 结合使用。勾选"底面可见性"选项时，适合窗口操作，适用于地平面与模型；取消勾选"底面可见性"选项时，适合窗口操作，仅适用于模型。
- ◇ 使用基于实时图像打光：使用系统场景中高动态范围图像打光。关闭该选项时，使用默认光源或指定的高级光进行打光。
- ◇ 精度：设置较低的值时可快速产生粗糙的照明效果，而设置较高的值时可产生更平滑的照明效果，但渲染速度较慢。
- ◇ 半球采样角度：设置环绕当前着色点曲面的锥形角。
- ◇ 强度：指定灯光的亮度。
- ◇ 色彩饱和度：指定颜色的饱和度或颜色密度。

"阴影"首选项如图 4-2-25 所示。其上各选项功能如下。

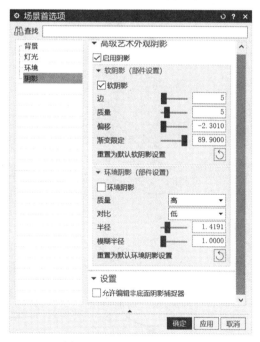

图 4-2-25 "阴影"首选项

- ◇ 软阴影：默认为打开，使阴影的显示更柔和。
- ◇ 边：控制照亮区域和阴影区域之间过渡的宽度。
- ◇ 偏移：实时软阴影有时会在场景照明良好区域产生阴影假缺陷，而使用该选项可减少这种类型的阴影假缺陷。
- ◇ 渐变限定：在光源方向与表面平行时，可控制产生的阴影假缺陷。使用较大的值可减少该类型的阴影假缺陷。

◇ 对比：提亮或加暗环境光遮蔽效果。
◇ 半径：控制环境阴影的半径范围。该值取决于模型大小。
◇ 模糊半径：控制计算点的模糊环境阴影效果的半径。设置的值越小，细节越锐利。

[任务实施]

1. 拟定建模方案

根据前面的任务分析，拟定的建模方案如图 4-2-26 所示。

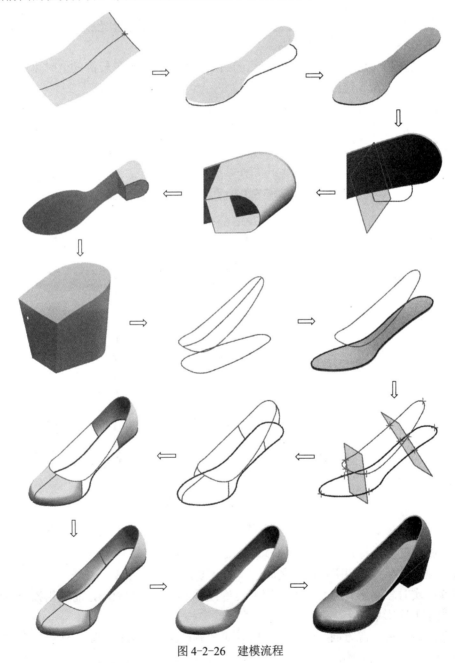

图 4-2-26　建模流程

2. 操作步骤

具体操作步骤可参考视频。详细的文字介绍如下。

（1）启动 NX

单击"开始"→"程序"→Siemens NX→ NX NX ，启动后进入 NX 初始界面。

（2）新建文件

单击"新建"按钮，在"新建"对话框中单击"模型"选项卡，设置"文件夹"为"D:\教材\项目 4\"，在"名称"文本框中输入文件名"女式皮鞋"，单位设置为"毫米"，单击"确定"按钮，进入 NX 建模模块。

（3）鞋底创建

1）构线

➤ 设置 21 层为工作层。以 XZ 平面为草图平面，绘制如图 4-2-27 所示草图。

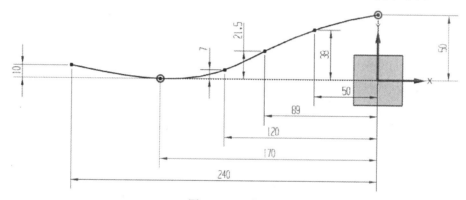

图 4-2-27　草图 1

➤ 设置 22 层为工作层。以 YZ 平面为草图平面，绘制如图 4-2-28 所示草图。

2）扫掠

设置 91 层为工作层。使用"扫掠"命令创建如图 4-2-29 所示片体。

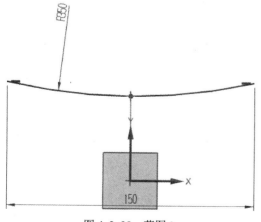

图 4-2-28　草图 2

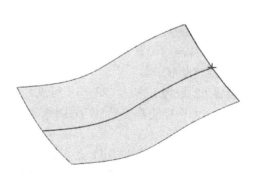

图 4-2-29　使用"扫掠"命令创建的片体

3）构线

设置 23 层为工作层，21、22 层不可见。以 XY 平面为草图平面，绘制如图 4-2-30 所示示草图。

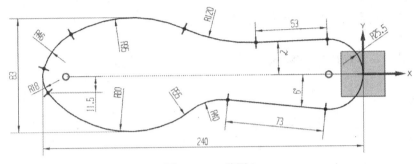

图 4-2-30 草图 3

4）修剪
- 设置 92 层为工作层。
- 单击"曲面"选项卡→"组合"组→"修剪片体"命令图标。
- 选择扫掠片体作为目标对象（注意选择的位置与选择区域的设置），按中键，选择草图 3 作为边界对象。
- 设置投影方向沿矢量+ZC。
- 确定后完成片体修剪，如图 4-2-31 所示。

5）加厚

设置 11 层为工作层，23 层为不可见。使用"加厚"命令将修剪后的片体向上加厚 3mm，如图 4-2-32 所示。

图 4-2-31 修剪片体　　　　　图 4-2-32 加厚

（4）鞋跟创建

1）构线

设置 24 层为工作层，11、92 层不可见，23 层可选。以 XY 平面作为草图平面，将草图 3 右侧部分曲线向内偏置 9，绘制直线，修剪后如图 4-2-33 所示。

2）创建基准平面

设置 62 层为工作层，23 层不可见。使用"基准平面"命令创建一个通过草图 4 中竖直线并与 YZ 平面平行的基准平面，如图 4-2-34 所示。

3）相交曲线

设置 81 层为工作层，11 层可选。使用"相交曲线"命令，创建加厚实体下表面与基准平面 1 的交线，如图 4-2-35 所示。

4）直纹面
- 设置 93 层为工作层，62 层为不可见。

项目4 曲面建模 155

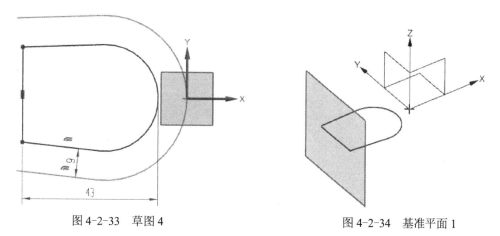

图 4-2-33 草图 4　　　　　　　　　图 4-2-34 基准平面 1

- 单击"曲面"选项卡→"基本"组→"直纹"命令图标。
- 按图 4-2-36a 所示选择截面 1 与截面 2。
- 设置对齐方式为"根据点",选择图 4-2-36a 所示直线端点。
- 确定后完成直纹面创建,如图 4-2-36b 所示。

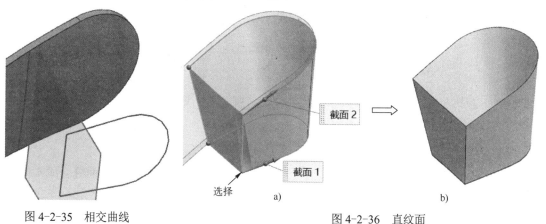

图 4-2-35 相交曲线　　　　　　图 4-2-36 直纹面
　　　　　　　　　　　　　　　　a) 选样截面　b) 创建的直纹面

5）创建有界平面

设置 94 层为工作层,24、81 层为不可见。使用"有界平面"命令,创建直纹面下底面,如图 4-2-37 所示。

6）抽取面

- 设置 95 层为工作层。
- 单击"主页"选项卡→"基本（特征）"组→"抽取几何特征"命令图标。
- 在"类型"下拉列表框中选择"面"。
- 选择鞋底的下表面作为要复制的面。
- 勾选"设置"组中"固定于当前时间戳记"选项。
- 单击"确定"按钮,完成抽取面,隐藏实体后如图 4-2-38 所示。

7）修剪和延伸

- 设置 96 层为工作层。
- 单击"曲面"选项卡→"组合"组→"修剪和延伸"命令图标。

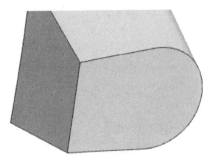
图 4-2-37 有界平面

图 4-2-38 抽取面

- 在"类型"下拉列表框中选择"制作拐角"。
- 选择抽取面作为目标面,按中键,选择直纹面作为工具面,单击"工具面"选项组中"反向"按钮⊠。
- 确定后结果如图 4-2-39 所示。

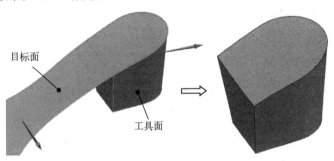

图 4-2-39 修剪和延伸

8)缝合

设置 12 层为工作层。使用"缝合"命令将修剪和延伸后的片体与有界平面缝合成实体。

(5)鞋面创建

1)构线

- 设置 25 层为工作层,11、12 为层不可见。以 XZ 平面作为草图平面,绘制如图 4-2-40 所示草图。

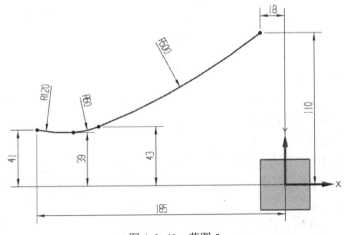

图 4-2-40 草图 5

➢ 设置 26 层为工作层。以 XY 平面作为草图平面，绘制如图 4-2-41 所示草图。

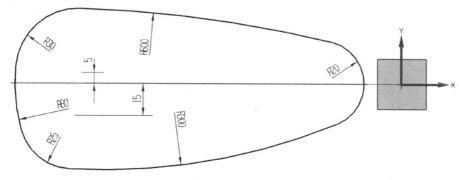

图 4-2-41 草图 6

2）组合曲线

➢ 设置 82 层为工作层。
➢ 单击"曲线"选项卡→"派生"组→"组合投影"命令图标。
➢ 选择草图 4，按中键，选择草图 5。
➢ 单击"确定"按钮，完成组合投影，如图 4-2-42 所示。

3）复合曲线

设置 83 层为工作层，25、26 层为不可见，11 层为可选。显示鞋底实体，使用"抽取几何特征"命令，抽取鞋底上表面边线，如图 4-2-43 所示。

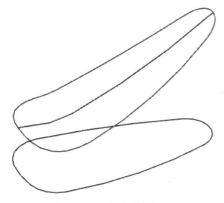

图 4-2-42 组合投影

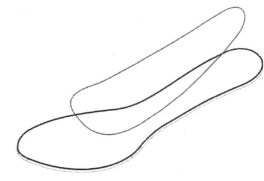

图 4-2-43 复合曲线

4）截面曲线

➢ 设置 84 层为工作层，11 层不可见。
➢ 单击"曲线"选项卡→"派生"组→"截面曲线"命令图标。
➢ 选择投影曲线和复合曲线作为要剖切的对象，按中键，选择 XZ 平面作为剖切面。
➢ 单击"确定"按钮，完成截面曲线的创建，如图 4-2-44 所示。

5）构线

设置 27 层为工作层。以 XZ 平面作为草图平

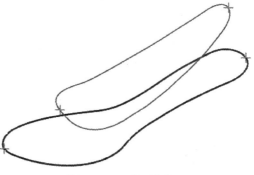

图 4-2-44 截面曲线 1

面，绘制如图 4-2-45 所示草图。

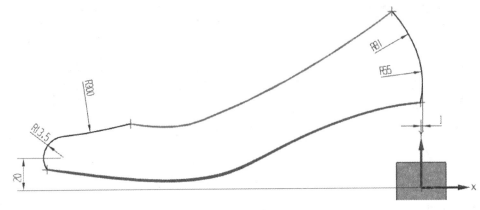

图 4-2-45　草图 7

6）构建辅助线

设置 28 层为工作层。以 XZ 平面作为草图平面，绘制如图 4-2-46 所示草图。

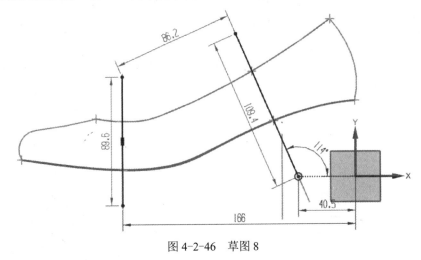

图 4-2-46　草图 8

7）创建基准平面

设置 63 层为工作层。使用"基准平面"命令创建一个通过草图 8 中竖直线并与 XZ 平面垂直的基准平面 2。设置 64 层为工作层。创建一个通过草图 8 中斜线并与 XZ 平面垂直的基准平面 3。

8）创建截面曲线

设置 85 层为工作层，28、84 为层不可见。使用"截面曲线"命令创建组合投影曲线、复合曲线与基准平面 2、基准平面 3 的截面曲线，如图 4-2-47 所示。

9）构线

> 设置 29 层为工作层。以基准平面 2 为草图平面，绘制如图 4-2-48 所示草图。
> 设置 30 层为工作层。以基准平面 3 为草图平面，绘制如图 4-2-49 所示草图。

10）构面

> 设置 97 层为工作层，63、64、85 层为不可见。使用"通过曲线网格"命令创建如图 4-2-50 所示曲面。

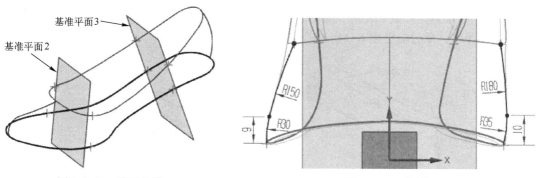

图 4-2-47 截面曲线 2　　　　　图 4-2-48 草图 9

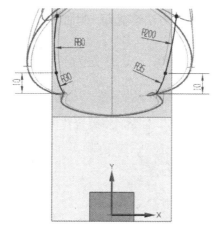

图 4-2-49 草图 10

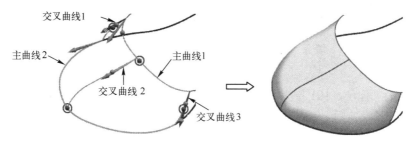

图 4-2-50 通过曲线网格 1 创建曲面

➢ 设置 98 层为工作层。使用"通过曲线网格"命令创建如图 4-2-51 所示曲面。

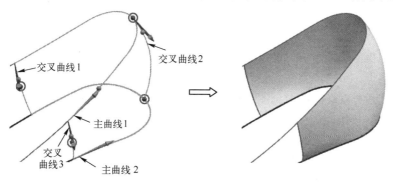

图 4-2-51 通过曲线网格 2 创建曲面

➤ 设置 99 层为工作层。使用"通过曲线网格"命令创建如图 4-2-52 所示曲面（注意第一交叉线串、最后交叉线串分别与前后两个面相切）。

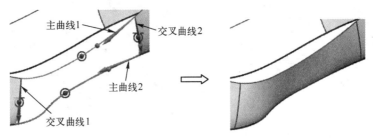

图 4-2-52 通过曲线网格 3 创建曲面

➤ 设置 100 层为工作层。用类似方法绘制另一侧曲面。

11）缝合

设置 101 层为工作层，27、29、30、82、83 层为不可见。使用"缝合"命令将所有片体缝合成一个片体，如图 4-2-53 所示。

12）加厚

设置 13 层为工作层。使用"加厚"命令，将缝合片体向内加厚 2mm，如图 4-2-54 所示。

图 4-2-53 缝合　　　　　　　　　　图 4-2-54 加厚

13）偏置面

设置 14 层为工作层，101 层为不可见，11、12 层为可选。使用"偏置面"命令将鞋面底部表面向下偏置 2.5，确定后，完成面的偏置。

（6）合并

设置 1 层为工作层。使用"合并"命令将鞋底、鞋面、鞋跟合并成一个实体，如图 4-2-55 所示。

（7）渲染

1）添加场景

➤ 单击"渲染"选项卡→"显示"组→"高级艺术外观"命令图标。

➤ 在资源条上，单击"系统场景"图标。

➤ 将白色艺术外观场景拖放到图形窗口中，弹出如图 4-2-56 所示可视化场景警告消息。

➤ 单击"是"按钮。

2）添加材质

➤ 在部件导航器中将鼠标指针移至"合并"特征，单击右键，选择"抑制"菜单。

➤ 在资源条上，单击"系统艺术外观材料"图标。

图 4-2-55 合并

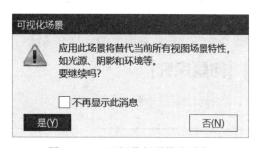
图 4-2-56 可视化场景警告消息

- 选择"皮革"文件夹。
- 在上边框条中,从类型过滤器列表中选择"实体"。将系统艺术外观材料窗口中"大粒面亮褐色皮革"拖动到绘图区鞋面实体上释放。将"小粒面黑亮皮革"分别拖动到鞋底和鞋跟上释放。
- 设置类型过滤器为"面",将"小粒面褐色皮革"拖动到鞋底上表面释放。

3) 光线追踪艺术外观渲染

单击"渲染"选项卡→"显示"组→"光线追踪艺术外观"命令图标 ,先停止运算,在光线追踪艺术外观窗口中单击"光线追踪艺术外观编辑器"命令图标 ,按图 4-2-57 所示设置参数。单击"启动静态图像"命令图标 ,开始渲染。

图 4-2-57 "光线追踪艺术外观编辑器"对话框

4) 保存图像

渲染结束后单击"保存图像"命令图标 ,保存高分辨率图像。

（8）保存文件

单击"保存"命令图标🖫，保存文件，完成建模过程。

 [问题探究]

1. 空间轮廓线一般如何构建？
_____
_____

2. 如何分割面？应注意哪些问题？
_____
_____
_____

3. 材料系统和材料库所赋材质有何不同？
_____
_____
_____

 [总结提升]

曲面建模构线时，轮廓曲线必不可少，空间的轮廓线一般用组合投影的方法创建。复杂的曲面通常不能一次成型，需要分割成几个部分，逐个创建再缝合，有时根据面的质量甚至需要进行修剪再填补。在构线过程中要注意线与线要相交，通常用截面曲线命令先创建交点再构线，以保证构建的曲线与现有曲线相交。渲染需要具备摄影、艺术等方面的基本知识，NX 系统场景自带了背景、灯光、环境或阴影等元素，一般不需要重新设置，可以弥补上述专业知识的不足。

 [拓展训练]

用曲面建模工具完成图 4-2-58 所示男式皮鞋的三维建模。尺寸、颜色自定，整体形状和结构与本图类似，并进行渲染。

图 4-2-58　男式皮鞋

项目 5　装配设计

NX 中的装配设计是在软件中模拟产品的装配过程，它是产品设计中的一个重要的、必不可少的环节。通过装配模型可以展示机器或部件的结构和原理，验证零部件间有无干涉现象，分析零件间的间隙是否满足要求，模拟机器或部件的装拆，对运动件进行运动学或动力学分析，生成机器或部件的装配图等。因此，学习和掌握装配设计具有重要意义。通过本项目的学习，可达成以下目标：

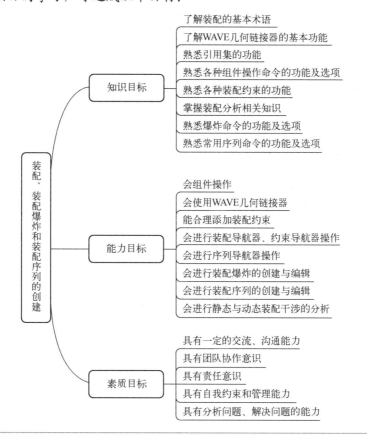

任务 5.1　深沟球轴承 6307 自顶向下的装配

[任务描述]

了解深沟球轴承的组成和结构，根据机械设计手册查找深沟球轴承 6307 的结构和参数，采用自顶向下的装配建模方法完成各组件的设计和装配。

[任务分析]

深沟球轴承由内圈、外圈、钢球、保持架4个部分组成,根据机械设计手册可查得内、外圈直径、宽度等参数。首先在装配环境中创建由这些参数控制的草图,其次新建空的组件,通过WAVE几何链接器关联并复制相关草图曲线等,逐个完成各组件设计,最终获得深沟球轴承6307的虚拟装配。要完成深沟球轴承6307自顶向下的装配,需掌握装配基本术语、装配加载选项、引用集、装配导航器、WAVE等方面的知识。

[必备知识]

5.1.1 装配概述

1. 装配术语

1)装配:包含组件对象和子装配的部件文件。子装配也拥有自己的组件。

 注意:当存储一个装配时,各组件的实际几何数据不是存储在装配部件文件中,而是存储在相应的部件(即零件文件)中。

2)子装配:在高一级装配中被用做组件的装配。它是一个相对的概念。

3)组件(组件对象):它是指向包含组件几何体文件的非几何指针。组件可以是由其他较低级别的组件组成的子装配。装配中的每个组件仅包含一个指向其主几何体的指针。

4)组件部件:在一个装配内由一组件对象的指针所指向的部件文件或主几何体。真正的几何数据储存在组件部件中,并由装配所引用(不是复制)。

装配、子装配、组件及组件部件之间的关系如图5-1-1所示。

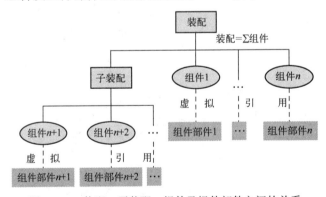

图5-1-1 装配、子装配、组件及组件部件之间的关系

5)显示部件:当前显示在图形窗口中的部件。

6)工作部件:用户在其中建立和编辑几何体的部件。工作部件可以是显示的部件,或包含在显示的装配部件中的任一组件部件。当显示一零件时,工作部件总是与显示的部件相同。

7)已加载的部件:当前打开的并加载内存的任意部件。

8)主模型:供NX各模块共同引用的部件模型。同一主模型,可同时被制图、装配、加工和有限元分析等模块引用,当主模型修改时,相关应用自动更新。

2．装配设计方法

NX 主要有以下两种装配设计方法：

1）自顶向下装配：使用这种方法建模，可以在装配级创建几何体，并可将几何体移动或复制到一个或多个组件中。

2）自底向上装配：这种方法是先创建零件，然后将其添加到装配中。

在实际设计中，也可以综合使用上述两种方法。

5.1.2 装配加载选项

使用"装配加载选项"命令 可配置要打开的部件组件加载到内存的方式。其对话框如图图 5-1-2 所示。其上各选择功能如下。

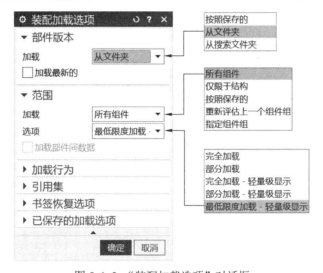

图 5-1-2 "装配加载选项"对话框

一般情况下，在创建或打开装配文件时首先要查看或设置以下两个选项组：

（1）部件版本

1）加载：指定从何处加载组件。

◇ 按照保存的：从组件的保存目录中加载组件。

◇ 从文件夹：从父装配所在的目录加载组件。

◇ 从搜索文件夹：加载在搜索目录层次结构列表中找到的第一个组件。

2）加载最新的：用户默认设置中已定义部件名版本时可用。按照版本规则或用查找搜索最新的匹配版本组件。

（2）范围

1）加载：指定要加载的组件。

◇ 所有组件：加载仅由空引用集表示组件部件之外的每个组件部件。

◇ 仅限于结构：只打开装配部件文件而不加载组件。

◇ 按照保存的：加载与上一次装配被保存时相同的组件组。

2）选项：用于指定组件是完全加载、部分加载还是最低限度加载，以及组件由精确数据来表示还是采用轻量级表示。

- 完全加载：加载所有文件数据，并显示精确几何体。
- 部分加载：仅加载活动引用集中的几何体，不加载特征数据，可显示精确几何体。
- 完全加载-轻量级显示：加载所有文件数据，可显示小平面几何体。
- 部分加载-轻量级显示：仅加载活动引用集中的几何体，不加载特征数据，可显示小平面几何体。
- 最低限度加载-轻量级显示：加载的数据量比部分加载-轻量级显示选项要少，以最快速加载。

5.1.3 引用集

1. 引用集的概念

引用集是零件或子装配中对象的命名集合。使用"引用集"命令 可以控制较高级别装配中组件或子装配部件的显示。可成为引用集成员的对象包括：几何体、基准、坐标系、图样对象和子装配组件。

2. 引用集类型

（1）由 NX 管理的自动引用集
- Empty（空的）：引用集在图形窗口中不显示任何内容。
- Entire Part（整个部件）：引用集在图形窗口中显示所有组件对象。
- Mode（模型）：引用集包含实际模型几何体（实体、片体、不相关的小平面表示），但不包含构造几何体。
- Simplified（简化）：定义一个简化引用集后，创建的任何包裹装配或链接外部对象都将自动添加到该引用集中。

注意：如果组件用空引用集表示，则它会被视为已排除的引用集。装配导航器中相应节点的复选框不可用。

（2）用户定义的引用集
由 NX 生成的默认引用集并非始终满足要求，用户可定义自己的引用集以确保装配显示符合需要。

3. 新建引用集

新建引用集时需要先打开部件（零件）文件，才能使用"引用集"命令进行操作。"引用集"对话框如图 5-1-3 所示。通过"引用集"对话框可以进行建立、删除、更名、查看、指定引用集属性以及修改引用集操作。其上各选项功能如下。
- 添加新的引用集：创建具有默认名称的新引用集。
- 引用集列表框：显示可用的引用集。
- 设为当前：将从列表框中选定的引用集设置为当前引用集。
- 自动添加组件：设置是否将新创建的组件自动添加到高亮显示的引用集。

图 5-1-3 "引用集"对话框

4. 替换引用集

替换引用集可以切换组件显示并管理装配图形窗口。有以下两种操作方法：

◇ 在装配导航器中，右键单击某个组件或子装配节点，在弹出的快捷菜单中单击"替换引用集"菜单命令，选择所需的引用集。

◇ 使用替换引用集命令，从"引用集"列表中选择所需的引用集。

5.1.4 装配导航器

装配导航器可以在一个单独的窗口中以图形的方式显示装配结构，并可以在该导航器中进行各种操作，以及执行装配管理功能，如选择组件以改变工作部件、改变显示部件、隐藏与显示部件、替换引用集等。

 注意：在打开一个完整的装配后，在装配导航器中可以选择需要编辑的组件，使其作为"工作部件"，为方便操作，可以使其同时作为"显示部件"。当再次回到装配时，会发现刚编辑的组件呈现显示状态，而其他组件在装配导航器中的名称以"灰色"显示，处于不可操作状态。这时可以选择"装配导航器"中最顶层的组件对象（总装配），使其作为工作部件，则重新回到整个装配为可操作状态。

5.1.5 WAVE 几何链接器

WAVE 几何链接器是一种实现产品装配的各组件间关联建模的技术。其采用关联性复制几何体的方法来控制总体装配结构，从而保证整个装配和零部件的参数关联性，适合于复杂产品的几何界面相关性、产品系列化和变形产品的快速设计。

自顶向下产品设计是 WAVE 几何链接器的重要应用之一，通过在装配中建立产品的总体参数，或产品的整体造型，并将控制几何对象关联性复制到相关组件，主要用于控制产品的细节设计。

NX 中可使用"WAVE 几何链接器"命令将装配中其他部件的几何体复制到工作部件中。"WAVE 几何链接器"对话框如图 5-1-4 所示。

图 5-1-4 "WAVE 几何链接器"对话框

"WAVE 几何链接器"对话框中的参数含义与"抽取几何特征"的类似,这里不再赘述。区别是 WAVE 几何链接器是部件间的关联复制,而抽取几何特征是零件内部的复制。

[任务实施]

1. 拟定装配方案

自顶向下装配建模可按照图 5-1-5 所示流程进行操作。结合本例具体情况可在装配级建立主控草图,通过 WAVE 几何链接器将各组件和对应的草图曲线建立关联,实现组件几何体的创建。

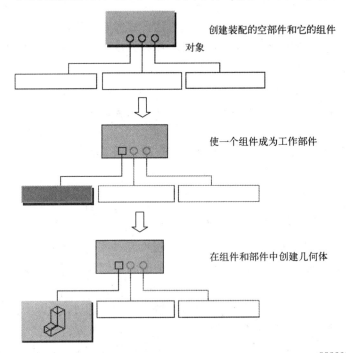

图 5-1-5　自顶向下装配建模

5-1
深沟球轴承63-07 自顶向下的装配操作视频

2. 操作步骤

具体操作步骤参考视频。详细的文字介绍如下。

(1)启动 NX

单击"开始"→"程序"→Siemens NX→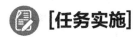,启动后进入 NX 初始界面。

(2)新建文件

单击"新建"按钮,在"新建"对话框中单击"模型"选项卡,在"模板"列表框中选择"装配",设置"文件夹"为"D:\教材\项目 5\自顶向下\",在"名称"文本框中输入文件名"深沟球轴承 6307",单位设置为"毫米",单击"确定"按钮,进入 NX 装配环境。

(3)创建控制草图

使用"草图"命令,以 XC-YC 平面为草图平面,绘制如图 5-1-6 所示主控草图。

(4)新建组件

➤ 单击"装配"选项卡→"基本"组→"新建组件"命令图标,弹出"新建组件"对话框。

项目5　装配设计

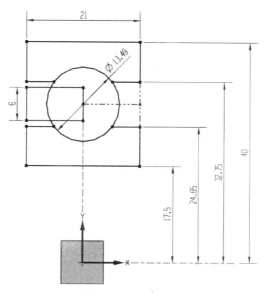

图 5-1-6　主控草图

- 在"模板"列表框中选择"模型",设置"文件夹"为"D:\教材\项目 5\自顶向下\",在"名称"文本框中输入文件名"内圈",单位设置为"毫米"。
- 单击"确定"按钮,弹出如图 5-1-7 所示"新建组件"对话框,单击"确定"按钮,完成新组件创建。
- 使用类似方法,新建外圈、钢球、保持架三个空组件。

创建完成后,装配导航器"深沟球轴承 6307"节点下出现内圈、外圈、钢球、保持架四个组件。

(5)创建内圈几何体

1)设为工作部件

鼠标指针移至"内圈"组件,单击右键,在弹出的快捷菜单中选择"设为工作部件"。

2)关联复制

- 单击"装配"选项卡→"部件间链接"组→"WAVE 几何链接器"命令图标。

图 5-1-7　"新建组件"对话框

- 在"类型"下拉列表框中选择"复合曲线",展开"设置"选项组,勾选"固定于当前时间戳记"。
- 激活选择意图中"在相交处体制"图标╂,在图形窗口选择如图 5-1-8a 所示曲线。
- 单击"确定"按钮,完成曲线关联复制,如图 5-1-8b 所示。

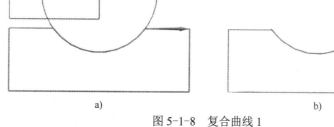

a)　　　　　　　　　　　　　　　　b)

图 5-1-8　复合曲线 1

a) 选择曲线　b) 完成关联复制后的曲线

3）旋转

单击"主页"选项卡→"基本"组→"旋转"命令图标，选择复合曲线 1 作为截面，选择 XC 为轴矢量方向，（0,0,0）为定位点，确定后完成内圈的创建，如图 5-1-9 所示。

（6）创建外圈几何体

1）设为工作部件

鼠标指针移至"外圈"组件，单击右键，在弹出的快捷菜单中选择"设为工作部件"。

2）关联复制

使用"WAVE 几何链接器"命令，关联复制如图 5-1-10 所示曲线。

图 5-1-9　内圈　　　　　　　　　图 5-1-10　复合曲线 2

3）旋转

使用"旋转"命令将复合曲线 2 绕 XC 轴旋转一周，结果如图 5-1-11 所示。

（7）创建钢球几何体

1）设为工作部件

鼠标指针移至"钢球"组件，单击右键，在弹出的快捷菜单中选择"设为工作部件"。

2）关联复制

使用"WAVE 几何链接器"命令，关联复制如图 5-1-12 所示曲线。

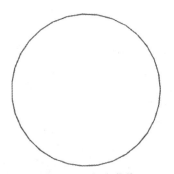

图 5-1-11　外圈　　　　　　　　　图 5-1-12　复合曲线 3

3）创建球

使用"球"命令，用"圆弧"方式选择复合曲线 3，创建一个球。

4）阵列特征

使用"阵列特征"命令创建圆形阵列，如图5-1-13所示。

（8）创建保持架几何体

1）设为工作部件

鼠标指针移至"保持架"组件，单击右键，在弹出的快捷菜单中选择"设为工作部件"。

2）关联复制

使用"WAVE几何链接器"命令，关联复制如图5-1-14所示曲线。

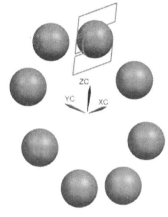

图5-1-13　圆形阵列　　　　　　　　　图5-1-14　复合曲线4

3）旋转

使用"旋转"命令将复合曲线4绕XC轴旋转一周，结果如图5-1-15所示。

4）替换引用集

鼠标指针移至装配导航器中"钢球"组件，单击右键，在弹出的快捷菜单中选择"替换引用集"→"MODEL"。

5）关联复制

使用"WAVE几何链接器"命令，关联复制如图5-1-16所示链接体。

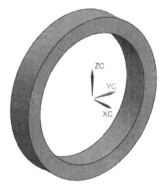

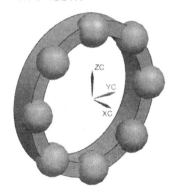

图5-1-15　旋转　　　　　　　　　　图5-1-16　链接体

6）布尔求差

使用"减去"命令将图5-1-15所示旋转体与圆球求差，隐藏球后的结果如图5-1-17所示。

7）倒圆角

使用"边倒圆"命令倒圆角 R1，如图 5-1-18 所示。

图 5-1-17　布尔求差

图 5-1-18　倒圆角

8）抽壳

使用"抽壳"命令，选择内、外圆柱面和端面，对其进行深度为 1.5mm 的抽壳，结果如图 5-1-19 所示。

9）镜像几何体

使用"镜像几何体"命令，将抽壳实体相对于 YC-ZC 平面镜像，如图 5-1-20 所示。

（9）替换引用集

显示隐藏的圆球，分别将内圈、外圈组件设为工作部件并替换引用集为"MODEL"。

（10）设为工作部件

将"深沟球轴承 6307"设为工作部件，结果如图 5-1-21 所示。

图 5-1-19　抽壳

图 5-1-20　镜像几何体

图 5-1-21　深沟球轴承 6307

（11）保存文件

单击"保存"命令图标■，保存所有文件，完成自顶向下装配建模过程。

[问题探究]

1. 自顶向下装配建模的一般步骤是什么？

_____

2. 使用 WAVE 几何链接器时为什么需要勾选"固定于当前时间戳记"选项？

_____

[总结提升]

对于简单或中等复杂产品的设计,自顶向下设计方法是非常实用和高效的设计方法。通过 WAVE 几何链接器,建立组件之间的关联性,控制设计变更的自动调整,易于实现模型总体装配的快速自动更新。自顶向下的装配首先通过"新建组件"命令在装配环境建立装配结构,然后将某个组件设为工作部件,再继续具体结构设计。组件和部件设计时可以借用其他组件对象上的几何体,或装配环境创建的框架草图等。

 [拓展训练]

汽车橡胶衬套由内圈、外圈和中间的橡胶三部分组成,图 5-1-22 为其截面草图,用自顶向下的设计方法完成该衬套的装配建模。

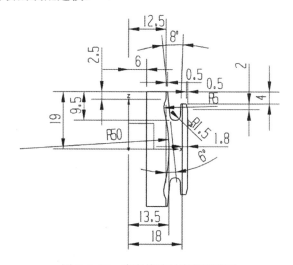

图 5-1-22 汽车橡胶衬套截面草图

任务 5.2　三元叶片泵自底向上的装配

 [任务描述]

分析图 5-2-1 所示的三元叶片泵装配图,了解其工作原理和装配关系,制定合理的装配工艺,将提供的零件模型按照自底向上的装配方法完成该部件的虚拟装配。

 [任务分析]

根据装配关系可以建立子装配,使得装配结构更清晰。装配中不要添加不必要的约束,装配后要符合工作原理。因此,转子轴要保证旋转自由度,大小滑块要保证移动自由度。装配完成后需要进行干涉检查,以保证装配和设计的准确。要完成三元叶片泵自底向上的装配,需掌握添加组件、装配约束、移动组件、阵列组件、显示自由度、可变形部件和装配分析等方面的知识。

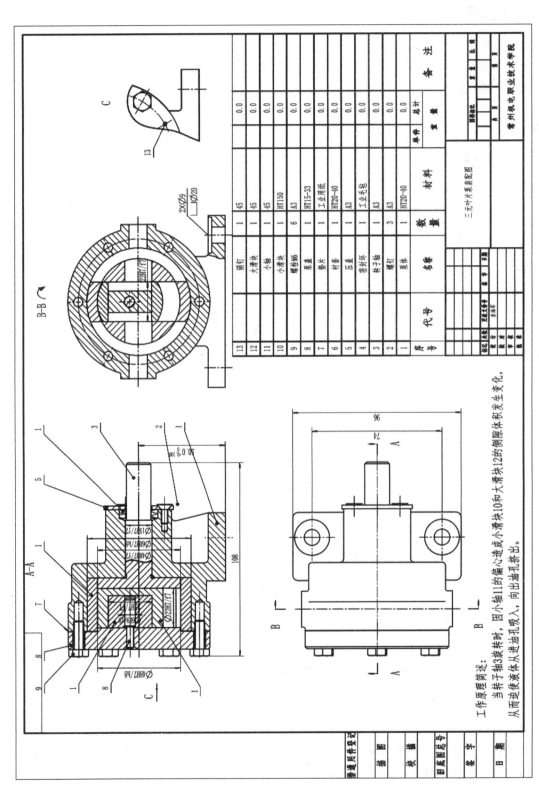

图 5-2-1 三元叶片泵装配图

[必备知识]

5.2.1 添加组件

使用"添加组件"命令可将一个或多个组件部件添加到工作部件中。"添加组件"对话框如图 5-2-2 所示。其上各选项功能如下。

（1）要放置的部件

选择要加载的部件有以下几种方法。

◇ 选择部件：从当前装配的图形窗口或装配导航器中选择一个或多个部件添加到装配。

◇ 已加载的部件：从列表框中选择已加载的部件添加到装配。

◇ 打开：打开"部件名"对话框，从磁盘选择部件添加到装配。

注意：添加组件可以载入单个部件，也可以是已经装配完成的装配部件，它作为"子装配"载入。

（2）位置

1）组件锚点：选择组件上定位的参考点。

2）装配位置：选择组件锚点在装配中的初始放置位置。

◇ 对齐：将组件锚点放置在指定的点上。

◇ 绝对坐标系-工作部件：组件锚点放置在工作部件的绝对坐标系原点处。

◇ 绝对坐标系-显示部件：组件锚点放置在显示部件的绝对坐标系原点处。

◇ 工作坐标系：组件锚点放置在当前工作坐标系原点处。

3）循环定向：根据提供的工具指定不同的组件方向。

（3）放置

1）移动：通过"点"对话框或坐标系操控器指定部件的方向。

2）约束：通过装配约束放置部件。单击"约束"单选按钮后，"添加组件"对话框如图 5-2-3 所示。

图 5-2-2 "添加组件"对话框 1　　　　图 5-2-3 "添加组件"对话框 2

（4）设置

1）互动选项。

◇ 分散组件：自动将组件放置在各个位置，以使组件不重叠。

◇ 保持约束：单击"应用"或"确定"按钮后保持用于放置组件的约束。

◇ 预览：在图形窗口中显示组件的预览。

◇ 预览窗口：在单独的窗口中显示组件的预览。

2）引用集：设置要添加的组件的引用集。

3）图层选项：设置要向其中添加组件和几何体的图层。图层选项说明如表 5-2-1 所示。

表 5-2-1 图层选项说明

图层选项		装配中的几何体图层	组件对象图层	新部件中的实际几何体图层
图层选项说明	图层选项	原始的	工作图层	原始的
	工作	工作	工作图层	原始的
	指定的	指定的	指定层	原始的

注意：

◇ 引入装配件时，尽量通过引用集的设定只载入实体和基准面、基准轴等。

◇ 如果发生载入的零（部）件看不见的情况，往往是因为实体所在层没有打开。可以在"图层选项"中定义为"按指定的"并输入图层号。

5.2.2 装配约束

使用"装配约束"命令可以通过移除自由度来定义组件位置，或创建运动副以定义装配组件之间的物理连接。"装配约束"对话框如图 5-2-4 所示。其上各选项功能如下。

1. 装配约束类型

NX 装配约束类型有以下几种。

1） 接触对齐：约束两个组件，使它们彼此接触或对齐。

◇ 查找最近的：以旋转角度最小值确定是接触还是对齐。

◇ Prefer Touch（首选接触）：默认以接触约束对象，若有约束冲突，则以对齐约束对象。

◇ 接触：约束对象共面，且两个面的法向相反。

◇ 对齐：约束对象共面，且两个面的法向一致。

◇ 自动判断中心/轴：指定在选择圆柱面、圆锥面或球面或圆形边界时，NX 将自动使用对象的中心或轴作为约束。

2） 同心：约束两个组件的圆形边或椭圆形边，以使中心重合，并使边的平面共面。

图 5-2-4 "装配约束"对话框

3） 距离：约束两个对象之间的最小 3D 距离。

4） 固定：使组件固定在其当前位置上。

5) ⊘平行：约束两个对象的方向矢量相互平行。

6) ⊥垂直：约束两个对象的方向矢量相互垂直。

7) 对齐/锁定：对齐不同对象中的两个轴，同时防止绕公共轴旋转。需要将螺栓完全约束在孔中时，可选用该约束类型作为约束条件之一。

8) =等尺寸配对：将半径相等的两个圆柱面结合在一起。此约束对确定孔中销或螺栓的位置很有用。

9) 胶合：将组件"焊接"在一起，使它们作为刚体移动。

10) 中心：使一对对象之间的一个或两个居中或使一对对象沿另一个对象居中。

◇ 1 对 2：使一个对象在一对对象间居中。

◇ 2 对 1：使一对对象沿着另一个对象居中。

◇ 2 对 2：使两个对象在一对对象间居中。

11) 角度：约束两个对象成一定角度。

◇ 3D 角：在不需要已定义的旋转轴的情况下在两个对象之间进行测量。

◇ 方向角度：使用选定的旋转轴测量两个对象之间的角度约束，可支持最大 360°的旋转。

> **注意：**
> ◇ 两个件往往需要建立多个装配约束才能完成必要的定位。
> ◇ 在多个装配约束的建立过程中，始终先选同一个件作为动件，而后选择静件。
> ◇ 装配约束的建立并不一定要完成 6 个自由度的全约束。

2. 约束导航器

单击资源条中"约束导航器"图标按钮，会弹出"约束导航器"对话框，如图 5-2-5 所示。使用约束导航器可以在工作部件中分析、组织和处理装配约束。

通过使用分组模式对导航器树节点进行分组，可以用不同方式来分析约束。方法是：在"约束导航器"对话框空白处单击右键选择相应的分组模式即可。图 5-2-6 所示为"按组件分组"示例。

图 5-2-5 "约束导航器"对话框

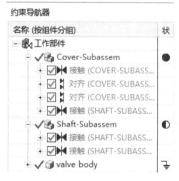

图 5-2-6 "按组件分组"示例

5.2.3 移动组件

使用"移动组件"命令可在装配中移动并有选择地复制组件，也可以使用该命令来检查装配约束是否完全。"移动组件"对话框如图 5-2-7 所示。其上各选项功能如下。

（1）变换

1）运动：指定所选组件的移动方式。常用组件的移动方式有以下几种：

- ◇ 动态：通过拖动、使用图形窗口中的"场景"对话框选项或使用"点"对话框来重新定位组件。
- ◇ 距离：将组件按指定的距离移动。
- ◇ 角度：沿着指定矢量按一定角度移动组件。
- ◇ 点到点：用于将组件从选定点移到目标点。

2）指定方位：通过"点"对话框或操控器定位所选组件。

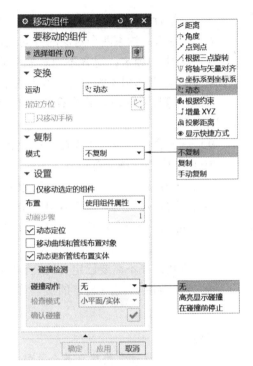

图 5-2-7 "移动组件"对话框

（2）复制

1）模式：指定是否创建副本。

- ◇ 不复制：在移动过程中不复制组件。
- ◇ 复制：在移动过程中自动复制组件。
- ◇ 手动复制：在移动过程中复制组件，并可以通过"创建副本"按钮控制副本的创建时间。

2）要复制的组件：指定是复制要移动的组件，还是复制其他组件。

（3）设置

1）布置：指定约束如何影响其他布置中的组件的定位。

- ◇ 使用组件属性："组件属性"对话框的"参数"选项卡上的"布置设置"可用于确定位置。
- ◇ 应用到已使用的：在使用每个布置时对其应用约束。

2）动画步骤：设置组件移动的步数。

3）碰撞动作：指定在移动组件时处理碰撞的方式。

- ◇ 无：忽略移动组件时的所有碰撞。
- ◇ 高亮显示碰撞：高亮显示发生碰撞但不停止组件的移动。
- ◇ 在碰撞前停止：停止碰撞时的移动。

5.2.4 显示自由度

"显示自由度"命令可临时显示所选组件的自由度。图形窗口中会显示自由度箭头，并且状态行显示组件中存在旋转和平移自由度个数。通过该命令可以直观显示组件未抑制的自由度。

5.2.5 替换组件

使用"替换组件"命令可移除现有组件，并按原始组件的精确方向和位置添加其他组件。该命令在派生设计中很有用。

5.2.6 阵列组件

使用"阵列组件"命令 可创建组件副本，并将其放置在阵列结构中。该命令与"阵列特征"命令类似，不再赘述。

5.2.7 镜像装配

使用"镜像装配"命令 可以通过"镜像装配向导"在装配中创建关联或非关联的镜像组件，或在镜像位置定位相同部件的新实例。

（1）镜像设置

对镜像组件相关操作进行设置。需要从"组件"对话框中选择组件才能激活相关设置。

◆ 重用和重定位：创建所选组件的新实例。
◆ 关联镜像：创建包含关联镜像几何体的新部件文件。
◆ 非关联镜像：创建包含非关联镜像几何体的新部件文件。
◆ 排除：从镜像装配中排除所选定的组件。

（2）镜像检查

用于更正在"镜像设置"对话框中定义的任何默认操作。可以选择多个行以同时对多个组件进行更改。

◆ 循环重定位解算方案：允许在所选组件的每个可能的重定位解算方案间循环，或者可以从列表框中选择解算方案。
◆ 指定对称平面：指定用于镜像所选组件的平面以重定位组件。

5.2.8 可变形组件

在将部件添加到装配时，可将该部件定义为能够变形的组件。对于在相同装配中需要呈现不同形状的部件（如弹簧或软管等），此功能特别有用。可变形组件也称为柔性组件。

可以在将部件添加到装配之前或之后将部件定义为可变形组件，可使用如图 5-2-8 所示的"定义可变形部件向导"来完成。

图 5-2-8 "定义可变形部件"对话框

向导格式的界面分为以下 5 类：

1）定义：设置变形用户定义特征的名称。
2）特征：定义可变形的特征。
3）表达式：定义可变形的特征中哪些参数可以被修改以及表达式规则。
4）参考：可选项，可以为部件规定参考信息与参考几何体。
5）汇总：可选项，显示可变形部件的当前定义的汇总。

5.2.9 装配布置

使用"装配布置"命令 可为部件中的一个或多个组件或子装配定义备选位置。可以移动或抑制组件以创建备选布置。

"装配布置"对话框如图 5-2-9 所示。

可以为装配布置指派以下状态：

- ◇ 活动布置：在显示部件的布置。它控制着显示部件以下每个组件子装配的布置。
- ◇ 默认布置：NX 创建第一个布置时自动将其设置为默认，可以在"装配布置"对话框中重新设置。默认的布置可由需要关于组件的定位信息的 Teamcenter 集成等外部应用模块使用。
- ◇ 已使用的布置：控制子装配的布置。子装配的布置由其父对象的布置所确定（即如果父对象为显示部件，则为活动布置；否则，为父对象的布置）。装配导航器中的布置列显示了每个组件使用的布置（如果布置列是空的，则只有一个布置可用）。

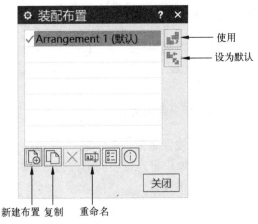

图 5-2-9 "装配布置"对话框

 注意：在装配模式下，要对装配布置进行记录，必须设置组件属性中"所用布置的位置"参数为"单独定位"，否则装配布置不会记录移动位置。

5.2.10 装配间隙分析

使用装配间隙分析命令可对一个装配中的全部或部分组件进行分析，即是否存在干涉或某些组件间是否小于安全距离。要执行间隙分析，必须：

- ◇ 创建新的间隙集，或选择并激活现有的间隙集。
- ◇ 以交互模式或批处理模式对激活的间隙集运行间隙分析。

 注意：间隙分析不考虑机构的运动，只进行静态的干涉检查。

1．新建集

使用"新建集"命令 可以新建一个间隙集以供分析。执行该命令后弹出"间隙分析"对话框，如图 5-2-10 所示。其上各参数功能如下。

（1）要分析的对象

1）集合：确定要分析的对象对。

- ◇ 一：对集合一中每个组件或体分析。
- ◇ 二：创建两个组件集合，并相互进行对比和检查，以确认是否存在任何干涉。

2）集合一/集合二：显示可用于选择对象的过滤器。

- ◇ 所有对象：自动选择部件文件中的所有对象，包括隐藏的组件和体。
- ◇ 所有可见对象：可自动选择所有可见的对象。
- ◇ 选定的对象：手动选择对象。

（2）例外

该选项组主要提供各种选项，以将定义或选择的对象排除在分析之外。

（3）安全区域

1）默认安全距离：指定应用于分析中所有对象的安全间隙距离。组件间距离大于指定的值时是安全的,即无干涉。

2)距离:指定选定对象间的安全间隙距离,需要单击"添加新的安全区域"按钮才能实现。

注意:距离优先于默认安全距离。

(4)设置

1)计算时使用:用于指定使用何种精度进行间隙分析计算。轻量级最快也最不精确,而精确最慢但最精确。

2)执行分析:单击"确定"按钮后执行间隙分析。

2. 间隙浏览器

使用"间隙浏览器"窗口可显示间隙分析的结果。"间隙浏览器"对话框如图5-2-11所示。

图5-2-10 "间隙分析"对话框

图5-2-11 "间隙浏览器"对话框

表示硬干涉,即两实体有重叠;表示接触干涉,即两实体间有接触、无重叠;表示软干涉,即实体间的最小距离小于安全距离。

间隙浏览器窗口中可用的命令与上下文相关,即命令会因右键单击的位置而异。图5-2-12所示为"间隙集"快捷菜单,图5-2-13所示为"干涉"快捷菜单。

3. 执行分析

"执行分析"命令可对当前的间隙集进行间隙分析。

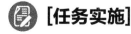**[任务实施]**

1. 拟定装配方案

根据三元叶片泵的结构和原理拟定其装配结构,如图5-2-14所示。

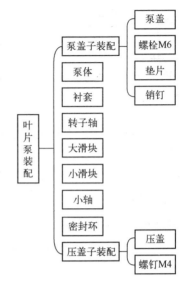

图 5-2-12 "间隙集"快捷菜单　　图 5-2-13 "干涉"快捷菜单　　图 5-2-14 装配结构

2．操作步骤

（1）启动 NX

单击"开始"→"程序"→Siemens NX→NX，启动后进入 NX 初始界面。

5-2 三元叶片泵自底向上的装配操作视频

（2）创建泵盖子装配

1）新建装配文件：单击"新建"按钮，在"新建"对话框中单击"模型"选项卡，在"模板"列表框中选择"装配"，设置"文件夹"为"D:\教材\项目 5\自底向上\"，在"名称"文本框中输入文件名"泵盖子装配"，单位设置为"毫米"，单击"确定"按钮，进入 NX 装配环境。

2）添加组件：

- 单击"装配"选项卡→"基本"组→"添加组件"命令图标。
- 在"添加组件"对话框中单击"打开"按钮，从"D:\教材\项目 5\自底向上\"目录中找到"泵盖"部件。
- 所有选项按默认设置，确定后弹出如图 5-2-15 所示消息框。

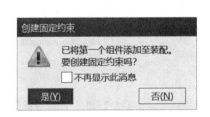

图 5-2-15 "创建固定约束"消息框

- 单击"是（Y）"按钮，完成泵盖组件的添加。

注意：第一个添加的组件必须添加固定约束，后续添加的组件不能添加固定约束。

- 使用"添加组件"命令，可以从"D:\教材\项目 5\自底向上\"目录中选择（按下〈Ctrl〉键）垫片、螺栓 M6 和销钉。
- 确定后单击"添加组件"对话框中"位置"选项组下"选择对象"选择框，在绘图区适当位置单击放置。
- 单击"确定"按钮，完成组件添加，如图 5-2-16 所示。

项目 5 装配设计

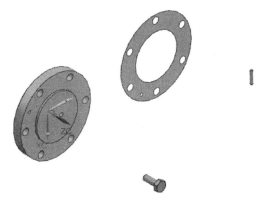

图 5-2-16 添加组件

3) 添加装配约束：
- 单击"装配"选项卡→"位置"组→"装配约束"命令图标。
- 在"约束"列表框中选择"接触对齐"，"方位"下拉列表框中选择"自动判断中心/轴"，按图 5-2-17 所示选择螺栓圆柱面和泵盖中小孔圆柱面，单击"反向"按钮。
- 将"方位"改为"接触"，分别选择螺栓端面和泵盖端面，完成螺栓的定位，如图 5-2-18 所示。

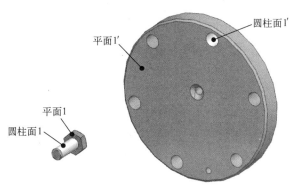

图 5-2-17 装配约束示意

图 5-2-18 螺栓定位

- 使用类似方法给垫片与泵盖添加两销孔面同轴、两圆孔面同轴，以及两端面接触约束。给销钉和泵盖添加同轴约束。
- 使用"移动组件"命令将销钉沿轴向拖动到合适位置。

4) 阵列组件：
- 单击"装配"选项卡→"组件"组→"阵列组件"命令图标。
- 选择螺栓 M6 作为要形成阵列的组件。
- 在"布局"下拉列表框中选择"圆形"，激活"指定矢量"，选择泵盖上最大圆柱面，输入数量 6，间隔 60。
- 确定后完成螺栓圆周阵列，如图 5-2-19 所示。

5) 保存文件：单击"保存"命令图标，保存泵盖子装配文件。

（3）创建压盖子装配

1) 新建装配文件：使用"新建"命令在"D:\教材\项目 5\自底向上\"目录中创建一个名为"压盖子装配"的装配文件。

2)添加组件:使用"添加组件"命令加载压盖组件,位置为默认并自动添加固定约束。使用类似方法可添加螺钉组件,放置在图形窗口合适位置,如图 5-2-20 所示。

图 5-2-19　螺栓圆周阵列　　　　　　　　图 5-2-20　添加压盖和螺钉组件

3)添加装配约束:使用"装配约束"命令,选择螺钉圆柱面和压盖上圆锥面,添加同轴约束,如有必要可单击"反向"按钮⊠,选择螺钉上圆锥面和压盖上的圆锥面,添加接触约束,结果如图 5-2-21 所示。

4)阵列组件:使用"阵列组件"命令将螺钉圆周阵列,如图 5-2-22 所示。

图 5-2-21　螺钉定位　　　　　　　　　图 5-2-22　阵列组件

5)保存文件:单击"保存"命令图标📄,保存压盖子装配文件。

(4)创建总装配

1)新建装配文件:使用"新建"命令在"D:\教材\项目 5\自底向上\"目录中创建一个名为"三元叶片泵总装配"的装配文件。

2)添加泵体组件:使用"添加组件"命令,从"D:\教材\项目 5\自底向上\"目录中选择"泵体"部件,确定后单击"添加组件"对话框中"位置"选项组下⊠按钮,将泵体绕 ZC 轴旋转-90°,确定后结果如图 5-2-23 所示。

3)添加其他组件:使用"添加组件"命令,将衬套、转子轴、大滑块、小滑块、小轴和密封环添加到装配中,并放置在合适位置。

4)添加装配约束:

➢ 使用"装配约束"命令,如图 5-2-24 所示选择转子轴上圆柱面和泵体上圆孔面,添加同轴约束,选择转子轴和泵体的端面,添加接触约束,结果如图 5-2-25 所示。

➢ 选择衬套圆柱面和泵体圆孔面,添加同轴约束,选择衬套和泵体的端面,添加接触约束,结果如图 5-2-26 所示。

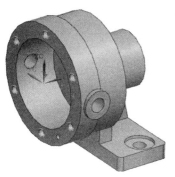

图 5-2-23 泵体加载与定位

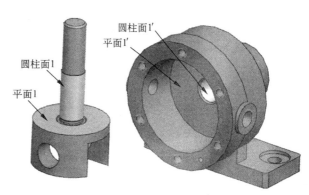

图 5-2-24 约束对象选择 1

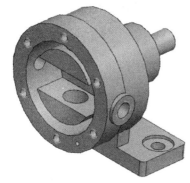

图 5-2-25 转子轴定位

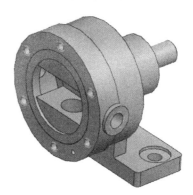

图 5-2-26 衬套定位

➢ 抑制泵体和衬套,在"约束"列表框中选择"中心",在"子类型"下拉列表框中选择"2 对 2",按图 5-2-27 所示 1-1→1-2→2-1→2-2 的次序选择两组面,使它们对称。

➢ 在"约束"列表框中选择"接触对齐","方位"下拉列表框中选择"接触",选择大滑块的底面和转子轴上槽的底面,使两个面共面。

➢ 使用"移动组件"命令,将大滑块拖动到转子轴槽中合适位置,如图 5-2-28 所示。

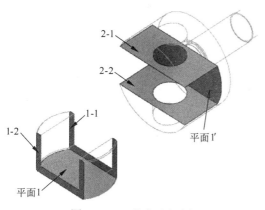

图 5-2-27 约束对象选择 2

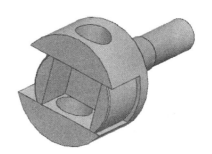

图 5-2-28 大滑块定位

➢ 抑制转子轴,分别选择小滑块和大滑块上图 5-2-29 所示的两组面,添加接触约束。

➢ 使用"移动组件"命令将小滑块拖至大滑块的槽中,如图 5-2-30 所示。

➢ 使用"装配约束"命令,给小轴上的圆柱面和小滑块上圆柱孔添加同轴约束,并将小轴拖至孔中,如图 5-2-31 所示。

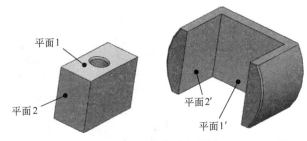

图 5-2-29 约束对象选择 3

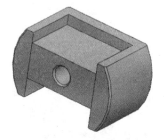

图 5-2-30 小滑块定位

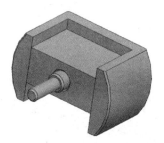

图 5-2-31 小轴定位

5）添加泵盖子装配：使用"添加组件"命令，将泵盖子添加至装配。

6）泵盖子装配定位：对泵体、衬套和转子轴解除抑制。使用"装配约束"命令，如图 5-2-32 所示，给泵盖子装配上销钉与泵体上销孔添加同轴约束，给泵盖上沉头孔与小轴添加同轴约束，给螺栓与泵体上螺栓孔添加同轴约束，给垫片与泵体端面添加接触约束。完成泵盖子装配的定位如图 5-2-33 所示。

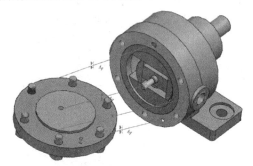

图 5-2-32 约束对象选择 4

图 5-2-33 泵盖子装配定位

7）密封环定位：使用"装配约束"命令，如图 5-2-34 所示，给密封环与泵体右端面处的圆孔添加同轴约束，给密封环的底面与泵体上孔的边线添加接触约束，结果如图 5-2-35 所示。

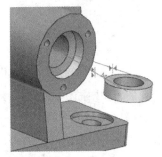

图 5-2-34 约束对象选择 5

图 5-2-35 密封环定位

8)定义密封环为可变形组件:密封环是橡胶件,需要压紧才能起到密封作用,可以将它定义为可变形部件。
➤ 将密封环设为工作部件。
➤ 单击"菜单"→"工具"→"定义可变形部件"。
➤ 单击"下一步"按钮,选择基准坐标系、圆柱、Ø14Hole,单击"添加特征"按钮 。
➤ 单击"下一步"按钮,选择"p7=6",单击"添加表达式"按钮 。
➤ 单击"完成"按钮。
➤ 将"三元叶片泵总装配"节点设为工作部件。
➤ 光标移至装配导航器中"密封环"组件,单击右键,选择"变形",弹出"变形组件"对话框,如图 5-2-36 所示。
➤ 双击"变形关联"列表框中"三元叶片泵总装配",弹出"密封环"参数对话框,如图 5-2-37 所示。

图 5-2-36 "变形组件"对话框

图 5-2-37 "密封环"参数对话框

➤ 修改高度为 5,确定后完成密封环的变形,如图 5-2-38 所示。
9)添加压盖子装配:使用"添加组件"命令,将压盖子添加至装配。
10)压盖子装配定位:使用"装配约束"命令,通过两组同轴约束、一组接触约束,使压盖子装配定位。
(5)检查转子轴的自由度
单击"装配"选项卡→"位置"组→"显示自由度"命令图标 ,选择转子轴,图形窗口显示自由度符号,如图 5-2-39 所示。说明转子轴具有旋转自由度,符合三元叶片泵的工作原理。

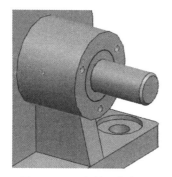

图 5-2-38 密封环的变形

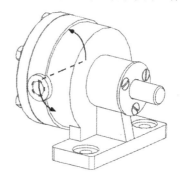

图 5-2-39 转子轴自由度显示

(6)移动组件
单击"移动组件"命令,选择转子轴,用"动态"运动方式将转子轴绕轴向旋转 90°,大滑块和小滑块等会根据约束条件做相应运动，如图 5-2-40 所示。

（7）干涉检查
- 单击"装配"选项卡→"间隙"组→"新建集"命令图标。
- 在"计算时使用"下拉列表框中选择"精确"，其他所有选项为默认。
- 单击"确定"按钮，弹出"间隙浏览器"对话框，如图 5-2-41 所示。
- 经检查分析，此装配无干涉现象。

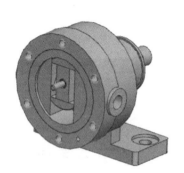

图 5-2-40　转子轴等组件位置调整

图 5-2-41　分析结果

> 提示：NX 中有些配合默认为干涉（如螺纹连接等），用户要注意区分。

（8）保存文件
单击"保存"命令图标，保存文件，完成装配过程。

[问题探究]

1．组件定位需要的约束是唯一的吗？

2．能否给转子轴上槽的侧面与泵体底面添加垂直约束？为什么？

[总结提升]

　　自底向上的装配需要先创建部件才能进行装配。可以一边添加组件一边约束，也可以将几个或全部部件添加进装配后再逐个进行约束。如果在图形区看不到添加的组件，则往往是引用集或图层设置问题造成的。装配过程中或结束后通常需要对其进行干涉检查，分析装配是否有错误或零件设计是否有问题。运动件可以通过"显示自由度"和"移动组件"命令进行分析和检查。

[拓展训练]

根据给定夹具的三维模型，完成图 5-2-42 所示的自底向上的装配。

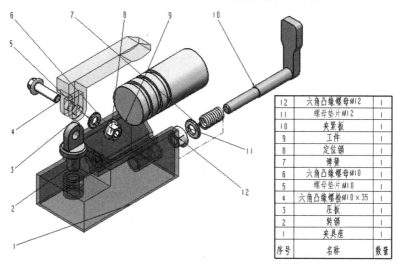

图 5-2-42　夹具

任务 5.3　三元叶片泵装配爆炸与装配序列创建

[任务描述]

根据任务 5.2 完成的三元叶片泵总装配，创建如图 5-3-1 所示的三元叶片泵装配爆炸图，并构建追踪线。建立三元叶片泵的装配序列，观察其拆卸和装配过程。

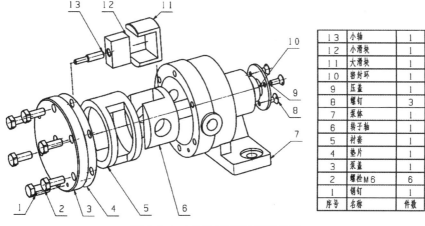

图 5-3-1　三元叶片泵装配爆炸图

[任务分析]

通过分析装配关系可知，可采用手动爆炸（编辑爆炸）的方法将组件逐个拖动到适当位置。追踪线一般通过选择两点来创建，如果没有合适的点可以作辅助线。装配序列的创建也是根据装配关系通过"插入运动"命令创建合理的运动步骤。要完成三元叶片泵装配爆炸与装配序列的创建，装配爆炸、装配序列等方面的知识。

 [必备知识]

5.3.1 装配爆炸

使用"爆炸"命令 可创建爆炸图，在该视图中选定的部件或子装配在视觉上是相互分离的。爆炸只在视觉上移动组件，而不更改装配中组件的实际位置。

"爆炸"对话框如图 5-3-2 所示。其上各参数功能如下。

1. 新建爆炸

"新建爆炸"命令 可创建新的爆炸，之后可以重定位组件以生成爆炸图。

2. 自动爆炸

图 5-3-2 "爆炸"对话框

"自动爆炸"命令 用于定义选定爆炸中一个或多个选定组件的位置。每个组件根据其装配约束沿法向矢量进行偏置。

 注意：自动爆炸只能爆炸具有关联条件的组件，对于没有关联条件的组件不能用该爆炸方式。

3. 编辑爆炸

采用自动爆炸，一般不能得到理想的爆炸效果，通常还需要对爆炸图进行调整。使用"编辑爆炸"命令 可以重定位爆炸图中选定的一个或多个组件。选择组件后，只需要拖动动态坐标系即可实现组件的 X、Y、Z 三个方向的平移及绕三轴的旋转运动，从而实现手动操作方式爆炸。

"编辑爆炸"对话框如图 5-3-3 所示。其上各参数功能如下。

1) 移动对象：用于移动选定的组件。
2) 只移动手柄：用于移动定位工具的手柄而不移动任何其他对象。
3) 距离/角度：根据是使用旋转手柄还是平移手柄，设置选定组件要移动的距离或角度。
4) 对齐增量：指定拖动手柄时组件以多大的增量移动。若取消勾选该选项，则移动是连续的。
5) 取消爆炸：将选定的组件移回其爆炸前的位置。

4. 删除爆炸

"删除爆炸"命令 可删除选择的一个或多个爆炸图。

5. 隐藏爆炸

使用"在可见视图中隐藏爆炸"命令 可在工作视图中隐藏装配爆炸图。

6. 显示爆炸

使用"在工作视图中显示爆炸"命令 可在工作视图中显示装配爆炸图。

7. 追踪线

使用"创建追踪线"命令 可创建一些线来描绘爆炸组件在装配或拆卸过程中遵循的路径。追踪线只能在创建它们时所在的爆炸图中显示。

"追踪线"对话框如图 5-3-4 所示。

图 5-3-3 "编辑爆炸"对话框

图 5-3-4 "追踪线"对话框

只要在某个组件上选择一个点作为追踪线的起点，在另外一个组件上选择一点作为追踪线的终点，便可创建追踪线。在创建追踪线的过程中，可以通过单击"备选解"按钮 以获得理想的追踪线，并且可以拖动箭头调整其位置。

5.3.2 装配序列

使用"装配序列"命令 可以仿真装配体的装配和拆卸过程。每个序列均与装配布置（即组件的空间组织）相关联。

1. 装配序列任务环境

单击"序列"命令图标 ，可进入序列任务环境。通过如图 5-3-5 所示功能区命令执行序列任务。

图 5-3-5 装配序列任务环境功能区

2. 插入运动

使用"插入运动"命令可在装配序列中创建和录制运动。该命令通常用来拆卸具有运动特征的组件。每个运动步骤由一个或多个帧组成，一个帧表示一个时间单位。

单击"插入运动"命令图标 ，将弹出如图 5-3-6 所示的"录制组件运动"对话框。

图 5-3-6 "录制组件运动"对话框

1）运动录制首选项：打开运动的"首选项"对话框（如图 5-3-7 所示），可设置步长、帧数等参数。

图 5-3-7 运动的"首选项"对话框

2）拆卸：拆卸当前的组件选择，而不需要退出运动记录。

3）摄像机：创建摄像步骤。在回放期间，会将视图重新定向到之前显示的相同缩放状态和屏幕中心状态。

3. 序列导航器

序列导航器是进入序列任务环境时可调用的一个窗口，如图 5-3-8 所示。它以图形方式显示正在编辑的关联序列或所有序列。序列导航器分为主面板和细节面板。右键单击选项的节点，可以创建并修改序列和步骤。单击某一步骤时，细节面板显示选择该步骤的信息。双击细节面板中"持续时间"，可以修改运动的步数，从而变相地调节运动时长。

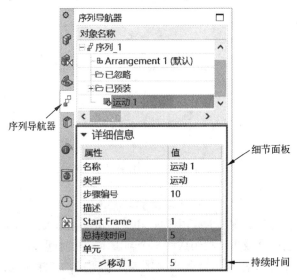

图 5-3-8 序列导航器

4. 回放

"回放"命令可控制序列回放和.avi格式电影的导出。其主要功能如下。

1) 设置当前帧：显示或设置当前帧。
2) 回放速度：设置相对回放速度，范围为1（最慢）～10（最快）。
3) ⏪倒回到开始：将当前帧设置为关联序列中的第一帧。
4) ▷向前播放：从当前帧向前播放关联序列。
5) ◁向后播放：从当前帧向后播放关联序列。
6) 导出至电影：从当前帧向前播放帧，并将它们导出为.avi格式的电影。如果当前帧是最后一帧，则反向播放帧和录制电影。

5. 碰撞

"碰撞"命令用于移动组件过程中，如何处理碰撞。

1) 碰撞检查操作：设置在移动期间发生碰撞或违反预先确定的测量要求时要执行的操作。

- ◇ 无检查：忽略运动过程中的碰撞。
- ◇ 高亮显示碰撞：继续移动组件的同时高亮显示移动对象及与之碰撞的体。
- ◇ 在碰撞前停止：遇到碰撞时，移动对象停止。运动停止后，组件之间的距离取决于步长滑动副的设置和捕捉框中的值。

2) 认可碰撞：使对象经过最近一次碰撞后以硬干涉状态继续运动，遇到下次碰撞时再次停止。

[任务实施]

具体操作步骤参考二维码视频。详细的文字介绍如下。

5-3 三元叶片泵装配爆炸与装配序列创建操作视频

1. 打开装配文件

单击"打开"命令按钮，从"D:\教材\项目5\自底向上\"目录中选择"三元叶片泵总装配"文件，确定后打开装配文件。

2. 创建爆炸视图

（1）新建爆炸

- ➢ 单击"装配"选项卡→"爆炸"组→"爆炸"命令图标，弹出"爆炸"对话框。
- ➢ 选择"新建爆炸"图标。
- ➢ 单击"确定"按钮。

（2）编辑爆炸

- ➢ 选择"编辑爆炸"图标，弹出"编辑爆炸"对话框。
- ➢ 选择要进行爆炸的组件：泵盖子装配，按中键，拖动动态坐标系的Z轴箭头到合适位置释放，如图5-3-9所示，再按中键确定位置。
- ➢ 在空白处单击左键，选择销钉组件，按中键，沿销钉轴向拖动到合适位置，确定后如图5-3-10所示。
- ➢ 同样方法依次将螺栓和垫片爆炸，完成泵盖子装配爆炸如图5-3-11所示。

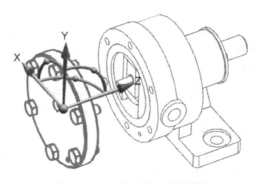

图 5-3-9　泵盖子装配整体爆炸

图 5-3-10　销钉爆炸

图 5-3-11　泵盖子装配爆炸

 注意：组件可以沿多个方向移动，拖动球形移动手柄可以任意方向移动。

三元叶片泵中，除泵盖子装配和泵体之外的其他组件可以按照相同方法进行爆炸，最终结果如图 5-3-12 所示。

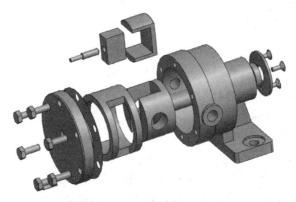

图 5-3-12　三元叶片泵装配爆炸图

（3）创建跟踪线
- 在"爆炸"对话框中选择"创建跟踪线"图标。
- 如图 5-3-13a 所示，选择小轴端面圆心和泵盖上沉头孔底圆圆心。
- 拖动中间的小箭头调整位置。

➢ 单击"应用"按钮,完成小轴与泵盖跟踪线的创建,如图 5-3-13b 所示。

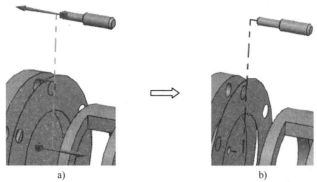

图 5-3-13　小轴与泵盖跟踪线的创建
a) 选择两圆心　b) 生成跟踪线

➢ 激活"象限点"捕捉方式,如图 5-3-14a 所示分别选择大滑块和转子轴上的象限点。
➢ 单击"起始"下的"指定矢量"选择框,选择竖直向下方向。单击"终止"下的"指定矢量"选择框,选择竖直向上方向。
➢ 单击"确定"按钮,完成大滑块和转子轴跟踪线创建,如图 5-3-14b 所示。

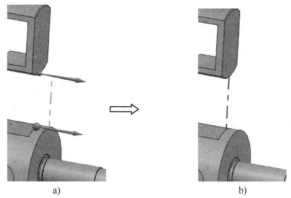

图 5-3-14　大滑块和转子轴跟踪线的创建
a) 选择圆心和中点　b) 生成跟踪线

➢ 关闭"爆炸"对话框,将大滑块引用集替换为"Entire Part"。
➢ 打开"爆炸"对话框,选择"创建跟踪线"图标,选择小滑块上圆孔底圆圆心和大滑块上草图线的中点,如图 5-3-15a 所示。
➢ 在"终止"下的"指定矢量"下拉列表框中选择-XC。
➢ 单击"确定"按钮,完成小滑块与大滑块跟踪线的创建。
➢ 将大滑块引用集替换为"MODEL"后显示如图 5-3-15b 所示。
➢ 用类似方法完成其他组件之间跟踪线的创建,最终结果如图 5-3-16 所示。

3. 保存爆炸视图

➢ 将图形区的爆炸视图旋转到合适位置。
➢ 单击"菜单"→"视图"→"操作"→"另存为",在弹出的对话框中设置名称为"三元叶片泵装配爆炸图"。

➢ 单击"确定"按钮，完成爆炸视图的保存。

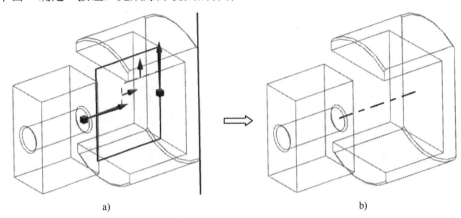

图 5-3-15 小滑块与大滑块跟踪线的创建

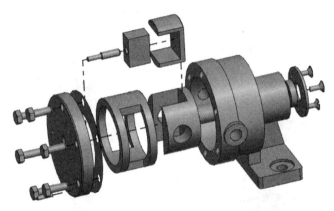

图 5-3-16 三元叶片泵跟踪线的创建

4．恢复非爆炸状态

单击"爆炸"命令图标，打开"爆炸"对话框，选择"在可见视图中隐藏爆炸"，恢复到非爆炸状态。

5．创建装配序列

（1）抑制装配约束

将泵盖子装配设为工作部件，在装配约束导航器中将所有约束抑制。用同样的方法，将压盖子装配和三元叶片泵总装配中所有约束抑制。

（2）进入装配序列任务环境

单击"装配"选项卡→"序列"组→"序列"命令图标，进入序列任务环境。

（3）新建序列

单击"主页"选项卡→"装配序列"组→"新建"命令图标，NX 自动创建一个名为"序列_1"的序列。

（4）插入运动

➢ 单击"主页"选项卡→"序列步骤"组→"插入运动"命令图标。

➢ 选择三个螺钉，按中键，拖动动态坐标系中 X 轴箭头，将螺钉移动到合适位置，如图 5-3-17 所示。

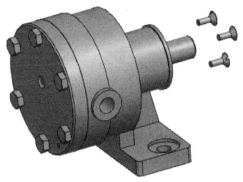

图 5-3-17　螺钉运动位置

➢ 单击"录制组件运动"对话框中的"确定"按钮，完成运动步骤 1 的创建。

注意：插入运动与手动爆炸类似，但装配序列中要考虑拆卸和装配的先后次序。

➢ 选择压盖，按中键，拖动动态坐标系中 Z 轴箭头，将压盖拖动到合适位置。单击"确定"按钮，完成运动步骤 2 的创建。
➢ 选择密封环，按中键，拖动动态坐标系中 X 轴箭头，将密封环拖动到合适位置。单击"确定"按钮，完成运动步骤 3 的创建。
➢ 选择六个螺栓，按中键，拖动动态坐标系中 X 轴箭头，将螺栓拖动到合适位置，单击"确定"按钮，完成运动步骤 4 的创建。
➢ 选择销钉，按中键，拖动动态坐标系中 X 轴箭头，将销钉拖动到合适位置。单击"确定"按钮，完成运动步骤 5 的创建。
➢ 选择泵盖，按中键，拖动动态坐标系中 Z 轴箭头，将泵盖拖动到合适位置。单击"确定"按钮，完成运动步骤 6 的创建。
➢ 选择垫片，按中键，拖动动态坐标系中 Z 轴箭头，将垫片拖动到合适位置。单击"确定"按钮，完成运动步骤 7 的创建。
➢ 选择小轴，按中键，拖动动态坐标系中 Z 轴箭头，将小轴拖动到合适位置。单击"确定"按钮，完成运动步骤 8 的创建。
➢ 选择小滑块，按中键，拖动动态坐标系中 Z 轴箭头，将小滑块拖动到合适位置。单击"确定"按钮，完成运动步骤 9 的创建。
➢ 选择大滑块，按中键，拖动动态坐标系中 Z 轴箭头，将大滑块拖动到合适位置。单击"确定"按钮，完成运动步骤 10 的创建。
➢ 选择衬套，按中键，拖动动态坐标系中 Z 轴箭头，将衬套拖动到合适位置。单击"确定"按钮，完成运动步骤 11 的创建。
➢ 选择转子轴，按中键，拖动动态坐标系中 Z 轴箭头，将转子轴拖动到合适位置。单击"确定"按钮，完成运动步骤 12 的创建。

完成所有运动步骤后，三元叶片泵各组件的运动位置如图 5-3-18 所示。

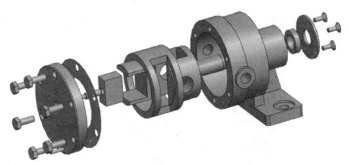

图 5-3-18　三元叶片泵各组件的运动位置

（5）播放装拆动画

设置回放速度为 6。单击"主页"选项卡→"回放"组→"向前播放"命令图标▷，播放装配动画。

单击"主页"选项卡→"回放"组→"向后播放"命令图标◁，播放拆卸动画。

（6）导出动画

执行一次播放命令后，单击"主页"选项卡→"回放"组→"导出至电影"命令图标，可将动画保存成 avi 格式的视频。

（7）完成序列

单击"主页"选项卡→"装配序列"组→"完成"命令图标，退出装配序列任务环境。

6．保存文件

单击"保存"命令图标，保存文件，完成装配爆炸和装配序列创建过程。

[问题探究]

1．装配爆炸中隐藏爆炸与删除爆炸有何区别？

_____

_____

2．装配序列中插入运动之前为什么要抑制或删除装配约束？

_____

_____

[总结提升]

装配爆炸将各组件从视觉上进行分离，以表达组件间的装配关系。一般使用"编辑爆炸"命令用拖动方式进行爆炸。创建追踪线时要注意方向和位置的调整，如果没有合适的点可作辅助线。用户可以使用"显示/隐藏爆炸"命令在爆炸和非爆炸状态间进行切换。装配序列可以模拟装配体的装配和拆卸过程。通常使用"插入运动"命令创建运动步骤。但要注意"插入运动"命令用于活动件，运动方向上不能有约束限制。因此，在创建序列之前应抑制相关装配约束。

[拓展训练]

读懂图 5-3-19 所示旋转开关装配图，创建装配爆炸图和装配序列。

项目 5 装配设计

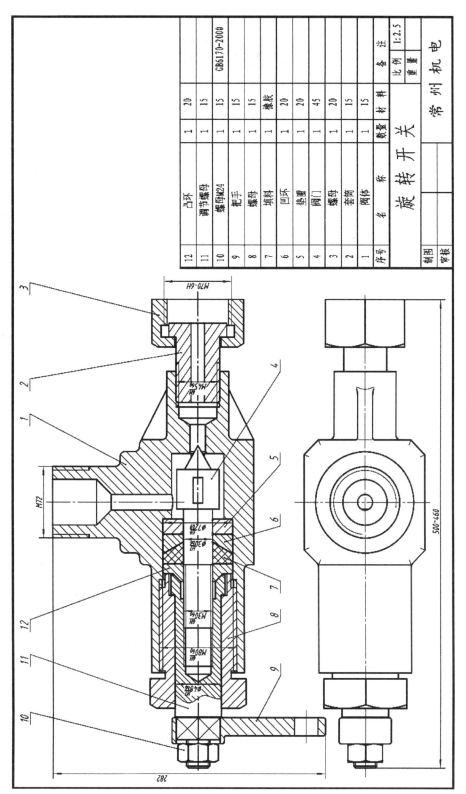

图 5-3-19 旋转开关装配图

项目 6　　工程图创建

工程图是重要的技术文件，在设计、制造和维修等各个环节都要以它作为技术依据。NX 中完成零部件的三维模型创建后，可以在制图模块自动生成各种视图和剖视图等。此外，制图模块还提供了尺寸标注、各种注释工具、明细栏的添加等功能，可快速生成规范的零件图和装配图。通过本项目的学习，可达成以下目标：

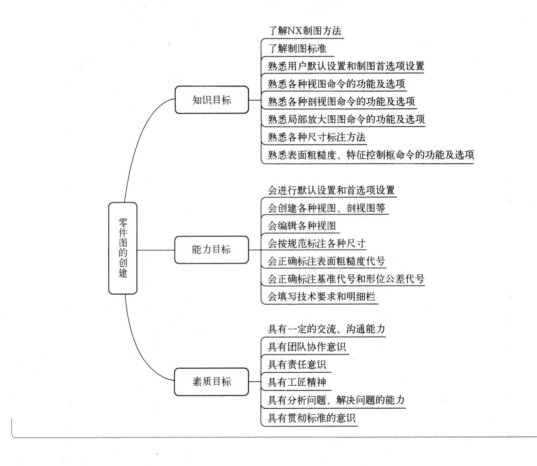

任务 6.1　蜗轮箱体零件图创建

🖥 [任务描述]

根据提供的蜗轮箱体零件模型文件，生成图 6-1-1 所示的蜗轮箱体零件图。

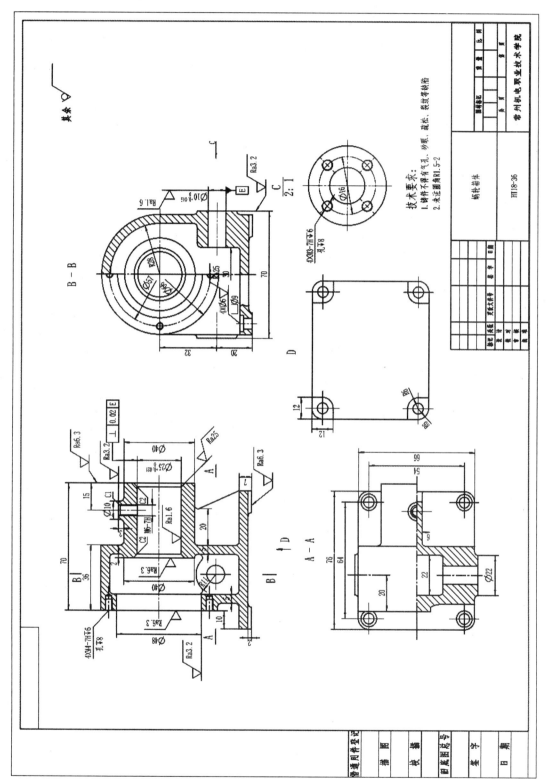

图 6-1-1 蜗轮箱体零件图

[任务分析]

蜗轮箱体内、外部形状较复杂，属于中等复杂程度零件，需要用多个视图和多种方法来表达。主视图采用全剖视图，表达内部结构；俯视图和左视图采用半剖视图表达内外结构形状；凸台采用局部视图表达，反映其特征形状。除了图形部分，零件图上还需要标注尺寸和技术要求，填写标题栏。因此，要完成蜗轮箱体零件图的创建，需具备制图设置、视图生成、尺寸标注、形位公差、表面粗糙度标注和注释等方面的知识。

[必备知识]

6.1.1 制图方法概述

NX 制图应用模块可制作和维护符合主要国家和国际制图标准的工程图纸，并提供不同的方法来创建图纸。

（1）独立的流程

独立的图纸工作流用于将图纸数据放在单个部件文件中。对于只能使用 2D 几何体创建图纸的 2D 制图流程，建议使用此工作流。2D 曲线可直接放在图纸页上或图纸视图中，可用于生成 3D 模型几何体。

（2）基于模型的流程

基于模型的图纸工作流用于现有 3D 几何体生成 2D 制图数据。它有以下两种方法：

- ◇ 图纸直接从 3D 模型或装配创建，即由建模模块直接切换到制图模块。图纸放在包含 3D 模型几何体的文件中。图纸数据与 3D 几何体关联，对模型所做的任何更改都会自动反映在图纸中。
- ◇ 使用主模型架构，将图纸数据放在与包含模型几何体的文件所不同的文件中。图纸数据与 3D 模型几何体关联，对模型所做的任何更改都会自动反映在图纸中，但不同用户可以同时处理同一模型数据。建议优先使用主模型方法创建图纸。

6.1.2 制图标准与制图首选项

在创建图纸之前，先确定制图标准和用户默认设置，以定义图纸、视图、注释和尺寸的行为、样式和外观，从而提高工作效率。

1. 制图标准

NX 提供一组制图标准默认文件，可根据指定的国家或国际制图标准来配置用户的制图用户默认设置和首选项。例如，注释的格式大小（高度和长度）、图纸单位以及正投影角设置和比例是受标准控制的默认值。制图标准默认文件可用于以最简便的方式设置或重置制图注释及视图首选项。"用户默认设置"对话框如图 6-1-2 所示。

我国制图标准为 GB，但 NX 提供的 GB 标准中部分参数仍然需要调整。用户可以在 GB 的基础上，通过单击"定制标准"按钮进一步设置并保存自己的标准。"定制制图标准"对话框如图 6-1-3 所示，左侧为树状节点，右侧窗口为相应节点的参数设置。

项目 6　工程图创建

图 6-1-2　"用户默认设置"对话框　　　　　图 6-1-3　"定制制图标准"对话框

2．制图首选项

制图首选项设置可控制图纸的默认设置，即放置在图纸上的视图、制图、PMI 尺寸和注释的所有参数。"制图首选项"对话框如图 6-1-4 所示。

图 6-1-4　"制图首先项"对话框

用户可从"设置源"下拉列表框中选择"用户默认设置"，单击"从设置源加载"按钮 ，以将所有首选项重置为制图标准指定的用户默认设置。

6.1.3　视图创建

1．基本视图

使用"基本视图"命令 可在图纸页上创建基于模型的基本视图、轴测图或定制视图。基本视图是图纸页中的第一张图,其他图需在它的基础上使用相关命令创建。"基本视图"对话框如图 6-1-5 所示。其上各选项功能如下。

(1) 模型加载

"部件"选项组提供了三种模型加载方法。

- ◇ 已加载的部件:显示所有已加载部件的名称。选择一个部件,以从该部件添加视图。
- ◇ 最近访问的部件:显示基本视图命令使用的最近加载的部件名称。选择一个部件,以从该部件加载并添加视图。
- ◇ 打开:可用于浏览和打开其他部件,并从这些部件添加视图。

(2) 视图方位调整

使用"定向视图工具" ,可动态定位基本视图到新的方位。

(3) 比例

在向图纸页添加基本视图之前,为其指定一个特定的比例。使用"比率"选项可自定义比例。

(4) 设置

- ◇ 隐藏的组件:仅用于装配图纸,可指定装配体中一个或多个组件在基本视图中不可见。常用于装配图中的拆卸画法。
- ◇ 非剖切:仅用于装配图纸,可指定装配体中一个或多个组件由该基本视图生成剖视图时按不剖切表达。

2. 投影视图

"投影视图"命令 用于从现有图形(视图、剖视图等)创建其投影视图。该命令常用来创建正交视图和斜视图。

"投影视图"对话框如图 6-1-6 所示。其上各选项功能如下。

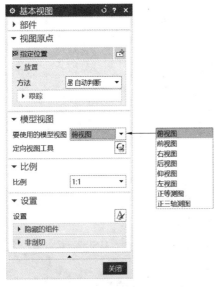

图 6-1-5 "基本视图"对话框

图 6-1-6 "投影视图"对话框

1) 父视图:指定用来生成其他图形的视图。

2) 矢量选项:定义投影方向。

- ◇ 自动判断:为视图自动判断铰链线和投影方向,如图 6-1-7 所示。

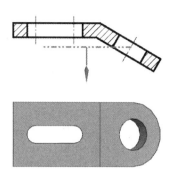

图 6-1-7　自动判断

✧ 已定义：为视图手动定义铰链线和投影方向，如图 6-1-8 所示。

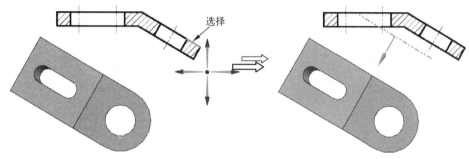

图 6-1-8　已定义

3）关联对齐：投影视图与父视图始终保持对齐。当设置"方法"为"自动判断"以外类型时出现该选项。

3. 剖视图

剖视图是对部件进行剖切以展示其部分或全部内部特征的视图。剖视图的生成取决于父视图和剖切位置（剖切线），剖切线可以动态地以交互方式创建，也可以事先用"剖切线"命令绘制好，然后选择现有的独立剖切线。删除父视图，剖切线和剖视图也会删除。

"剖视图"对话框如图 6-1-9 所示。

图 6-1-9　"剖视图"对话框

"剖视图" 命令支持以下剖切方法：

（1）简单剖

简单剖由穿过部件的单一剖切段组成。剖切段平行于铰链线，并有两个表示投影方向的箭头，如图 6-1-10 所示。

（2）阶梯剖

阶梯剖由穿过部件的多个剖切段组成。所有剖切段都与铰链线平行，并通过一个或多个折弯段相互附着，如图 6-1-11 所示。

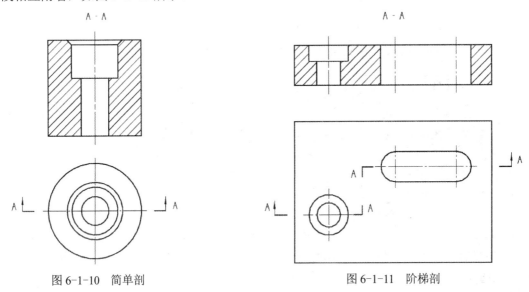

图 6-1-10　简单剖　　　　　　　　图 6-1-11　阶梯剖

（3）半剖

半剖指部件的一半被剖切，另一半未被剖切。由于剖切段与铰链线平行，因此半剖视图类似于简单剖和阶梯剖，如图 6-1-12 所示。

（4）旋转剖

旋转剖的剖切线符号包含两个支线，它们围绕回转部件轴线上的公共旋转点旋转。每个支线包含一个或多个剖切段。旋转剖视图在公共平面上展开所有单个的剖切段，如图 6-1-13 所示。

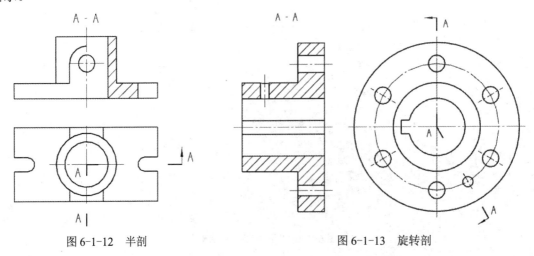

图 6-1-12　半剖　　　　　　　　图 6-1-13　旋转剖

（5）点到点

点到点剖视图是具有多个剖切段但没有折弯段的视图。用户可以创建点到点折叠和展开剖视图。点到点展开剖视图是由父视图中通过选定点的多个剖切段生成的，并在剖视图中将剖切面展开为单个的视图平面，如图 6-1-14 所示。

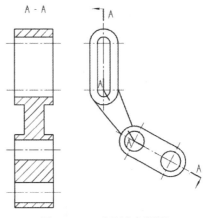

图 6-1-14　点到点剖视图

4. 局部剖视图

"局部剖视图"命令 通过移除部件的某个外部区域来表达部件的内部形状，如图 6-1-15 所示。局部剖区域由边界曲线形成的闭环来定义，一般需要展开视图并使用基本曲线和样条曲线创建。

"局部剖"对话框如图 6-1-16 所示。可按以下 4 个步骤创建局部剖视图。

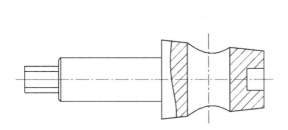

图 6-1-15　局部剖视图

图 6-1-16　"局部剖"对话框

1） 选择视图：在当前图纸页上选择将要显示局部剖的视图。

2） 指出基点：定义局部剖曲线（闭环）沿着拉伸矢量方向扫掠的参考点。基点可以理解为剖切位置。

3） 拉伸矢量：定义移除材料的方向。

4） 选择曲线：定义局部剖的边界曲线。

5. 局部放大图

"局部放大图"命令 以放大比例显示现有视图或剖视图的一部分，以便查看其中的对象和添加的注释，如图 6-1-17 所示。

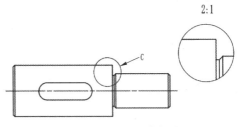

图 6-1-17　局部放大图

用户可以使用两种模式创建局部放大图，即与父视图关联或独立于父视图。关联的局部放大图始终从其父视图继承视图设置，而独立的局部放大图可以像其他视图一样单独进行编辑。

要将相关局部放大图转换为独立局部放大图，有以下两种方法：

◇ 在图纸页上右键单击局部放大图的圆形或矩形边界，在弹出的快捷菜单中单击"转换为独立的局部放大图"命令。

◇ 在部件导航器中，右键单击相关局部放大图节点，在弹出的快捷菜单中单击"转换为独立的局部放大图"（符号变为 ）命令。

6.1.4 视图编辑

1．编辑式样

在视图边框上单击右键，从弹出的快捷菜单中单击"设置"命令，或在视图边框上双击，可以改变已存视图的式样。

2．移动视图

将选择球移动至视图边框，按左键并拖动视图至目标位置。当移动视图接近另一视图时，出现辅助线帮助定位视图。

3．删除视图

从一图纸页中移除一个或多个视图有以下几种方法：
◇ 在部件导航器中将光标移至需移除的视图，单击右键，从弹出的快捷菜单中执行"删除"命令。
◇ 单击或右键单击视图边框，从快捷工具条中执行"删除"命令。
◇ 单击"菜单"→"编辑"→"删除"命令，选择需要删除的视图边框，单击"确定"按钮。

 注意：删除视图后，与之关联的制图对象和视图将被删除。

4．对齐视图

（1）用辅助线对齐视图

拖动视图，与另一视图出现对齐辅助线时放置。辅助线提供了一种快速对齐视图的方法，但在移动一个或多个视图时不能保持对齐。

（2）创建关联视图对齐

使用"视图对齐"对话框中"关联对齐"选项，可以在现有视图（包括剖视图）间添加永久性的关联对齐，如图 6-1-18 所示。

1）方法：指定对齐方向。
◇ 自动判断：基于所选静止视图的矩阵方向对齐视图。
◇ 水平：水平对齐选定的视图。
◇ 竖直：竖直对齐选定的视图。
◇ 垂直于直线：将选定视图与指定的参考线垂直对齐。
◇ 叠加：在水平和竖直两个方向对齐视图，以使它们相互重叠。

2）对齐：控制视图的对齐方式，可与对齐方法结合使用。
◇ 对齐至视图：沿选定视图的中心对齐视图。
◇ 模型点：将视图对齐到指定的点。
◇ 点到点：指定一个静止点，并在要对齐的视图上选择一个点来对齐视图。

5．定义视图边界

使用"视图边界"命令 可控制围绕制图式视图的边界。图 6-1-19 为"视图边界"对话框。其上常用项的功能如下。

图 6-1-18 "对齐视图"对话框　　　　图 6-1-19 "视图边界"对话框

1）视图边界类型：控制选定视图的边界类型。
- 断裂线/局部放大图：使用用户定义曲线来定义视图边界，如图 6-1-20 所示。定义的曲线必须位于制图式视图中。该类型可用来创建斜视图或局部视图。
- 手工生成矩形：通过手工创建矩形来定义视图边界，如图 6-1-21 所示。此方法用于在特定视图中隐藏不需要的几何体。

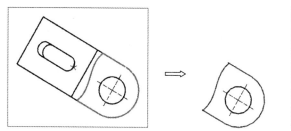

图 6-1-20 断裂线/局部放大图

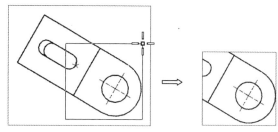

图 6-1-21 手工生成矩形

- 自动生成矩形：用于定义随模型更新而自动调整大小的视图边界。在特定视图中显示所有几何体时，可使用该选项。
- 由对象定义边界：用于定义可自动调整大小的视图边界，以便包括模型几何体上的选定实体边和点。该选项通常用于因模型更改而需要更改大小或形状的矩形局部放大图。

2）锚点：用于将视图内容锚定到图纸上，以防止当模型发生更改时该视图或其内容在图纸中发生移位。锚点将模型上的某个位置固定到图纸上的某个特定位置。

3）边界点：仅用于断裂线/局部放大图边界类型。用于将视图边界与模型特征进行关联，以使视图边界随模型更改而更新，保持模型几何体始终在视图边界内。

6. 视图相关编辑

使用"视图相关编辑"命令 可以编辑对象在所选制图式视图中的显示，而不影响这些对象在其他视图中的显示。视图相关编辑操作可以从制图式视图中擦除和编辑存在的对象。

"视图相关编辑"对话框如图 6-1-22 所示。

注意：视图相关编辑不是对视图进行永久更改。通过使用"视图相关编辑"对话框中的选项，可对这些操作执行移除或编辑。

6.1.5 尺寸标注

"尺寸标注"命令用于标识对象的尺寸大小，制图中的尺寸与三维模型中对应对象的大小关联。使用尺寸选项可以创建和编辑各种尺寸，以及设置局部首选项来控制尺寸类型的显示。

尺寸标注中常常需要改变样式以符合标准规定，用户有两种方法对其进行编辑：

- 选择尺寸，单击右键，从弹出的快捷菜单或快捷工具条中选择合适的选项。
- 双击尺寸，激活相关场景对话框，并显示尺寸访问手柄。选择手柄后可显示用于修改注释对象的选项和相关的场景对话框，如图6-1-23所示。但一次操作仅能激活一个访问手柄。

图 6-1-22 "视图相关编辑"对话框

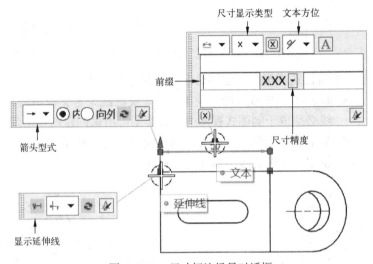

图 6-1-23 尺寸标注场景对话框

6.1.6 制图注释

1. 中心线

NX 提供了各种类型的中心线，用户可以视具体情况选用。

1）中心标记：使用该命令可创建通过点或圆弧的中心标记。

2）螺栓圆中心线：使用该命令可创建通过点或圆弧的完整或不完整螺栓圆，如图 6-1-24 所示。

NX 提供了以下两种产生螺栓圆中心线的方法：

- 通过三个或多个点：利用选择的三个点来确定环形中心线的直径。用户可利用"点位置"选项选择同一圆周上三个及以上的圆弧中心或控制点，则系统会在选择位置插入环形中心线并产生一个孔标记。
- 中心点：利用选择的中心点与第一个选择点的距离确定环形中心线的直径。用户先用"点位置"选项选择环形中心线的圆心，再选择同一圆周上一个及以上的圆弧中心或控制点，则系统会在选择位置插入环形中心线并产生一个孔标记。

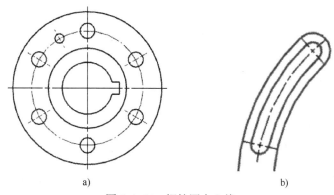

图 6-1-24 螺栓圆中心线

a) 完整螺栓圆 b) 不完整螺栓圆

3) ⌀圆形中心线：可创建通过点或圆弧的完整或不完整圆形中心线，如图 6-1-25 所示。

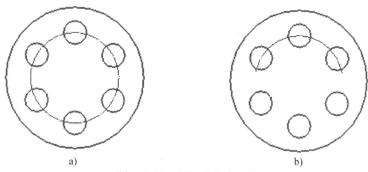

图 6-1-25 圆形中心线示例

a) 完整圆形中心线 b) 不完整圆形中心线

4) 对称中心线：可以在图纸上创建对称符号，以指明几何体中的对称位置。

5) 2D 中心线：可以在两条边、两条曲线或两个点之间创建中心线，如图 6-1-26 所示。

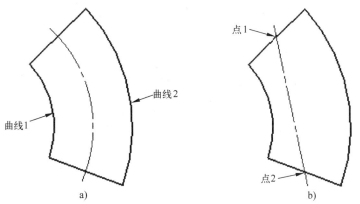

图 6-1-26 2D 中心线示例

a) 从两条曲线创建 2D 中心线 b) 从控制点创建 2D 中心线

6) 3D 中心线：可根据圆柱面或圆锥面的轮廓创建中心线符号。

2. 表面粗糙度

使用"表面粗糙度"命令 √ 可在图纸上创建符合标准的表面粗糙度符号。"表面粗糙度"

对话框如图 6-1-27 所示。其上各选项功能如下。

（1）原点

用于指定无指引线的表面粗糙度符号的放置位置。通常需要激活"曲线上的点"捕捉方式，将该点放置在图线上的合适位置。

（2）指引线

用于定义指引线的类型和样式等。指引线的类型主要有以下几种。

◇ 普通：创建带有短画线的指引线。

◇ 全圆符号：创建带有短画线和圆圈符号的指引线。

◇ 标志：创建一条从直线端点延伸的指引线。此指引线类型也可用于直接将表面粗糙度符号放置到现有尺寸线上。

（3）属性

用于定义表面粗糙度的类型及参数。

◇ 除料：指定符号类型。

◇ 参数：在下拉列表框中选择参数，也可以手动输入。

（4）设置

◇ 角度：输入值以更改符号的方位。

◇ 反转文本：单击可更改符号中的文本方向。

3．形位公差

（1）特征控制框

使用"特征控制框"命令可创建带有或不带有指引线的形位公差框格。"特征控制框"对话框如图 6-1-28 所示，常用选项说明如下。

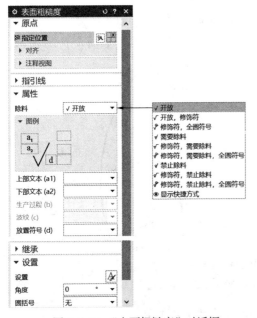

图 6-1-27 "表面粗糙度"对话框　　　图 6-1-28 "特征控制框"对话框

1）指引线样式。

◇ 箭头：显示箭头样式。

◇ 短画线侧：控制指引线短画线的放置侧。
◇ 短画线长度：设置指引线短画线的长度。
2）框。
◇ 特性：指定形位公差项目符号。
◇ 框样式：指定单框或复合框。
◇ 公差：指定公差带形状符号、公差数值和包容符号。
◇ 第一/第二/第三基准参考：指定位置公差的基准代号字母和包容符号。
3）设置：打开"样式"对话框，可以设置特征控制框的注释和指引线的显示特性。
（2）基准特征符号
使用"基准特征符号"命令可创建形位公差基准特征符号，以便在图纸上指明基准特征。

4．注释

使用"注释"命令A可创建和编辑注释及标签。创建标签时需将光标置于几何体上单击并拖动。"注释"对话框如图 6-1-29 所示。

图 6-1-29　"注释"对话框

[任务实施]

1．拟定零件图创建方案

根据前面的任务分析，制定蜗轮箱体零件图创建流程，如图 6-1-30 所示。

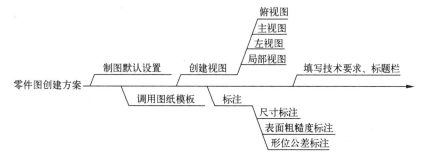

图 6-1-30　蜗轮箱体零件图创建流程图

2．操作步骤

（1）启动 NX

单击"开始"→"程序"→Siemens NX→NX，启动后进入 NX 初始界面。

（2）制图默认设置

单击"文件"→"实用工具"→"用户默认设置"命令，弹出"用户默认设置"对话框。单击左侧列表框中"制图"，在右侧"制图标准"下拉列表框中选择"GB"，单击"定制标准"按钮，弹出"定制制图标准-GB"对话框。

1)"常规"组设置：选择"标准"选项，设置"基准符号显示"为"正常"。

2)"公共"组设置：

➢ 选择"文字"选项，设置字体为"仿宋"。

➢ 选择"直线和箭头"选项，设置箭头长度为 3，角度为 9.5°，尺寸箭头外部长度因子 1.3。将所有线宽设置为 0.25。

3)"视图"组设置：

➢ 选择"公共"选项，设置可见线宽度为 0.5，其他线宽为 0.25。取消选中"显示光顺边"选项。

➢ 选择"局部放大图"选项，设置线宽为 0.25。

➢ 选择"剖切线"选项，设置线宽为 0.25，箭头长度为 2，角度为 14。剖切线的箭头线设置如图 6-1-31 所示。

4)"尺寸"组设置：选择"文本"选项，附加文本设置如图 6-1-32 所示。尺寸文本设置如图 6-1-33 所示。

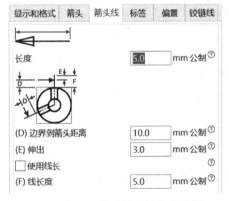

图 6-1-31　剖切线的箭头线设置

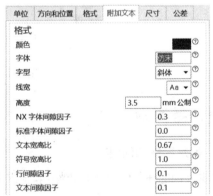

图 6-1-32　附加文本设置

5)"注释"组设置：

➢ 选择"中心线"选项，A、B、C 尺寸分别设置为 1、1、3，线宽设置为 0.25。

➢ 选择其他选项，将所有线宽设置为 0.25。

单击"另存为"按钮，在"标准名称"文本框中输入"GB 定制"，确定后，单击"取消"按钮，回到"用户默认设置"主窗口。在"制图标准"下拉列表框中选择"GB 定制"，确定后退出 NX 并重新启动。

（3）新建文件

➢ 单击"新建"按钮，在"新建"对话框中单击"图纸"选项卡，在"关系"下拉列表框中选择"引用现有部件",在"模板"列表框中选择"A3-无视图"。
- 设置"文件夹"为"D:\教材\项目 6\蜗轮箱体\",在"名称"文本框中输入文件名"蜗轮箱体零件图"。
- 单击"要创建图纸的部件"组中"打开"按钮📂,弹出"选择主模型部件"对话框,如图 6-1-34 所示。单击"打开"按钮📂,从"D:\教材\项目 6\蜗轮箱体\"目录中选择"蜗轮箱体"文件。
- 执行三次确定,进入 NX 制图模块。

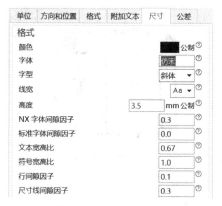

图 6-1-33 尺寸文本设置

图 6-1-34 "选择主模型部件"对话框

(4)制图首选项设置

单击"菜单"→"首选项"→"制图"命令,在"设置源"下拉列表框中选择"用户默认设置",单击"从设置源加载"按钮✏️,单击"确定"按钮,完成制图首选项设置。

(5)创建视图

1)添加视图:
- 单击"主页"选项卡→"视图"组→"基本视图"命令图标。
- 在"要使用的模型视图"下拉列表框中选择"俯视图",设置比例为1:1。
- 在图形窗口合适位置处单击放置视图。
- 单击"关闭"按钮,完成俯视图的添加,如图 6-1-35 所示。

2)创建全剖的主视图:
- 单击"主页"选项卡→"视图"组→"剖视图"命令图标。
- 捕捉前后对称面上任意一点后单击定义剖切位置。
- 移动光标,在俯视图正上方合适位置处单击放置剖切视图。
- 单击"关闭"按钮,完成主视图的添加,如图 6-1-36 所示。

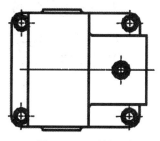

图 6-1-35 俯视图

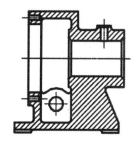

图 6-1-36 主视图

3）创建半剖视图：
- 单击"剖视图"命令图标 ，在"方法"下拉列表框中选择"半剖"。
- 在俯视图中捕捉如图 6-1-37 所示圆心并单击，定义剖切位置。
- 在"矢量选项"下拉列表框中选择"已定义"，选择图 6-1-38 所示辅助矢量工具中的 Y 轴，定义铰链线。

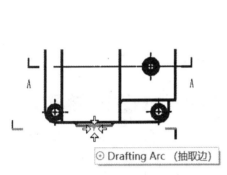
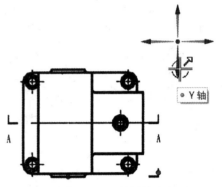

图 6-1-37　剖切位置选择　　　　　　　　图 6-1-38　铰链线定义

- 在前后对称面上任意位置处捕捉一点并单击，指定折弯位置点。
- 如有必要，单击"反向"按钮 ，改变投影方向。
- 移动光标，在正右方合适位置处单击放置半剖视图。
- 单击"关闭"按钮，完成半剖视图的创建，如图 6-1-39 所示。

4）取消视图对齐：
- 将光标移至半剖视图边框，单击右键，在弹出的快捷菜单中选择"视图对齐"命令。
- 选择列表框中第一行，取消勾选"关联对齐"选项。
- 单击"确定"按钮，完成取消视图对齐操作。

5）旋转视图：
- 双击半剖视图边框，弹出"设置"对话框。
- 单击"公共"→"角度"，输入角度 90°。
- 单击"确定"按钮，完成视图旋转操作，结果如图 6-1-40 所示。

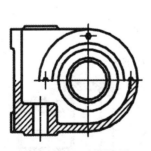
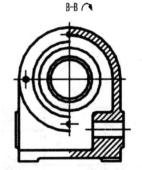

图 6-1-39　半剖视图　　　　　　　　　图 6-1-40　旋转视图

拖动旋转后的半剖视图，使之与主视图对齐并放置在主视图正右方，作为左视图。

6）擦除俯视图：
- 将光标移至俯视图边框，单击右键，在弹出的快捷菜单中选择"视图相关编辑"命令。

> 单击"擦除对象"按钮，框选整个视图。
> 确定后将视图中所有图线擦除。

注意：第一个添加的视图不能删除，否则以它为父视图生成的其他视图会一并删除。

7）创建半剖的俯视图：
> 单击"剖视图"命令图标，在"方法"下拉列表框中选择"半剖"。
> 在半剖视图中捕捉图 6-1-41 所示圆心并单击，定义剖切位置。
> 在"矢量选项"下拉列表框中选择"已定义"，选择辅助矢量工具中的 X 轴，定义铰链线。
> 在前后对称面上任意位置处捕捉一点并单击，指定折弯位置点。
> 如有必要，单击"反向"按钮，改变投影方向。
> 移动光标，在左视图正下方合适位置处单击，放置半剖视图。

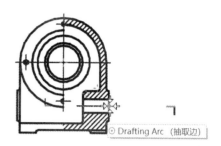

图 6-1-41 剖切位置选择

> 单击"关闭"按钮，完成半剖视图创建，如图 6-1-42 所示。
> 取消半剖视图与左视图对齐。
> 将半剖视图旋转-90°。
> 将半剖视图拖动到与主视图对齐并放置在其正下方，完成俯视图的创建，如图 6-1-43 所示。

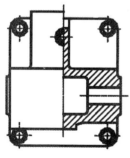

图 6-1-42 半剖视图

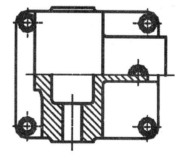

图 6-1-43 俯视图

8）编辑主视图：
> 双击主视图边框，弹出"设置"对话框。
> 单击"公共"→"隐藏线"，设置隐藏线为"虚线"。
> 单击"确定"按钮，完成隐藏线显示设置。
> 将光标移至主视图边框，单击右键，在弹出的快捷菜单中选择"展开"命令。
> 使用"基本曲线"命令绘制筋板轮廓曲线，如图 6-1-44 所示。
> 使用"对象显示"命令将筋板轮廓线宽修改为 0.5。
> 在空白区单击右键，在弹出的快捷菜单中选择"重复命令"→"扩大成员视图"命令，退出展开视图。
> 双击主视图边框，将"隐藏线"设置为"不可见"。
> 选中主视图中剖面线，单击关联工具条中"隐藏"命令图标。

➤ 单击"主页"选项卡→"注释"组→"剖面线"命令图标，设置宽度为 0.25，在需要打剖面线的区域内单击，单击"确定"按钮，完成剖面线的绘制，如图 6-1-45 所示。

9）创建局部剖视图：
➤ 双击左视图边框，弹出"设置"对话框。
➤ 单击"公共"→"隐藏线"，设置隐藏线为"虚线"。
➤ 单击"确定"按钮，完成隐藏线显示设置。
➤ 将光标移至左视图边框，单击右键，在弹出的快捷菜单中选择"展开"命令。
➤ 使用艺术样条、基本曲线命令绘制封闭曲线如图 6-1-46 所示。
➤ 在空白区单击右键，在弹出的快捷菜单中选择"重复命令"→"扩大成员视图"命令，退出展开视图。
➤ 双击左视图边框，将"隐藏线"设置为"不可见"。
➤ 单击"主页"选项卡→"视图"组→"局部剖视图"命令图标，选择左视图。
➤ 选择俯视图左前角，安装孔的圆心，定义剖切位置。
➤ 按鼠标中键，接受默认的移除方向。
➤ 选择封闭曲线，定义剖切范围。
➤ 单击"应用"按钮，完成局部剖视图的创建，如图 6-1-47 所示。

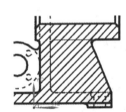 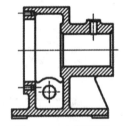 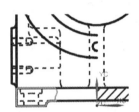 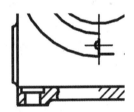

图 6-1-44　筋板轮廓曲线　　图 6-1-45　剖面线　　图 6-1-46　封闭曲线　　图 6-1-47　局部剖视图

10）创建局部视图：
➤ 单击"主页"选项卡→"视图"组→"投影视图"命令图标。
➤ 单击"选择视图"，选择左视图作为父视图，取消"关联对齐"。
➤ 移动光标，在左视图正左方处单击放置。
➤ 单击"关闭"按钮，完成投影视图创建。
➤ 将鼠标指针移至投影视图边框，单击右键，在弹出的快捷菜单中执行"边界"命令。
➤ 从"视图边界类型"下拉列表框中选择"手工生成矩形"。
➤ 在需要保留的图形左上角按下左键并拖动至右下角适当位置处释放，如图 6-1-48 所示。
➤ 单击"确定"按钮，再单击"取消"按钮，完成局部视图创建。
➤ 双击局部视图边框，单击"公共"→"常规"，设置比例为 2∶1，确定后退出。
➤ 如有必要，将局部视图拖至空白区合适位置。

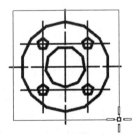

图 6-1-48　边界定义

用类似方法创建另一个局部视图，并用"视图相关编辑"命令擦除多余线段。

11）视图标注的编辑与添加：NX 中半剖的剖切符号不符合制图标准，需要将原先的隐藏，到展开视图中用"基本曲线"命令绘制，并使用"注释"命令标注字母和名称。

左视图中用"注释"命令标注投影箭头和字母。局部视图上方标注名称和比例。

12）标注中心线：视图中自动标注的中心线有的需要编辑，有的需要删除并重新添加，缺少标注的需要使用相应命令添加。

（6）标注尺寸

1）直径标注：直径标注在圆上，使用"快速标注"命令中"直径"方法进行标注。如果标注在非圆视图中，则使用"圆柱式"方法进行标注。

2）螺纹孔、沉头孔的标注：螺纹孔、沉头孔和埋头孔一般使用"注释"命令标注在非圆视图中，如图6-1-49所示。方法如下：

- 单击"主页"选项卡→"注释"组→"注释"命令图标 A。
- 设置指引线的"箭头样式"为"无"，设置"文本对齐"方式为 。
- 在"文本"输入框中输入文字和符号。文字分行时按〈Enter〉键再输入，按空格键可以调整其水平位置。
- 在孔的中心处按下鼠标左键并拖动至合适位置处释放，再单击放置。

3）公差标注：

- 正常进行尺寸标注。
- 双击"尺寸"，在"场景"对话框中选择"双向公差"。
- 设置"公差数值位数"为3，在文本框中输入上下偏差值。
- 单击中键退出，完成公差标注，如图6-1-50所示。

4）倒角标注：

- 单击"主页"选项卡→"尺寸"组→"倒斜角"命令图标 。
- 选择倒角斜线，略停顿，在"场景"对话框中输入前缀 C，移动光标在合适位置处单击放置。
- 单击"关闭"按钮，完成倒角标注，如图6-1-51所示。

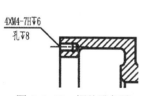
图6-1-49 螺纹孔标注

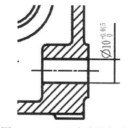
图6-1-50 尺寸公差标注

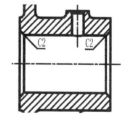
图6-1-51 倒角标注

5）半尺寸标注：半剖视图中孔、筋板等只显示一半，标注时可按以下步骤进行：

- 双击视图边框，将隐藏线设置为"虚线"。
- 使用"快速标注"命令标注完整尺寸。
- 单击"关闭"按钮双击该尺寸，单击"设置"按钮 。
- 选择"直线/箭头"→"箭头线"，取消勾选"应用于整个尺寸"复选框，再取消勾选第1侧或第2侧中"显示箭头线"复选框（与标注时选择对象的先后次序有关）。
- 选择"直线/箭头"→"延伸线"，取消勾选"应用于整个尺寸"复选框，再取消勾选第1侧或第2侧中"显示延伸线"复选框。
- 单击"关闭"按钮两次，退出对话框。
- 双击视图边框，取消勾选"自隐藏"复选框。

- 单击"确定"按钮,完成半尺寸标注,如图 6-1-52 所示。

6)其他尺寸标注:其他尺寸标注比较简单,使用"快速标注"命令按图纸要求标注即可。

(7)标注表面粗糙度

上方、左侧以及倾斜表面的表面粗糙度符号的标注可按下述步骤操作:

- 单击"主页"选项卡→"注释"组→"表面粗糙度符号"命令图标√,弹出"表面粗糙度"对话框。
- 在"指引线"组中,将"类型"设置为"┛标志"。
- 在"属性"组中,将"除料"设为"√修饰符,需要除料","波纹(c)"下拉列表框中输入 Ra3.2。
- 将光标移至表面边上,按下左键并拖动至合适位置处释放。
- 单击以放置符号,如图 6-1-53 所示。
- 重复前面的步骤将其余表面粗糙度符号放在其他位置。

下方和右侧表面的表面粗糙度符号的标注需要指引线引出标注,可按下述步骤操作:

- 单击"主页"选项卡→"注释"组→"表面粗糙度符号"命令图标√。
- 在"指引线"组中,将"类型"设置为"┐普通"。
- 在"属性"组中,将"除料"设为"√修饰符,需要除料","波纹(c)"下拉列表框中输入 Ra6.3。
- 将光标移至表面边上,按下左键并拖动至合适位置处释放。
- 单击以放置符号,如图 6-1-54 所示。
- 重复前面的步骤将其余表面粗糙度符号放在其他位置。

(8)标注形位公差

1)标注基准代号:

- 单击"主页"选项卡→"注释"组→"基准特征符号"命令图标。
- 在"基准标识符"组中输入基准代号。
- 用光标高亮显示边缘。
- 按下左键并拖动以创建基准代号并释放。
- 单击以放置基准代号,如图 6-1-55 所示。

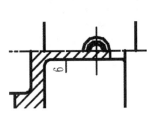
图 6-1-52 半尺寸标注

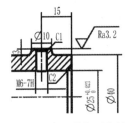
图 6-1-53 不带指引线的表面粗糙度标注

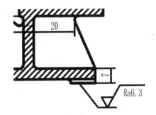
图 6-1-54 带指引线的表面粗糙度标注

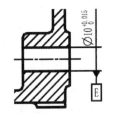
图 6-1-55 基准代号标注

2)标注形位公差代号:

- 单击"主页"选项卡→"注释"组→"特征控制框"命令图标,弹出"特征控制框"对话框。
- 在"特性"下拉列表框中选择"⊥垂直度","框样式"下拉列表框中选择"单框"。
- 在"公差"文本框中输入 0.02。

➢ 在"第一基准参考"下拉列表框中选择"E"。
➢ 展开"指引线"→"样式",设置"短画线长度"为5。
➢ 用光标高亮显示边缘。
➢ 按下左键并拖动以创建形位公差代号。
➢ 单击以放置形位公差代号,如图6-1-56所示。

(9) 填写技术要求、明细栏

使用"注释"命令完成技术要求和明细栏等文字填写。

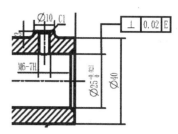

图6-1-56 形位公差代号标注

(10) 保存文件

单击"保存"命令图标🖫,保存文件,完成蜗轮箱体零件图的创建过程。

[问题探究]

1. 用户默认设置与制图首选项设置有什么区别?

2. 如何使图线与视图关联?

3. 如果左视图是半剖视图,剖切需要在哪个视图中进行?如何操作?

[总结提升]

NX中零件图的创建主要包括视图生成和标注两部分内容。在生成视图和标注之前首先需要进行用户默认设置或制图首选项设置,使制图符合国家标准规定。图形部分需要熟练掌握各种视图、剖视图等的生成方法以及标注的规范性。标注部分包括尺寸、尺寸公差、表面粗糙度、形位公差和文本等的标注,涉及各种参数设置的主要规范,尽可能与国标一致。通过零件图部分的学习,要养成贯彻标准的习惯。

[拓展训练]

根据阀体零件生成图6-1-57所示的标准零件图,要求布局合理,标注规范。

任务6.2 三元叶片泵装配图创建

[任务描述]

将项目5中三元叶片泵装配模型生成图6-2-1所示装配图。

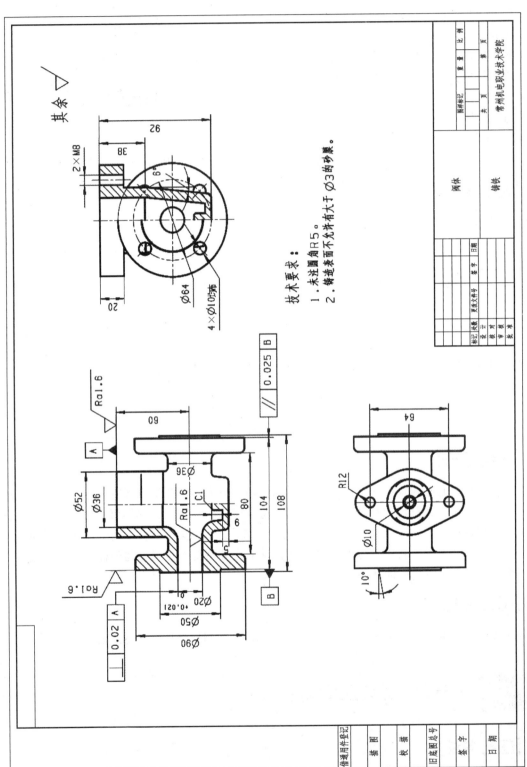

图 6-1-57 标准零件图

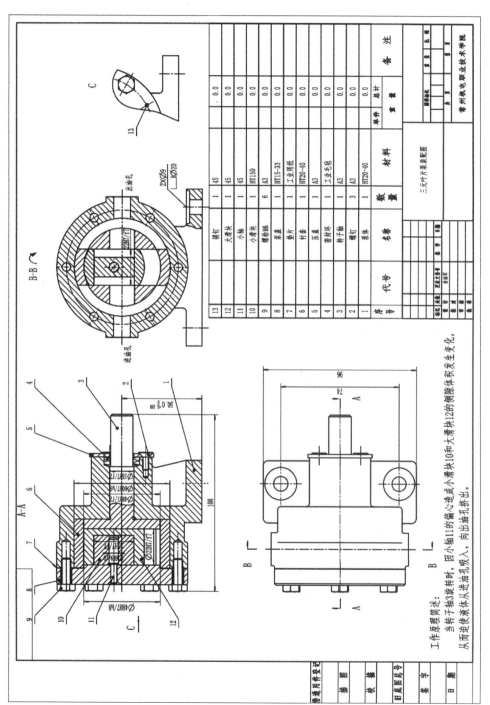

图 6-2-1 三元叶片泵装配图

[任务分析]

零件图的各种表达方法对装配图仍然适用，但装配图有规定画法和特殊表达方法，如剖切通过轴、紧固件的中心时按不剖处理。此外，明细栏和零件序号标注也是装配图中特有的两个重要内容。尺寸标注等其他内容与零件图中方法一致。因此，要完成三元叶片泵装配图创建，需具备装配图特殊表达方法、明细栏和零件序号标注等方面的知识。

 [必备知识]

6.2.1 装配图纸

与单个部件文件相同，用户可以直接在装配文件中创建图纸，也可以将装配作为主模型部件添加到图纸文件中。

无论图纸是在主模型部件还是在非主模型部件中创建，尺寸、符号以及其他辅助制图工具均完全与其所附组件中的几何体关联。因此，无论何时，只要修改引用的组件，装配图纸均会更新。

6.2.2 视图中的剖切

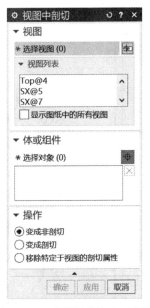

使用"视图中剖切"命令 控制图纸页中某个视图内的装配组件或实体的剖切属性（剖切或非剖切）。对于通过轴、杆、球等实心零件和标准件中心的剖切，需要将它们设置成非剖切。

"视图中剖切"对话框如图 6-2-2 所示。选择非剖切对象时 图 6-2-2 "视图中剖切"对话框
可以在图形窗口直接选择体，也可以在装配导航器中选择组件。

 注意：基本视图、投影视图和剖视图等命令中也有"非剖切"选项，也可以通过这些命令中操作。而"视图中剖切"命令更灵活，适合于编辑操作。

6.2.3 隐藏的组件

在基本视图、投影视图和剖视图等命令中通过对"隐藏的组件"选项的合理设置，可以控制一个或多个组件在相关视图中的显示。该选项的设置可以用来表达装配图中的拆卸画法。

6.2.4 运动件极限位置表达

运动件不同位置的表达可以通过"装配布置"来解决。先在装配环境定义不同位置状态的装配布置，其中一个装配布置除运动件以外的组件可以通过图 6-2-3 所示的"抑制"对话框（在装配导航器中组件上单击右键，在弹出的快捷菜单中选择"抑制"命令），设置成"始终抑制"。再在制图环境创建两种不同配置的视图，将抑制组件的视图更改成双点画线，通过"视图对齐"命令中"叠加"方法，将两个视图合并为一个视图。图 6-2-4 为运动件极限位置表达示例。

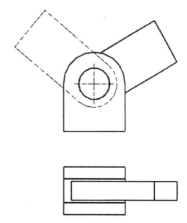

图 6-2-3 "抑制"对话框　　　　图 6-2-4 运动件极限位置表达示例

6.2.5 零件明细表

1. 零件明细表

零件明细表直接由装配导航器中列出的组件派生而来的,通过该表可以轻松地为装配创建物料清单。

NX 的装配图纸模板中已经包含了零件明细表的内容,但看不到。原因是部件文件中没有设置 DB_PART_NO 属性,而明细表中"代号"栏默认与 DB_PART_NO 属性关联。用户也可以删除自带的明细表,使用"零件明细表"命令插入相应的明细表。"零件明细表"对话框如图 6-3-5 所示。明细表要正确显示,需要合理设置装配级别。其常用的选项功能如下。

1)范围:控制零件明细表显示层级。
- 所有层级:在零件明细表中显示所有组件、子装配和顶层装配的组件。
- 仅顶层:仅在零件明细表中显示顶层装配。
- 仅叶节点:仅在零件明细表中显示没有子项的装配成员。

2)顶层装配:指定顶层装配。
- 子部件:将当前部件的子项设为顶层装配。对于非主模型图纸部件,将主模型部件设为顶层装配。
- 子级子部件:将当前部件的子级子部件设为顶层装配。对于非主模型图纸部件,将主模型部件的子项设为顶层装配。

2. 编辑零件明细表

用户可以右键单击零件明细表或零件明细表中的元素,并使用弹出的快捷菜单中的选项控制表格或表格元素。可选对象有单元格、行、列、零件明细表区域,快捷菜单中的选项因选择的对象而异。

除此之外,用户还可以通过制图工具-GC 工具箱中"编辑零件明细表"命令对零件序号进行调整。"编辑零件明细表"对话框如图 6-2-6 所示。

其主要功能如下。

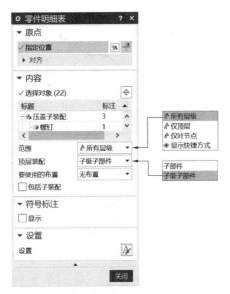

图 6-2-5 "零件明细表"对话框

图 6-2-6 "编辑零件明细表"对话框

◇ 向上 / 向下移动行：选择表中的一行或多行，可以单击"向上移动行"或者"向下移动行"按钮调整行序。

◇ 添加空行：选择表中的一行，在选择行下面添加空行。

◇ 删除空行：删除用户添加的表中的空行。

◇ 更新件号：根据当前行的排列顺序更新件号。

6.2.6 零件序号

零件序号标注有自动标注和手工标注两种。

1）自动标注。

在"零件明细表"对话框中展开"符号标注"选项组，勾选"显示"复选框，选择需要添加零件序号的视图，即可完成零件序号的自动添加。

2）手动标注。

自动标注往往不符合国标规定，通常采用手动标注方法，可使用" 符号标注"命令逐个标注组件。

[任务实施]

1. 拟定装配图创建方案

根据前面的任务分析，制定三元叶片泵装配图创建流程，如图 6-2-7 所示。

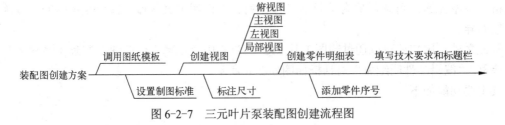

图 6-2-7 三元叶片泵装配图创建流程图

2．操作步骤

（1）启动 NX

单击"开始"→"程序"→Siemens NX→NX，启动后进入 NX 初始界面。

（2）新建文件

- 单击"新建"按钮，在"新建"对话框中单击"图纸"选项卡，"关系"下拉列表框中选择"引用现有部件"，在模板列表框中选择"A3-装配 无视图"。
- 设置"文件夹"为"D:\教材\项目 6\三元叶片泵\"，在"名称"文本框中输入文件名"三元叶片泵装配图"。
- 单击"要创建图纸的部件"组中"打开"按钮，弹出"选择主模型部件"对话框，再次单击"打开"按钮，从"D:\教材\项目 6\三元叶片泵\"目录中选择"三元叶片泵总装配"文件。
- 完成三次确定，进入 NX 制图模块。

（3）设置制图标准

- 单击"菜单"→"工具"→"制图标准"命令，弹出"加载制图标准"对话框，如图 6-2-8 所示。

图 6-2-8 "加载制图标准"对话框

- 从"标准"下拉列表框中选择合适的标准。
- 单击"确定"按钮，完成标准的加载。

（4）创建视图

1）创建俯视图：使用"基本视图"命令创建俯视图。

2）创建主视图：

- 使用"剖视图"命令创建全剖视图，如图 6-2-9 所示。
- 单击剖视图边框，在关联工具条中选择"编辑"命令图标。
- 在"设置"组的"非剖切"下，单击"选择对象"。
- 展开装配导航器中总装配和子装配节点，按下〈Ctrl〉键，选择小轴、螺栓 M6×6、螺钉×3 组件。
- 单击中键退出。
- 再次单击剖视图边框，在关联工具条中选择"更新"命令图标，结果如图 6-2-10 所示。
- 隐藏转子轴中剖面线，将其编辑为局部剖视图。

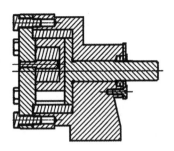　　　　　　　　　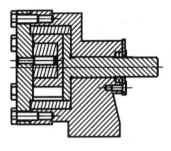

　　图 6-2-9　全剖视图 1　　　　　　　图 6-2-10　视图中的非剖切

- 在展开视图中添加图线，线宽更改为 0.5。
- 设置泵体组件中的筋板为不剖切。
- 设置剖面线的方向，使其符合国标规定，结果如图 6-2-11 所示。

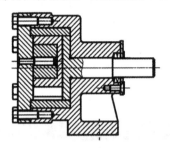

图 6-2-11　主视图

3）创建左视图：
- 使用"剖视图"命令，以俯视图为父视图做全剖视图，如图 6-2-12 所示。
- 取消全剖视图与俯视图的关联对齐。
- 将全剖视图旋转 90°。
- 将旋转后的全剖视图拖到主视图正右侧。
- 对泵体上的安装孔做局部剖，结果如图 6-2-13 所示。

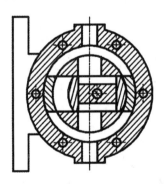　　　　　　　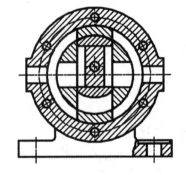

　图 6-2-12　全剖视图 2　　　　　　　　图 6-2-13　左视图

4）创建局部视图：
- 使用"投影视图"命令，以主视图为父视图，创建投影视图，如图 6-2-14 所示。
- 在展开视图中绘制图 6-2-15 所示曲线。
- 退出展开视图。

- 将光标移至投影视图边框，单击右键，在弹出的快捷菜单中选择"边界"命令。
- 选择"断裂线/局部放大图"类型，在选择的展开视图中绘制的曲线。
- 单击"确定"按钮两次，完成局部视图创建，如图 6-2-16 所示。

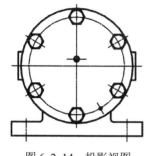
图 6-2-14 投影视图

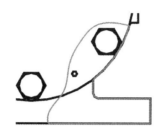
图 6-2-15 绘制曲线

图 6-2-16 局部视图

（5）标注尺寸

使用"尺寸标注"命令按图纸要求完成必要的尺寸标注。

（6）创建零件明细表

如果用户不用自带的零件明细表，可以选择它并删除，然后按以下步骤创建零件明细表：

- 单击"主页"选项卡→"表"组→"零件明细表"命令图标。
- 在"内容"选项组中，在"范围"下拉列表框中选择"仅叶节点"。在"顶层装配"下拉列表框中选择"子部件"，以在零件明细表中显示所有组件。
- 在"原点"选项组中，选择指定位置，然后在图形窗口中单击以定义零件明细表在图纸页中的位置，创建的零件明细表如图 6-2-17 所示。

13	泵体	1
12	衬套	1
11	大滑块	1
10	小滑块	1
9	小轴	1
8	转子轴	1
7	泵盖	1
6	垫片	1
5	销钉	1
4	螺栓M6	6
3	密封环	1
2	压盖	1
1	螺钉	3
PC NO	PART NAME	QTY

图 6-2-17 零件明细表

- 编辑零件明细表：选择单元格，单击右键，在弹出的快捷菜单中选择"选择"→"列"，再次单击右键，在弹出的快捷菜单中选择"插入"→"在左/右边插入列"，以增加项目。双击单元格可修改明细栏名称。
- 使用"编辑零件明细表"命令调整零件序号。
- 填写零件明细表中其他内容，结果如图 6-2-18 所示。

（7）添加零件序号

- 单击"主页"选项卡→"注释"组→"符号标注"命令图标按钮，弹出"符号标注"对话框。

13		销钉	1	45		0.0	
12		大滑块	1	45		0.0	
11		小轴	1	45		0.0	
10		小滑块	1	HT150		0.0	
9		螺栓M6	6	A3		0.0	
8		泵盖	1	HT15-33		0.0	
7		垫片	1	工业用纸		0.0	
6		衬套	1	HT20-40		0.0	
5		压盖	1	A3		0.0	
4		密封环	1	工业毛毡		0.0	
3		转子轴	1	A3		0.0	
2		螺钉	3	A3		0.0	
1		泵体	1	HT20-40		0.0	
序号	代号	名称	数量	材料	单件 重量	总计 重量	备注

图 6-2-18 编辑后的明细表

➢ 在"类型"下拉列表框中选择一种符号类型,如下画线。
➢ 在"文本"选项组的文本框中输入序号。
➢ 在"设置"选项组的"大小"文本框中输入 5。
➢ 在"指引线"组中,选择所需的指引线类型,设置"箭头样式"为"填充圆点",然后单击"选择终止对象"。
➢ 在图形窗口中,单击以选择指引线终点。
➢ 再次单击以放置符号标注。
➢ 修改文本框中序号,继续进行下一个零件标注。

(8) 填写技术要求和标题栏

使用"注释"命令,完成工作原理和标题栏的填写。

(9) 保存文件

单击"保存"命令图标,保存文件,完三元叶片泵装配图创建过程。

[问题探究]

1. 非剖切部件能够用"局部剖视图"命令创建局部剖吗?

2. 如何使用模板自带的零件明细表?

[总结提升]

装配图与零件图表达的侧重点不同,内容也略有区别。除视图、尺寸标注、技术要求和标题栏外,零件明细表和零件序号是装配图中特有的内容。每个零件都要在明细表中出现,并标注序号。零件明细表的创建、编辑以及零件序号的标注要熟练掌握。此外,装配图有规定画法和特殊表达方法,在创建过程中应严格按照标准执行。

[拓展训练]

将二维码资源里提供的虎钳装配模型,生成如图 6-2-19 所示装配图。

项目6 工程图创建

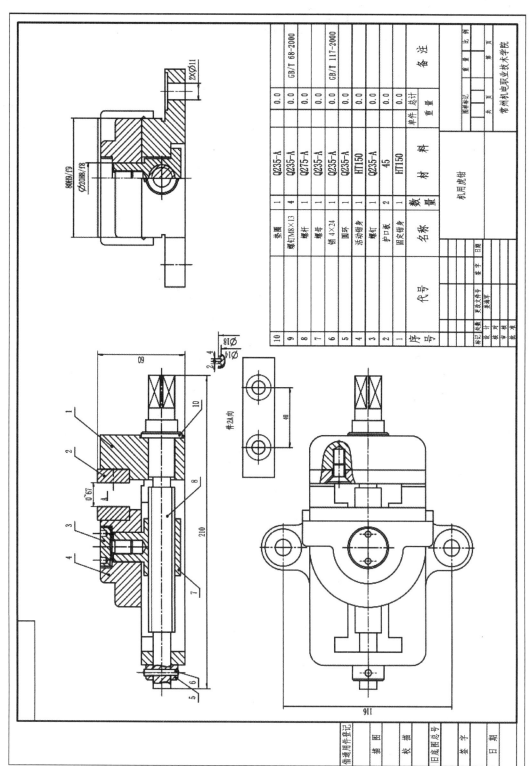

图 6-2-19 虎钳装配模型生成的装配图

项目 7　自动编程

简单的零件可以使用手工方法进行编程，但手工编程工作量大，而且一些复杂模型（如带曲面、斜面以及不规则的模型）无法使用手工编程。这时需要使用计算机软件进行辅助编程，即使用 CAD 软件先制作零件或产品模型，再利用软件的 CAM 功能生成数控加工程序。NX 软件是一款 CAD/CAM 一体化软件，功能强大，利用它可以方便地实现数控编程的自动化，提高编程效率。通过本项目的学习，可达成以下目标：

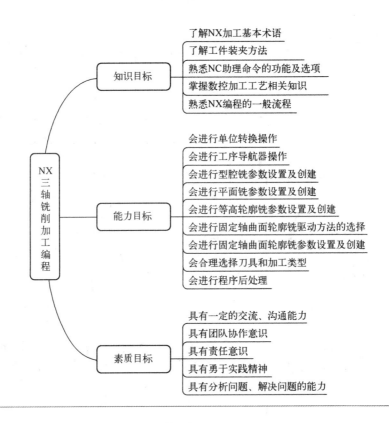

任务 7.1　柴油机缸盖铸造模具加工准备

💻 [任务描述]

分析图 7-1-1 所示的柴油机缸盖铸造模具，制定合适的加工工艺，为 NX 自动编程做好前期准备。

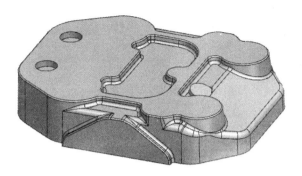

图 7-1-1　柴油机缸盖铸造模具

[任务分析]

柴油机缸盖铸造模具上有平面、斜面和曲面，斜圆柱部位的小区域也比较复杂，需要采用不同的加工策略。侧面有拔模，拐角和底圆半径不一，需要具体分析。要完成柴油机缸盖铸造模具的工艺规划，需掌握单位转换、NC 助理、数控加工工艺分析和 NX 编程的一般流程等方面的知识。

[必备知识]

7.1.1　单位转换

编程前需要注意检查提供的模型的单位，如果是英制单位，则需要转换成公制单位。NX 中 .prt 格式的图文档公英制转换常用以下两种方法：

1）先导出 X_T、STP、IGS 等通用格式，再新建一个公制或者英制的新文件，然后再导入。

2）通过 NX 软件自带的外部命令来实现无缝转换。

◇ 单击桌面左下角"开始"→"程序"→Siemens NX→NX 命令提示符。

◇ 在光标后面输入：ug_convert_part -mm d:\x.prt。

> 提示："ug_convert_part"是一个转化程序，"-mm"是转为公制的意思，"d:\x.prt"是文件的路径及名称，不能有中文。

◇ 按〈Enter〉键，以确定转换。

> 注意：通过以上方法成功转换后，打开文件发现在使用测量或者其他命令时，还是显示转换前的单位（如 in），这不是没有转换成功，而是当前部件的单位设置需要修改。其方法如下：选择"菜单"→"工具"→"单位管理器"命令，将"首选数据输入单位"设置成"公制"，"对象信息单位"设置成"与数据输入单位相同"即可。

7.1.2　NC 助理

在加工模块使用"NC 助理"命令可以收集加工部件所需的数据，以指导刀具长度、直径、拐角半径和锥角的选择等。

"NC 助理"对话框如图 7-1-2 所示。其上各选项功能如下。

(1) 分析类型

用于指定要分析的几何体的类型。可指定公差以限制要分析的几何体的区域。

- ◇ 层：识别部件中所有平的层的深度，有助于确定正确的刀具长度。
- ◇ 拐角：识别沿部件壁生成的半径，有助于确定正确的刀具直径。
- ◇ 圆角：识别圆角和底面半径，有助于确定正确的拐角半径。
- ◇ 拔模：识别壁的拔模角，有助于确定端铣刀的锥角要求。

(2) 参考矢量

用于指定矢量方向，以确定层的度量方向或拔模方向。

图 7-1-2 "NC 助理"对话框

(3) 参考平面

用于指定测量的零位置平面。分析部件的层和拐角半径时，软件从该平面测量公差和限制。

(4) 限制

用于设置该范围的最小值和最大值，层、半径和角在这个限制范围内分析和显示。

7.1.3 数控加工工艺分析

程序编制人员在进行工艺分析时，根据被加工工件的材料、轮廓形状和加工精度等选用合适的机床，制定加工方案，确定零件的加工顺序、各工序所用刀具、夹具和切削用量等。

1. 机床的合理选用

机床选用考虑的因素主要有：毛坯的材料、零件轮廓形状复杂程度、尺寸大小、加工精度、零件数量和热处理要求等。概括起来有三点：

1) 要保证加工零件的技术要求，加工出合格的产品。
2) 有利于提高生产率。
3) 尽可能降低生产成本。

2. 装夹方法

在普通铣床或加工中心上加工工件，通常有以下几种装夹方法：

1) 虎钳装夹：装夹高度不应低于 10mm，在加工工件时必须指明装夹高度与加工高度。加工高度应高出虎钳平面 5mm 左右，目的是保证牢固性，同时不伤及虎钳。此种装夹属一般性的装夹，装夹高度还与工件大小有关，工件越大，则装夹高度相应增大。

2) 夹板装夹：夹板用码仔码在工作台上，工件用螺钉锁在夹板上，此种装夹适用于装夹高度不够及加工力较大的工件，一般对于中大型工件，效果比较好。

3）码铁装夹：在工件较大、装夹高度不够，又不准在底部用螺钉锁紧时，则用码铁装夹。此种装夹需二次装夹，先码好四角，加工好其他部分，然后再码四边，加工四角。二次装夹时，不要让工件松动，先码再松。也可以先码两边，再加工另两边。

3. 加工方法的选择与加工方案的确定

（1）加工方法的选择原则

加工方法的选择原则是保证加工表面的加工精度和表面粗糙度的要求。由于获得同一级精度及表面粗糙度的加工方法有许多，因而在实际选择时，要结合零件的形状、尺寸大小和热处理要求等全面考虑。此外，还应考虑生产率和经济性的要求，以及工厂的生产设备等实际情况。常用加工方法的经济加工精度及表面粗糙度可查阅有关工艺手册。

（2）加工方案确定的原则

数控机床的加工方案包括制定工序、工步及走刀路线等内容。在数控机床加工过程中，由于加工对象复杂多样，特别是轮廓曲线的形状及位置的千变万化，加上材料不同、批量不同等多方面因素的影响，在对具体零件制定加工方案时，应该进行具体分析和区别对待，灵活处理。制定加工方案的一般原则为：先粗后精，先近后远，先内后外，程序段最少，走刀路线最短以及特殊情况特殊处理。

4. 工序划分

在数控机床上加工零件，工序可以比较集中，在一次装夹中尽可能完成大部分或全部工序。首先应根据零件图样，考虑被加工零件是否可以在一台数控机床上完成整个零件的加工工作，若不能则应决定其中哪一部分在数控机床上加工，哪一部分在其他机床上加工，即对零件的加工工序进行划分。一般工序划分有以下几种方式：

1）按所用刀具划分工序。为了减少换刀次数和空程时间，可以采用刀具集中的原则划分工序。在一次装夹中用一把刀完成可加工的全部加工部位，然后再换第二把刀，加工其他部位。在专用数控机床或加工中心上大多采用这种方法。

2）按粗、精加工划分工序。对易产生加工变形的零件，考虑到工件的加工精度、变形等因素，可按粗、精加工分开的原则来划分工序，即先粗后精。

3）按加工部位划分工序。这种方法一般适合加工内容不多的工件，主要是将加工部位分为几个部分，每道工序加工其中一部分。

总之，工序与工步的划分要根据具体零件的结构特点和技术要求等情况综合考虑。

7.1.4　NX 编程的一般流程

NX CAM 功能强大，加工类型众多，支持 2.5～5 轴的加工，一般可以按照图 7-1-3 所示流程进行编程。

7.1.5　加工术语

要有效使用加工应用模块，必须理解下列术语：

◇ 加工环境：NX 的编程环境。CAM 配置文件用于定义 CAM 工作环境，如加工处理器、刀库、后处理器和其他高级参数。CAM 组装是选择某种加工环境后，选择加工模板文件。选择加工模板文件将决定加工环境初始化后可以使用的操作类型（确定可用的工序类型和子类型）及默认设置。

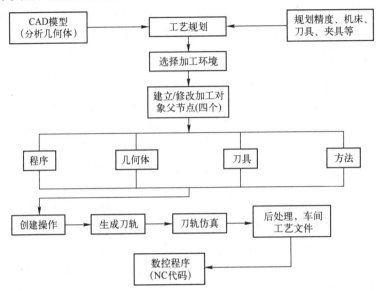

图 7-1-3　NX 编程流程图

- ◇ MCS（加工坐标系）：编程的参考坐标系。所有 NC/CNC 程序都是以 MCS 为零点的。
- ◇ 刀轨：加工工件的过程中刀具移动的轨迹。包括切削运动和非切削运动轨迹。
- ◇ 工序：一个工序包含生成单个刀轨所使用的全部信息。
- ◇ 操作：包含所有用于产生刀具路径的信息，如几何、刀具、加工余量、进给量、切削深度和进退刀方式等，创建一个操作相当于产生一个工步。
- ◇ 操作参数：生成这个刀轨所需要的所有信息，如几何模型、毛坯模型、刀具进给量和主轴转速等。
- ◇ 参数设置：主要包括切削方式设置、加工对象及加工区域设置、刀具参数设置以及加工工艺参数设置等。
- ◇ 后处理：将刀轨转换为机床代码。

7-1
柴油机缸盖铸造模具加工准备操作视频

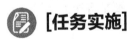 [任务实施]

1. 打开文件

启动 NX 后，单击"打开"按钮，从"D:\教材\项目 7\"目录中选择"柴油机缸盖铸造模具.x_t"文件，确定后打开文件。

 注意："柴油机缸盖铸造模具"为".x_t"格式文件，因此，在"打开"对话框中需要将文件类型设置为"Parasolid 文件"。

2. 旋转模型

- ➤ 单击"前视图"按钮，发现模型倒置了，需要旋转 180°。
- ➤ 单击"菜单"→"编辑"→"移动对象"命令，弹出"移动命令"对话框。
- ➤ 在图形窗口选择柴油机缸盖铸造模具实体。
- ➤ 在"运动"下拉列表框中选择"角度"。

➢ 矢量方向选择 XC，轴点定义为（0，0，0），输入角度 180°。
➢ 单击"确定"按钮，完成模型旋转。

3. 进入加工模块

单击"应用模块"选项卡→"加工"组→"加工"按钮，弹出"加工环境"对话框，如图 7-1-4 所示。单击"确定"按钮，进入加工模块。

4. 模型分析

➢ 单击"分析"选项卡→"分析"组→"测量"命令图标。
➢ 选择零件实体作为测量对象。
➢ 单击"结果过滤器"选项组中"其他"按钮，弹出如图 7-1-5 所示"场景"对话框，从中可以了解模型长、宽、高尺寸，以及长度单位（mm）。

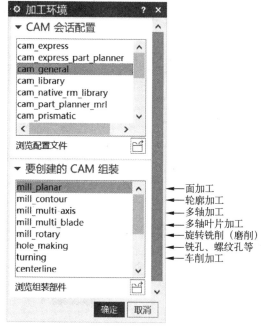

图 7-1-4 "加工环境"对话框

图 7-1-5 "场景"对话框

➢ 单击"分析"选项卡→"测量"组→"NC 助理"按钮，弹出"NC 助理"对话框。
➢ 在"要分析的面"组中激活"选择面"，在图形窗口选择要分析的面。此选项为可选项，不选表示对零件所有面分析。
➢ 在"分析类型"组的"分析类型"下拉列表中选择"层"。
➢ 在"参考矢量"组的"指定矢量"下拉列表中选择"ZC"。
➢ 在"参考平面"组的"指定平面"下拉列表中选择"自动判断"。
➢ 在图形窗口选择零件底面作为参考平面。
➢ 在"限制"组中，输入最小层数和最大层数的值（可选项）。
➢ 在"公差"组中，输入距离和角度公差值（可选项）。
➢ 在"操作"组，单击"分析几何体"按钮，图形窗口不同层以不同颜色显示，如图 7-1-6 所示。

➢ 单击"选项"组中"信息"按钮 ⓘ，弹出独立的信息窗口，从中可以了解具体层高。

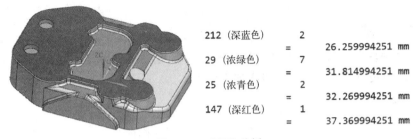

图 7-1-6 "层"分析

➢ 类似地，可以对圆角、拔模进行分析，结果分别如图 7-1-7 和图 7-1-8 所示。

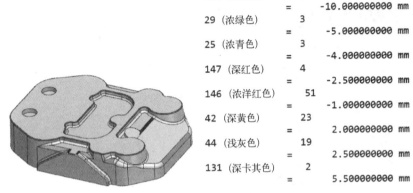

图 7-1-7 圆角分析

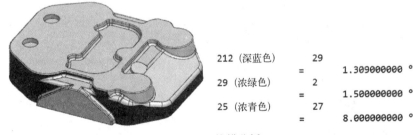

图 7-1-8 拔模分析

> **注意**：因为侧面拐角进行了拔模，大小是变化的，所以拐角无法用 NC 助理分析，可以用"最小半径"等命令，分别分析各拐角的最小半径。

➢ 单击"确定"按钮，退出 NC 助理。

5. 保存文件

单击"菜单"→"文件"→"另存为"命令，命名为"柴油机缸盖铸造模具"，单击"确定"按钮，完成文件保存。

6. 工艺规划

该工件为柴油机缸盖铸造模具，单件生产，材料为 45 号钢，可选方块形作为毛坯，在提交 CAM 前已由普通机床将底面加工到位。

装夹方式时可将工件置于垫块上通过螺钉在底部固定，垫块安装于机床工作台，由压板固定垫块。这种方式在编程时，可以不考虑夹具对加工的影响。

工序安排如下：
① 用Φ50 盘铣刀（4 齿）粗铣毛坯表面。
② 用Φ16 圆鼻刀（2 齿）对工件整体粗加工。
③ 用Φ12 平底刀（2 齿）粗加工圆孔。
④ 用Φ8 圆鼻刀（2 齿）二次开粗（侧面除外）。
⑤ 用Φ3 圆鼻刀（2 齿）对斜圆柱周边三次开粗。
⑥ 用Φ2 球刀（2 齿）对斜圆柱周边四次开粗。
⑦ 用Φ12 圆鼻刀（4 齿）对大侧面半精加工。
⑧ 用Φ8 圆鼻刀（4 齿）对小侧面半精加工。
⑨ 用Φ3 圆鼻刀（4 齿）对凸台侧面半精加工。
⑩ 用Φ8 球刀（4 齿）对斜面半精加工。
⑪ 用Φ4 球刀（4 齿）对斜圆柱底面半精加工。
⑫ 用Φ3 圆鼻刀（4 齿）对斜圆柱及凹槽侧面半精加工。
⑬ 用Φ50 盘铣刀（4 齿）对顶面精加工。
⑭ 用Φ12 圆鼻刀（4 齿）对腔及两侧底面精加工。
⑮ 用Φ3 圆鼻刀（4 齿）对其他小平面（圆孔底部除外）精加工。
⑯ 用Φ8 圆鼻刀（4 齿）对外侧壁（圆弧除外）精加工。
⑰ 用Φ4 球刀（4 齿）对腔侧壁（带圆弧）精加工。
⑱ 用Φ12 平底刀（4 齿）对圆孔侧面及底面精加工。
⑲ 用Φ8 球刀（4 齿）对斜面及圆弧精加工。
⑳ 用Φ4 球刀（4 齿）对凸台侧面精加工。
㉑ 用Φ4 球刀（4 齿）对斜圆柱底面精加工。
㉒ 用Φ4 球刀（4 齿）对弧面精加工。
㉓ 用Φ3 圆鼻刀（4 齿）对斜圆柱及凹槽侧面精加工。
㉔ 用自定义 R 刀（4 齿）对顶面边缘圆角精加工。
㉕ 用Φ4 平底刀（4 齿）清除底部残料。

[问题探究]

NX 编程前要做哪些准备？

_____

_____

[总结提升]

NX 编程前必须对 CAD 模型进行详细的分析，通过对模型形状的分析以确定毛坯形状和装夹方法等，通过对模型大小的分析以确定刀具大小，通过对模型结构的分析以确定加工方法等。在此基础上进行合理的加工工艺规划，为 NX 自动编程做好准备。

[拓展训练]

分析汽车反光镜模具，制定合适的加工工艺，为 NX 自动编程做好前期准备。

任务 7.2 柴油机缸盖铸造模具粗加工

[任务描述]

在 NX 加工模块生成柴油机缸盖铸造模具粗加工程序,并对刀具轨迹动态模拟,观察加工效果,为后续加工做准备。

[任务分析]

NX 中型腔铣和平面铣均可以用于粗加工。柴油机缸盖铸造模具整体上不属于直壁类零件,只能用型腔铣开粗,只有两个圆孔可以采用平面铣加工。由于柴油机缸盖铸造模具结构较特殊,拐角较小,另外有狭窄区域,需要多次二次开粗。需要结合刀具切削仿真,观察切削效果,从而制定针对性的二次开粗方法。此外,需要对常用切削参数和非切削运动等参数正确设置。要完成柴油机缸盖铸造模具粗加工,需掌握工序导航器、MCS、型腔铣、平面铣和二次开粗等方面的知识。

[必备知识]

7.2.1 工序导航器

工序导航器是一种图形化的组织辅助工具,具有图示几何体、加工方法、刀具参数组以及反映程序内工序之间关系的树形结构。参数可以基于其在树形结构中的位置在组与组之间、组与工序之间向下传递或继承。

工序导航器具有 4 个用来创建和管理 NC 程序的分级视图:

◇ 程序顺序视图:控制 NC 程序输出顺序,同时可以显示每个操作所属的程序父节点组,如图 7-2-1a 所示。

◇ 机床视图:通过刀具对操作进行分类,也可以通过刀具的类型对刀具进行组织,如图 7-2-1b 所示。

◇ 几何视图:显示和组织操作、几何体父节点组、MCS 的关系,如图 7-2-1c 所示。

◇ 加工方法视图:以加工方法组织并操作所使用的参数,如粗加工、半精加工和精加工,如图 7-2-1d 所示。

注意:程序节点不是操作参数,只是组织并排列操作顺序的手段,而刀具、加工几何、加工方法三种节点才是操作的参数。如果不执行进给量和主轴转速的自动计算,加工方法就不是必需的操作参数了。因此,只有刀具、加工几何是必不可少的操作参数。

"工序导航器"中有三种状态符号,其含义如下。

◇ "✓" 表示刀具路径已经生成,并已输出成刀具位置源文件。

◇ "!" 表示刀具路径已经生成,但还没有进行后置处理输出,或刀具路径已改变,需重新进行后置处理。

◇ "⊘" 表示该操作从来没有生成过刀具路径，或者生成刀具路径后又对参数进行了编辑，需重新生成刀具路径。

图 7-2-1 工序导航器视图

a) 程序顺序视图 b) 机床视图 c) 几何视图 d) 加工方法视图

7.2.2 MCS（加工坐标系）

加工坐标系是编程的参考坐标系，一般应遵循以下原则：
◇ 通常它与工作坐标系方向（WCS）一致。
◇ 工作原点要定在操作者最容易快速对刀的位置。
◇ 对称零件的坐标原点应选在对称轴上。
◇ 基准统一原则。
◇ 特殊零件要根据其在机床上装卡的位置、方向确定坐标轴方向。

注意：初始 MCS 的方向与绝对坐标系的方向一致。如果 ZM 轴方向与刀轴方向不一致，则必须进行调整。

7.2.3 型腔铣

使用型腔铣工序可大量除料，对于粗切部件（如冲模、铸造和锻造）是理想选择。型腔铣工序在垂直于固定刀轴的平面层除料。部件几何体可以是平的或带轮廓的。"型腔铣"对话框如图 7-2-2 所示。其上各选项功能如下。

1. 几何体

根据工序类型和子类型，所选几何体可能是实体、面或边界。主要有以下几种：
◇ ◉部件几何体：加工完成后的最终零件，它控制刀具的切削深度和范围。
◇ ◉毛坯几何体：待加工的原材料（毛坯）。
◇ ◉检查几何体：刀具在切削过程中要避让的几何体，如夹具或者已加工过的重要表面。
◇ ◉切削区域几何体：定义要加工的特定区域。
◇ ◉修剪几何体：修剪边界可约束切削区域。

注意：型腔铣中部件几何体必须定义，型腔类零件的毛坯几何体可不必定义，其他几何体视情况选择性定义。

2. 刀轨设置

使用刀轨设置选项可帮助用户控制刀轨的参数。刀轨设置为许多工序共用，但并非都是必需的。最常用的选项如下：

（1）切削模式

"切削模式"确定了用于加工切削区域的刀轨模式，主要有以下几种：
◇ ▤单向切削模式：始终以一个方向切削。刀具在每个切削结束处退刀，然后移到下一切削刀路的起始位置，如图 7-2-3 所示。
◇ ▤往复切削模式：以一系列相反方向的平行直线刀路进行切削，同时向一个方向步进。此切削模式允许刀具在步进过程中连续进刀，如图 7-2-4 所示。
◇ ▤单向轮廓切削模式：以一个方向的切削进行加工。沿线性刀路的前后边界添加"轮廓加工移动"功能。在刀路结束的地方，刀具退刀并在下一切削中进行轮廓加工移动开始的地方重新进刀，如图 7-2-5 所示。

图 7-2-2 "型腔铣"对话框

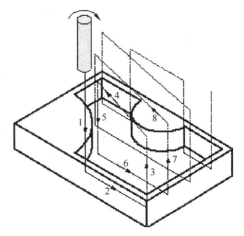

图 7-2-3 单向切削模式

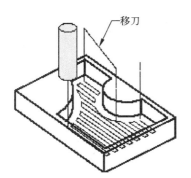

图 7-2-4 往复切削模式

◆ ▦ 跟随周边切削模式：沿部件或毛坯几何体定义的最外侧边缘偏置进行切削。内部岛和型腔需要有岛清根或清根轮廓刀路，如图 7-2-6 所示。

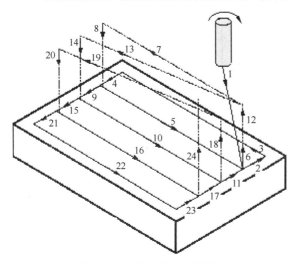

图 7-2-5 单向轮廓切削模式

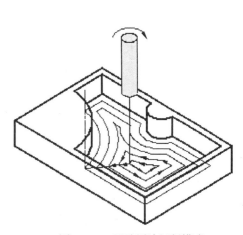

图 7-2-6 跟随周边切削模式

◆ ▦ 跟随部件切削模式：沿所有指定部件几何体的同心偏置切削。最外侧的边和所有内部岛及型腔用于计算刀轨，如图 7-2-7 所示。

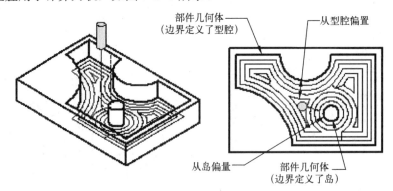

图 7-2-7　跟随部件切削模式

◆ ▣ 轮廓切削模式：沿部件壁加工，由刀具侧创建精加工刀路。刀具跟随边界方向，如图 7-2-8 所示。

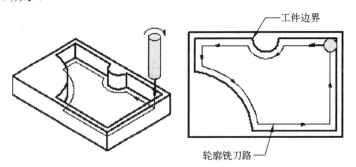

图 7-2-8　轮廓切削模式

（2）步距

"步距"指定刀路之间的距离，即一条刀路到下一条刀路间的距离，如图 7-2-9 所示。可由以下几种方法定义。

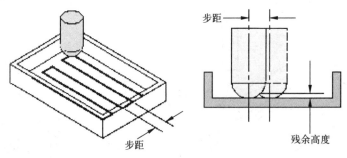

图 7-2-9　步距

◆ 恒定：指定连续的切削刀路间的固定距离。如果指定的刀路间距不能平均分割所在区域，系统将减小这一刀路间距以保持恒定步距。

◆ 残余高度：指定刀路之间可以遗留的最大材料高度，从而在连续切削刀路间确定固定距离。系统将计算所需的步距，从而使刀路间的残余高度不大于指定的高度。

◆ %刀具平直：指定刀具直径的百分比，从而在连续切削刀路之间建立起固定距离。如果刀路间距不能平均分割所在区域，系统将减小这一刀路间距以保持恒定步距。

◇ 多重变量：指定不同的刀路数和对应距离，如图 7-2-10 所示。

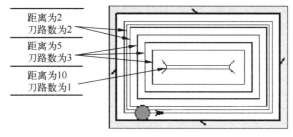

图 7-2-10　多重变量

（3）切削参数

"切削参数"指刀具切削零件时的相关参数。选择的切削模式不同，其切削参数也有所差别。切削参数主要包括：

◇ 定义切削后在部件上保留多少余量。

◇ 提供对切削模式的额外控制，如切削方向的设定和切削区域的排序。

◇ 确定所输入毛坯并指定毛坯距离。

◇ 添加并控制精加工刀路。

◇ 控制拐角的切削行为。

◇ 控制切削顺序并指定如何连接切削区域。

"切削参数"主要由"策略"选项卡来定义，加工余量和毛坯距离在"几何体"选项卡中定义，"切削方向"和"切削顺序"在"主要"选项卡中定义。

1）切削方向：指定顺铣或逆铣切削。

2）切削顺序：用于处理多切削区域的加工顺序，它包括以下两个选项：

◇ 层优先：刀具先在一个深度上铣削所有的外形边界，再进行下一个深度的铣削，在切削过程中刀具在各个切削区域间不断转换。

◇ 深度优先：刀具先在一个外形边界铣削所设定的铣削深度后，再进行下一个外形边界的铣削。这种方式抬刀和转换次数较少。

3）剖切角（切削角）：指定"平行线"切削模式的旋转角度。

（4）非切削移动

"非切削移动"指定在切削移动之前、之后以及之间对刀具进行定位的移动以避免与部件或夹具设备发生碰撞。

刀具的运动过程可用图 7-2-11 来描述，除了去除材料的部分，其他运动都属于非切削运动。

1）进/退刀方式：进/退刀允许通过定义正确的刀具运动来进刀和退刀，"型腔铣-进刀"对话框如图 7-2-12 所示。正确的进刀和退刀运动有助于避免刀具上不必要的压力和驻留痕迹、过切工件。其常用选项功能如下：

◇ 进刀类型-螺旋：在第一个切削运动处创建无碰撞的、螺旋线形状的进刀移动，封闭区域一般选用该进刀类型。系统首先尝试使用"螺旋直径"来生成螺旋运动。如果区域的大小不足以支持"螺旋直径"，则系统会减小直径并再次尝试螺旋进刀。此过程会一直继续直到"螺旋进刀"成功或刀轨直径小于"最小倾斜长度"。

◇ 进刀类型-圆弧：创建一个与切削移动的起点相切的圆弧进刀移动，开放区域常选用该进刀类型。圆弧角度和圆弧半径将确定圆周移动的起点。如果需要在距离部件指定的最小安全距离处开始进刀，则添加一个线性移动。

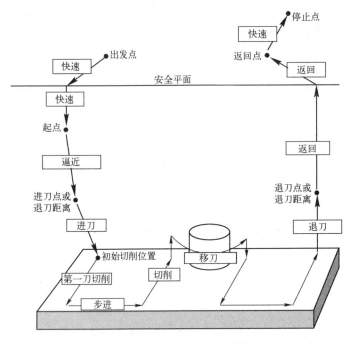

图 7-2-11　刀具的运动过程

图 7-2-12　"型腔铣-进刀"对话框

  ◇ 斜坡角：表示刀具切入材料时的角度，一般设置为3°～5°。
  ◇ 最小斜坡长度：控制沿形状斜进刀或螺旋进刀切削材料时刀具必须移动的最短距离（水平投影长度）。用镶齿刀具铣削时，必须在前缘刀片和后缘刀片间留有足够的重叠，以防止未切削的材料接触到刀的非切削底部，引起崩刀，如图 7-2-13 所示。此时，"最小斜坡长度"必须正确设置。

2）转移方式：指定如何从一条切削刀路移到另一条切削刀路，"型腔铣-转移/快速"对话框如图 7-2-14 所示。常用选项功能如下。

  ◇ 安全设置选项-使用继承的：使用在 MCS 中指定的安全平面。一般是在定义 MCS 的同时指定安全平面。
  ◇ 转移类型-安全距离-刀轴：所有移动都沿刀轴方向返回到安全几何体。这是一种安全可靠的转移类型，一般区域之间转移刀路时选用该类型。
  ◇ 转移类型-前一平面：所有移动都返回到前一切削层，此层可以安全传刀以使刀具沿平面移动到新的切削区域。区域内转移刀路时选用该类型。

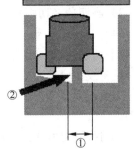

图 7-2-13　最小斜坡长度
1—最小斜坡长度（用直径百分比表示）
2—希望避免的小块或柱状材料

（5）进给率和速度

"进给率和速度"可用来定义刀轨的进给率和主轴速度，"型腔铣-进给率和速度"对话框如图 7-2-15 所示。

图 7-2-14 "型腔铣-转移/快速"对话框　　　图 7-2-15 "型腔铣-进给率和速度"对话框

定义毛坯材料、刀具材料、直径和刀刃数后，指定表面速度，NX 将计算主轴每分钟转数。指定每齿进给量后，NX 将根据主轴每分钟转数和刀刃数计算切削进给率。用户也可以直接输入转速和切削进给率，具体数值可以参考刀具供应商提供的推荐值，更多的时候需要在实践操作中积累经验，合理设置。

（6）切削层

"切削层"是型腔铣常用选项，使用"切削层"可指定切削范围以及各范围中的切削深度。

图 7-2-16 为"切削层"定义多范围切削的示例。斜面高度定义为范围 1，每层切削量大，而圆角部分定义为范围 2，每层切削量小，这样可以保证加工完成所剩余的层余量均匀，便于以后的半精加工的操作。其常用选项功能如下。

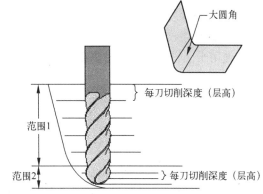

图 7-2-16 "切削层"定义多范围切削的示例

1）范围类型：指定如何定义范围，有以下几种类型。

  ◇ 自动：（默认）设置范围，以便与垂直于固定刀轴的平的面对齐。各范围均显示一个包含实体轮廓的大平面符号。

  ◇ 用户定义：用户可以指定各个新范围的底部平面。

  ◇ 单个：根据部件和毛坯几何体设置一个切削范围。

2）编辑范围：调整范围，主要有以下几种操作。

  ◇ 修改范围：激活（选择）一三角形，选择一新面（或点）。

  ◇ 添加范围：选择一面（或点），添加新的范围于当前范围之下。

  ◇ 删除范围：选择一范围（大三角形），单击右键，在弹出的快捷菜单中选择"移除"命令。

3）切削深度：设置切削层之间沿 ZM 方向的距离，有以下两种。

◇ 公共每刀切削深度：指定所有范围的每刀切削深度（指定局部每刀切削深度值除外）。指定公共每刀切削深度值时，软件将计算出等深度的各切削层，其值不超过指定值。
◇ 局部每刀切削深度：指定某个切削范围的每刀切削深度，可在"范围定义"组的列表框中修改。

3．刀轨操作

对刀具轨迹的管理，主要包括以下操作。
◇ 生成：生成刀轨。
◇ 重播：刷新图形窗口并重播刀轨。
◇ 确认：提供动画播放刀轨的选项，对刀轨进行切削仿真。

7.2.4 平面铣

使用平面铣处理器中工序子类型的"跟随 2D 边界"功能，沿着垂直壁或与刀轴平行的壁除料。平面铣通常用于：
◇ 粗加工平面、零件轮廓，为精加工做准备。
◇ 精加工小岛面。
◇ 侧壁是直壁、底面是平面的零件加工，每层刀轨是平面切削。

平面铣和型腔铣的不同点：
◇ 定义材料的方法不同。平面铣使用边界来定义零件材料；型腔铣使用边界、面、曲面和实体来定义零件材料。
◇ 切削深度定义方式不同。平面铣通过指定的边界和底面的高度差来定义切削深度；型腔铣是通过毛坯几何和零件几何来共同定义切削深度。

使用平面铣定义边界时需要注意以下几点：
◇ 边界是有高度的。
◇ 定义边界的同时需要正确定义刀具侧。所谓刀具侧，是指刀具在边界的哪一侧切削。

7.2.5 二次开粗

型腔铣以去除大量毛坯为主要目的，因此，开始选用的刀具一般比较大，切削用量给得也较大。如果模型比较复杂，必然会导致余量不均匀和小区域切削不到的情况，不利于后续的半精加工。需要换小一点的刀具再次加工，使得所有区域余量比较均匀。NX 中二次开粗通常采用以下几种方法。

（1）IPW（残余毛坯）方法

每步操作执行以后保留的材料称为 IPW。使用 IPW 是有附加条件的，刀轨要按顺序产生，从第一个操作到最后一个操作，都是在同一个几何体组中；而且刀轨必须是成功地产生，这样前一步操作的 IPW 才能用于下一步的操作。

要得到 IPW，需要在"型腔铣-主要"对话框中展开"空间范围"选项组，在"过程工件"下拉列表框中选择"使用 3D"，如图 7-2-17 所示。此时，在"操

图 7-2-17　定义 IPW

作"选项组中增加了"显示所得的 IPW"图标按钮。单击该按钮,在图形窗口会显示 IPW。

注意:在 NX 高版本中有专门的工序子类型的"剩余铣"对应 IPW 方法,不需要任何设置。

(2)修剪边界方法

型腔铣的切削区域是由毛坯和工件共同确定的,对于切削不到的小区域二次开粗时使用修剪边界命令限制切削区域,让刀轨仅仅在这些小区域产生。修剪的边界可以选择预先绘制的曲线或实体边线,NX 会沿着刀轴矢量将边界投影到部件几何体,确认修剪边界覆盖指定部件几何体的区域,然后会放弃内部或外部的切削区域或修剪边界。

图 7-2-18 为"修剪边界"示例,型腔铣初次加工后,由于刀具比较大,两个凸台之间切削不到,可以换用小一点的刀具再次型腔铣,并修剪边界之外的刀路。

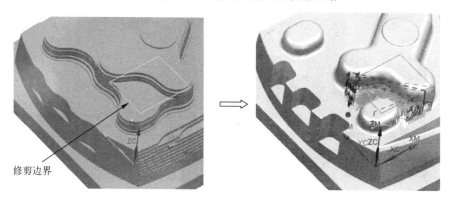

图 7-2-18 "修剪边界"示例

[任务实施]

7-2
柴油机缸盖铸造模具粗加工操作视频

具体操作步骤参考二维码视频。详细的文字介绍如下。

1. 打开文件

单击"打开"命令按钮,选择"D:\教材\项目 7\"目录中选择"柴油机缸盖铸造模具.prt"文件,确定后打开文件。

2. 进入加工模块

➢ 单击"应用模块"选项卡→"加工"组→"加工"命令图标,弹出"加工环境"对话框。

➢ 在"要创建的 CAM 组装"列表中选择"mill contour"模板。

➢ 单击"确定"按钮,进入加工模块。

3. 创建程序组

➢ 单击资源条中"工序导航器"按钮→"程序视图"命令按钮,进入"程序视图"视窗。

➢ 鼠标指针移至 NC_PROGRAM 节点,单击右键,选择"插入"→"程序组"命令,如图 7-2-19 所示,弹出"创建程序"对话框。

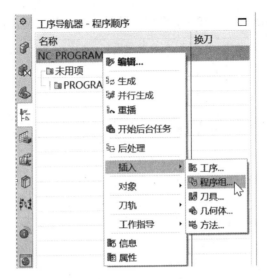

图 7-2-19　创建程序组操作

- 在"名称"文本框中输入"CU"。
- 单击"确定"按钮。
- 用类似方法创建 BANJING、JING 两个程序组。

 注意：NX 加工模块执行命令有多种方式，可以通过单击功能区命令按钮执行，也可以在工序导航器中操作。用户可以根据自己的习惯选择一种方法。

用户可以直接使用工序导航器中已有节点组，如 PROGRAM，也可以将其改名。其他视图类似。

4．创建刀具组

- 单击"机床视图"命令图标，进入"机床视图"视窗。
- 按图 7-2-20 所示执行"插入刀具"命令，弹出"创建刀具"对话框。

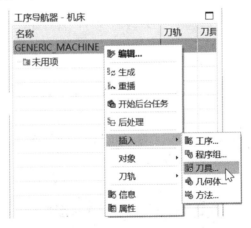

图 7-2-20　创建刀具组操作

- 在"刀具子类型"组中选择"MILL"，在"名称"文本框中输入"D50_4 齿"，单击"确定"按钮，弹出如图 7-2-21 所示"铣刀-5 参数"对话框。

项目7 自动编程

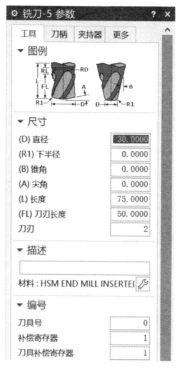

图7-2-21 "铣刀-5参数"对话框

➢ 输入表7-2-1中对应参数。
➢ 单击"确定"按钮,完成D50_4齿刀具的创建。
➢ 用类似方法创建表7-2-1中的其他刀具。

表7-2-1 刀具类型与参数

刀具名称	刀具类型	刀具参数			编号	
		直径D	下半径R	锥角	刀具号	刀具补偿寄存器
D50_4齿	盘铣刀	50	0	0	1	1
D16R2_2齿	圆鼻刀	16	2	0	2	2
D12_2齿	平底刀	12	0	0	3	3
D12_4齿	平底刀	12	0	0	4	4
D8R0.5_2齿	圆鼻刀	8	0.5	0	5	5
D8R0.5_4齿	圆鼻刀	8	0.5	0	6	6
D3R0.2_2齿	圆鼻刀	3	0.2	0	7	7
D3R0.2_4齿	圆鼻刀	3	0.2	0	8	8
B2_2齿	球刀	2	1	0	9	9
D12R1_4齿	圆鼻刀	12	1	0	10	10
B8_4齿	球刀	8	4	0	11	11
D4_4齿	平底刀	4	0	0	12	12
B4_4齿	球刀	4	2	0	13	13
MILL_USER_DEFINED	R刀	半径r1,直径4			14	14

5. 创建几何体

(1) 创建MCS(加工坐标系)

➢ 单击"几何视图"命令图标,进入"几何视图"视窗。

- 双击"MCS_MILL"节点,弹出"MCS 铣削"对话框,此时加工坐标系默认与绝对坐标系重叠。
- 单击 ZM 轴箭头,在"情景"对话框中输入距离 40,按〈Enter〉键。
- 在"安全平面"组中"安全设置选项"下拉列表框中选择"平面"。
- 选择部件顶面,输入距离 15,按〈Enter〉键。
- 单击"确定"按钮,完成加工坐标系的创建,如图 7-2-22 所示。

(2) 定义部件

- 双击"WORKPIECE"节点,弹出"工件"对话框,如图 7-2-23 所示。

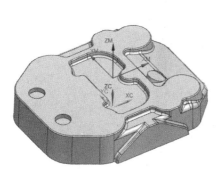

图 7-2-22 加工坐标系

图 7-2-23 "工件"对话框

- 单击"工件"对话框中"选择或编辑部件几何体"按钮,弹出"部件几何体"对话框。
- 在图形窗口选择柴油机缸盖铸造模具实体。
- 单击"确定"按钮,完成部件的定义。

(3) 创建毛坯

- 在"工件"对话框中单击"选择或编辑毛坯几何体"按钮,弹出"毛坯几何体"对话框,如图 7-2-24 所示。

图 7-2-24 "毛坯几何体"对话框

- ➢ 在"类型"下拉列表框中选择"包容块"。
- ➢ 在"ZM+"文本框中输入 2.63,即毛坯高度为 40。
- ➢ 单击"确定"按钮,完成毛坯的创建。

6. 创建加工方法组

- ➢ 单击"加工方法视图"命令按钮，进入"加工方法视图"视窗。
- ➢ 双击"MILL_ROUGH"节点,修改"部件余量"为 0.3,"公差"为 0.03。
- ➢ 双击"MILL_SEMI_FINISH"节点,修改"部件余量"为 0.1,"公差"为 0.01。
- ➢ 双击"MILL_FINISH"节点,修改"公差"为 0.005。

7. 粗铣毛坯表面

利用型腔铣加工操作完成毛坯表面粗加工,其定义的各项内容如表 7-2-2 所示。

表 7-2-2　加工程序一：粗铣毛坯表面定义的各项

程序名		CAVITY_MILL01	
定义项		参数	作用
程序		CU	指定程序归属组
刀具		D50_4 齿	指定直径 50 的盘铣刀
几何体		WORKPIECE	指定 MCS 与安全平面、加工部件、毛坯
加工方法		MILL_ROUGH	指定加工过程保留余量
加工操作	切削模式	往复	确定刀具走刀方式
	切削步距	刀具直径的 65%	确定刀具切削横跨距离
	切削层	每一刀深度为 1.5	确定层加工量
	加工余量	部件余量为 0.2	确定加工过程余量
	进给率	转速 S=1000rpm	确定刀轴转速
		切削速度 F=800； 进刀速度 F=400； 第一刀切削速度 F=400； 步进速度 F=400； 移刀（横越）速度 F=4000； 退刀速度 F=4000	定义加工中各过程速度（数值仅作参考,具体加工时需根据机床功率、刀具类型及材料以及加工材料来指定）
	非切削运动	进刀：封闭区域螺旋进刀,斜坡角为 5°；开放区域线性进刀； 退刀类型：抬刀； 转移/快速：区域内转移类型选择"前一平面",安全距离为 1	定义非切削运动,避免碰撞
		其他按默认值	

（1）进入型腔铣加工

- ➢ 选择工序导航器中任一节点,单击右键,选择"插入"→"工序"命令,弹出"创建工序"对话框。
- ➢ 在"工序子类型"组中选择"型腔铣"。
- ➢ "位置"选项组中分别设置"程序"为"CU"、"刀具"为"D50_4 齿"、"几何体"为"WORKPIECE"、"方法"为"MILL_ROUGH"、名称命名为"CAVITY_MILL01"。
- ➢ 单击"确定"按钮,弹出"型腔铣"对话框。

（2）定义切削模式

在"切削模式"下拉列表框中选择"往复"走刀方式。

（3）定义步距

在"步距"下拉列表框中选择"%刀具平直（直径）"方式，在"平面直径百分比"文本框中输入"65"，即步进为当前刀具直径的65%。

（4）定义切削范围和每刀切削深度

> 单击"切削层"选项卡，系统默认以"📝自动"方式划分为 3 个加工范围（相邻大三角形之间为一加工范围，小三角形之间为每刀切削深度），如图 7-2-25 所示。选择"📄单个"方式。

> 激活底部的大三角形，再选择模型顶面，完成切削范围的编辑，如图 7-2-26 所示。

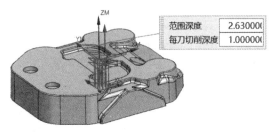 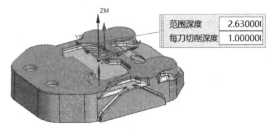

图 7-2-25 "自动"方式　　　　　　　　图 7-2-26 编辑切削范围

> 在输入每刀切削深度为 1.5，按〈Enter〉键。

（5）确定加工余量

单击"几何体"选项卡，可以看到"部件侧面余量"为 0.3。因为"方法"选择了"MILL_ROUGH"，则"MILL_ROUGH"中设置的余量值会传递给该操作。用户也可以重新输入新值，该处输入 0.2。如果取消勾选"使底面余量与侧面余量一致"复选框，则可以分别定义部件侧面余量和底面余量。

（6）定义主轴转速 S 及切削速度 F

> 单击"进给率和速度"选项卡。

> 在"主轴速度"文本框中输入 1000，按〈Enter〉键。此时右侧的"🖩基于此值计算进给和速度"激活，单击该按钮，则"表面速度"与"每齿进给量"的数值会相应的变化。

> 展开"进给率"组，按照图 7-2-27 中数值设置，注意单位的选择。

图 7-2-27 "进给率"设置

 提示：此处的主轴速度 S、进给速度 F 值的设置应该根据机床的实际功率、加工工件的材料、刀具类型与材料等因素来确定，这需要有一定的机床实际操作经验。

建议参考刀具样本的值设置"每齿进给量"的数值，对应的 F 值会自动更新。

（7）定义非切削运动

➢ 单击"非切削移动-进刀"选项卡。

➢ "进刀"参数按图 7-2-28 设置。

➢ 单击"退刀"选项卡，选择"抬刀"退刀类型。

➢ 单击"转移/快速"选项卡，按图 7-2-29 设置。

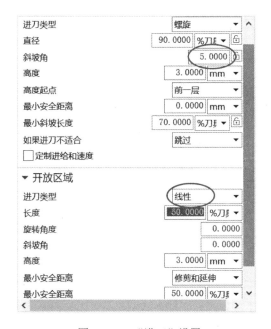

图 7-2-28 "进刀"设置

图 7-2-29 "转移/快速"设置

（8）其他选项均按默认设置。

NX 加工功能强大，编程时很多选项一般不需要设置，特定情况下才会用到某些选项。

（9）生成刀轨。

单击"生成"按钮，生成刀轨如图 7-2-30 所示。

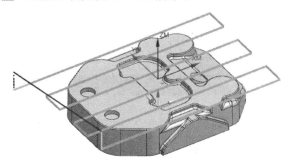

图 7-2-30 刀轨

单击"确定"按钮，完成型腔铣创建。

8．工件整体粗加工

利用型腔铣加工操作完成工件整体粗加工，其定义的各项内容如表 7-2-3 所示。

表 7-2-3 加工程序二：工件整体粗加工定义的各项

程序名		CAVITY_MILL02	
定义项		参数	作用
程序		CU	指定程序归属组
刀具		D16R2_2 齿	指定直径为 16、底半径为 2 的圆鼻刀
几何体		WORKPIECE	指定 MCS 与安全平面、加工部件、毛坯
加工方法		MILL_ROUGH	指定加工过程保留余量
加工操作	切削模式	跟随部件	确定刀具走刀方式
	切削步距	为刀具直径的 65%	确定刀具切削横跨距离
	切削层	每一刀深度为 0.5	确定层加工量
	加工余量	部件余量为 0.3	确定加工过程余量
	进给率	转速 S=2500rpm	确定刀轴转速
		切削速度 F=800； 进刀速度 F=400； 第一刀切削速度 F=400； 步进速度 F=400； 移刀（横越）速度 F=4000； 退刀速度 F=4000	定义加工中各过程速度（数值仅作参考，具体加工时需根据机床功率、刀具类型及材料以及加工材料来指定）
	非切削运动	进刀：封闭区域螺旋进刀，斜坡角 5°； 开放区域线性进刀； 退刀类型：抬刀； 转移/快速：区域内转移类型选择"前一平面"，安全距离 1	定义非切削运动，避免碰撞
	其他按默认值		

（1）复制工序

➢ 在程序顺序视图，将鼠标指针移至"CAVITY_MILL01"节点，单击右键，选择"复制"命令。

➢ 将鼠标指针移至"CAVITY_MILL01"节点，单击右键，选择"粘贴"命令。

➢ 将鼠标指针移至"CAVITY_MILL01_COPY"节点，单击右键，选择"重命名"命令，修改为"CAVITY_MILL02"。

（2）修改工序参数

➢ 双击"CAVITY_MILL02"节点，进入"型腔铣"对话框。

➢ 单击"切削层"选项卡，在"范围类型"下拉列表框中选择"自动"，弹出"切削层"对话框，如图 7-2-31 所示，单击"确定"按钮。

图 7-2-31 "切削层"对话框

➢ 单击最上面的大三角形，选择工件顶面，删除最上面的切削范围。

➢ 单击"主要"选项卡，在"刀具"下拉列表框中选择"D16R2_2 齿"刀具，"切削模式"下拉列表框中选择"跟随部件"。

➢ 单击"策略"选项卡，在"开放刀路"下拉列表框中选择"变换切削方向"。

> 单击"非切削运动-进刀"选项卡,设置最小斜坡长度为 45(刀具直径百分比),开放区域进刀类型为"线性"。
> 其他参数按表 7-2-3 修改。

(3)生成刀轨

单击"生成"按钮,弹出如图 7-2-32 所示对话框,单击"确定"按钮,生成刀轨如图 7-2-33 所示。

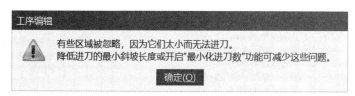

图 7-2-32 "工序编辑"对话框

(4)刀具轨迹动态模拟

> 单击"操作"组中"确认"按钮,弹出"刀轨可视化"对话框。
> 选择"3D 动态"方式,"刀具显示"设置为"轴",单击"播放"按钮,进行模拟加工,结果如图 7-2-34 所示。

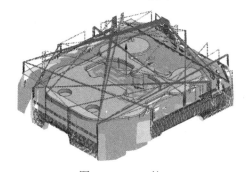

图 7-2-33 刀轨

图 7-2-34 模拟加工结果

◇ 单击"分析"按钮,查看余量云图,了解余量情况。
◇ 单击"确定"按钮三次,退出"型腔铣"对话框。

9. 粗加工圆孔

利用平面铣加工操作完成圆孔粗加工,其定义的各项内容如表 7-2-4 所示。

表 7-2-4 加工程序三:圆孔粗加工定义的各项

程序名		PLANAR_MILL01	
	定义项	参数	作用
	程序	CU	指定程序归属组
	刀具	D12_2 齿	指定直径为 12 的平底刀
	几何体	MILL_BND	指定 MCS 与安全平面、加工部件、毛坯
	加工方法	MILL_ROUGH	指定加工过程保留余量
加工操作	切削模式	跟随周边	确定刀具走刀方式
	切削步距	刀具直径的 65%	确定刀具切削横跨距离
	切削层	每一刀深度 1	确定层加工量

（续）

程序名		PLANAR_MILL01	
定义项		参数	作用
加工操作	加工余量	部件余量为 0.1	确定加工过程余量
	刀路方向	向外	确定刀路方向
	切削顺序	深度优先	确定多区域加工切削顺序
	进给率	转速 S=3000rpm	确定刀轴转速
		切削速度 F=600； 进刀速度 F=300； 第一刀切削速度 F=300； 步进速度 F=300； 移刀（横越）速度 F=4000； 退刀速度 F=4000	定义加工中各过程速度（数值仅作参考，具体加工时需根据机床功率、刀具类型及材料以及加工材料来指定）
	非切削运动	进刀：封闭区域螺旋进刀，斜坡角 5°；开放区域线性进刀； 退刀类型：与进刀相同； 转移/快速：区域内转移类型选择"前一平面"，安全距离 1	定义非切削运动，避免碰撞
		其他按默认值	

(1) 创建边界几何体

➢ 选择几何视图中"WORKPIECE"节点，单击右键，选择"插入"→"几何体"命令，弹出"创建几何体"对话框，如图 7-2-35 所示。

图 7-2-35 "创建几何体"对话框

➢ 选择"MILL_BND"几何体子类型下的图标 ，单击"确定"按钮，弹出"铣削边界"对话框，如图 7-2-36 所示。

➢ 单击"选择或编辑部件边界"按钮 ，弹出"部件边界"对话框。

➢ 在"选择方法"下拉列表框中选择" 曲线"，"部件边界"对话框变成如图 7-2-37 所示。

➢ 将"刀具侧"改为"内侧"。

➢ 选择圆孔顶部边线，单击"添加新集"按钮 ，选择另一条边线，确定后返回"铣削边界"对话框。

➢ 单击"选择或编辑底平面几何体"按钮 ，选择圆孔底面。

➢ 确定两次，完成边界几何体定义。

图 7-2-36 "铣削边界"对话框　　　　图 7-2-37 "部件边界"对话框

（2）进入平面铣加工

➢ 选择"MILL_BND"节点，单击右键，选择"插入"→"工序"命令，弹出"创建工序"对话框。

➢ 在"类型"下拉列表框中选择"mill_planar"。

➢ 在"工序子类型"组中选择" 平面铣"。

➢ "位置"选项组中分别设置"程序"为"CU"、"刀具"为"D12_2 齿"、"几何体"为"MILL_BND"、"方法"为"MILL_ROUGH"、名称命名为"PLANAR_MILL01"。

➢ 单击"确定"按钮，弹出"平面铣"对话框。

（3）定义参数

按表 7-2-4 定义参数。

（4）生成刀轨

单击"生成"按钮，生成刀具路径。

10．二次开粗

型腔铣采用 D16R2 刀具加工后，拐角处仍有大量余量，需用小一点的刀具二次开粗。可以利用" 剩余铣"加工操作完成图 7-2-38 所示部位的二次开粗，其定义的各项内容如表 7-2-5 所示。

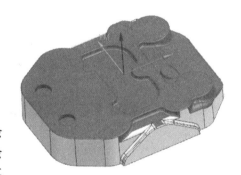

图 7-2-38　切削区域

表 7-2-5　加工程序四：二次开粗定义的各项

程序名		参数	REST_MILLING01
	定义项	参数	作用
	程序	CU	指定程序归属组
	刀具	D8R0.5_2 齿	指定直径为 8、底半径为 0.5 的圆鼻刀
	几何体	WORKPIECE	指定 MCS 与安全平面、加工部件、毛坯
	加工方法	MILL_ROUGH	指定加工过程保留余量
加工操作	切削模式	跟随部件	确定刀具走刀方式
	切削步距	为刀具直径的 65%	确定刀具切削横跨距离
	切削层	每一刀深度为 0.3	确定层加工量
	加工余量	部件余量为 0.3	确定加工过程余量

（续）

程序名		REST_MILLING01	
定义项		参数	作用
加工操作		转速 S=4500rpm	确定刀轴转速
	进给率	切削速度 F=700； 进刀速度 F=400； 第一刀切削速度 F=400； 步进速度 F=400； 移刀（横越）速度 F=4000； 退刀速度 F=4000	定义加工中各过程速度（数值仅作参考，具体加工时需根据机床功率、刀具类型及材料以及加工材料来指定）
	非切削运动	进刀：封闭区域螺旋进刀，斜坡角 5°； 开放区域圆弧进刀； 退刀类型：与进刀相同； 转移/快速：区域内转移类型选择"前一平面"，安全距离 1	定义非切削运动，避免碰撞
		其他按默认值	

11. 斜圆柱周边三次开粗

斜圆柱周边区域较小，刀具无法进入该区域切削，需要小刀具继续清理。利用"![]剩余铣"加工操作完成图 7-2-39 所示部位的三次开粗（修剪外侧），其定义的各项内容如表 7-2-6 所示。

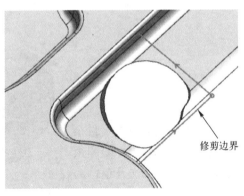

图 7-2-39　加工部位

表 7-2-6　加工程序五：三次开粗定义的各项

程序名		REST_MILLING02	
定义项		参数	作用
加工操作	程序	CU	指定程序归属组
	刀具	D3R0.2_2 齿	指定直径为 3、底半径为 0.2 的圆鼻刀
	几何体	WORKPIECE	指定 MCS 与安全平面、加工部件、毛坯
	加工方法	MILL_ROUGH	指定加工过程保留余量
	切削模式	跟随部件	确定刀具走刀方式
	切削步距	为刀具直径的 65%	确定刀具切削横跨距离
	切削层	每一刀深度为 0.25	确定层加工量
	加工余量	部件余量为 0.2	确定加工过程余量
	进给率	转速 S=10000rpm	确定刀轴转速

(续)

程序名		REST_MILLING02	
定义项		参数	作用
加工操作	进给率	切削速度 F=500； 进刀速度 F=500； 第一刀切削速度 F=300； 步进速度 F=300； 移刀（横越）速度 F=4000； 退刀速度 F=4000	定义加工中各过程速度（数值仅作参考，具体加工根据机床功率、刀具类型及材料以及加工材料来指定）
	非切削运动	进刀：封闭区域螺旋进刀，斜坡角 5°； 开放区域圆弧进刀； 退刀类型：与进刀相同； 转移/快速：区域内转移类型选择"前一平面"，安全距离 1	定义非切削运动，避免碰撞
		其他按默认值	

12. 斜圆柱周边四次开粗

经过三次开粗后，图 7-2-40 所示部位仍有较多余量，利用"剩余铣"加工操作完成该部位的四次开粗（修剪外侧），其定义的各项内容如表 7-2-7 所示。

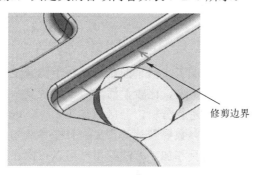

图 7-2-40 加工部位

表 7-2-7 加工程序六：四次开粗定义的各项

程序名		REST_MILLING03	
定义项		参数	作用
加工操作	程序	CU	指定程序归属组
	刀具	B2_2 齿	指定直径为 2 的球刀
	几何体	WORKPIECE	指定 MCS 与安全平面、加工部件、毛坯
	加工方法	MILL_ROUGH	指定加工过程保留余量
	切削模式	跟随部件	确定刀具走刀方式
	切削步距	为刀具直径的 65%	确定刀具切削横跨距离
	切削层	每一刀深度为 0.05	确定层加工量
	加工余量	部件余量为 0.2	确定加工过程余量
		转速 S=10000rpm	确定刀轴转速
	进给率	切削速度 F=900； 进刀速度 F=500； 第一刀切削速度 F=500； 步进速度 F=600； 移刀（横越）速度 F=4000； 退刀速度 F=4000	定义加工中各过程速度（数值仅作参考，具体加工时需根据机床功率、刀具类型及材料以及加工材料来指定）

（续）

程序名		REST_MILLING03	
定义项	参数		作用
加工操作	非切削运动	进刀：封闭区域螺旋进刀，斜坡角 5°；开放区域圆弧进刀； 退刀类型：与进刀相同； 转移/快速：区域内转移类型选择"前一平面"，安全距离 1	定义非切削运动，避免碰撞。
		其他按默认值	

 [问题探究]

1．切削模式如何选用？

2．二次开粗有哪些常用方法？

 [总结提升]

型腔铣和平面铣均可以用于粗加工，但平面铣只能用于侧壁是直壁的零件，只能用边界定义几何体，型腔铣可以由多种类型定义，比较灵活。对于比较复杂的零件粗加工，通常需要多次二次开粗，要结合切削仿真结果进行分析，分区域加工。NX 编程中选项很多，大多参数采用默认即可，对于经常需要设置的参数要理解其含义。有些参数如主轴转速、切削速度等需要在实践中总结和积累。几何体、刀具和加工方法等虽然可以在操作过程中创建，但建议在工序导航器中进行创建，这样可以被多个工序使用。另外，采用复制、粘贴工序，再修改的方法可以提高编程效率。

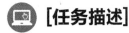 **[拓展训练]**

完成汽车反光镜模具粗加工。

任务 7.3　柴油机缸盖铸造模具半精加工

 [任务描述]

在 NX 加工模块生成柴油机缸盖铸造模具半精加工程序，并对刀具轨迹动态模拟，观察加工效果，为精加工做准备。

[任务分析]

柴油机缸盖模具模型侧面比较特殊，局部拐角较小，另外还有凸台。因此，可以分成大、小侧面和凸台，相应采用不同大小的刀具进行等高轮廓铣。斜面和斜圆柱底面较平坦，宜采用固定轴曲面轮廓铣加工。斜圆柱和凹槽侧面较窄，可以使用小刀具等高铣削。要完成柴油机缸盖铸造模具半精加工，需掌握深度轮廓铣、固定轴曲面轮廓铣（区域铣削驱动方法）等方面的知识。

[必备知识]

7.3.1 深度轮廓铣（等高轮廓铣）

深度轮廓铣使用垂直于刀轴的平面切削对指定层的壁进行轮廓加工，主要用于陡峭壁的半精加工和精加工。

深度轮廓铣不需要毛坯几何体，默认对整个部件加工。可以指定切削区域来限制加工范围，还可以指定陡峭空间范围角度，以对陡峭度超过指定角度的区域进行轮廓加工。部件上任一点的陡峭角是刀轴与零件表面该点处法向矢量所形成的夹角，如图 7-3-1 所示。

"深度轮廓铣-陡峭"对话框如图 7-3-2 所示。常用选项功能如下。

（1）刀轨设置

1）陡峭空间范围：根据部件的陡峭度限制切削区域。有以下两种选项。

◇ 无（默认）：切削陡峭和非陡峭区域。

◇ 仅陡峭的：仅切削陡峭度大于或等于指定陡峭角度的部件区域。

2）合并距离：指定不连续刀具轨迹被连接的最小距离，以消除不必要的退刀。当部件表面陡峭度非常接近指定的陡峭角度时，退刀有时是因为表面间的间隙或陡峭度的微小变化引起的。

3）最小切削长度：定义生成刀具轨迹的最小段长度值，消除小于指定值的刀轨段。

（2）层之间

1）层到层：设置刀具在切削完一层后，如何进入下一切削层。

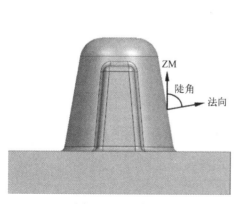

图 7-3-1 陡峭角度

图 7-3-2 "深度轮廓铣"对话框

◇ 使用转移方法：使用在"非切削移动"的"转移/快速"中指定的安全设置信息。

◇ 直接对部件进刀：在进行层间运动时，刀具在完成一切削层后，直接在零件表面运动至下一切削层，刀路间没有抬刀运动，大大减少了刀具空运动时间。

◇ 沿部件斜进刀：不可用于加工开放区域。刀具在切削一个层后，在零件表面上以斜线切削下一切削层，倾斜角度通过"斜坡角"选项定义。这种切削具有更恒定的切削深度和残余波峰，并且能在零件顶部和底部生成完整刀路。

◇ 沿部件交叉斜进刀：不可用于加工开放区域。该选项与"沿部件斜进刀"相似，不同的是在斜向切入下一层之前需要完成上一切削层的整个刀路。

2）层间切削：在切削层间存在间隙时创建额外的切削，以消除浅区域中的较大残余高度，如图 7-3-3 所示。

图 7-3-3 层间切削

7.3.2 固定轴曲面轮廓铣（区域铣削驱动方法）

使用"固定轴曲面轮廓铣"工序可以加工复杂部件上的轮廓曲面，该工序主要用于曲面的半精加工和精加工。"固定轴曲面轮廓铣"是一种投影加工。创建固定轴曲面轮廓铣分为两步。

第一步：在指定的驱动几何体上（由曲面、曲线和点定义）形成驱动点。

第二步：如图 7-3-4 所示，按指定的投射矢量投射驱动点到部件几何体上，形成投射点，刀具跟随这些点进行加工。

在固定轴曲面轮廓铣中，整个实体零件、局部的曲面和曲线都可以定义为部件几何体，以控制刀具运动的深度；驱动几何体可以由曲面、曲线和点来定义，通过所定义的切削模式、步长和公差，在驱动几何体上产生驱动点，驱动点再沿投射矢量投射到部件几何体上，产生投射点控制刀具运动的范围。所以在固定轴曲面轮廓铣中，驱动几何体、部件几何体和投射矢量一起控制刀具的运动。

固定轴曲面轮廓铣有多种驱动方法（驱动点不同，方法也不同），其中区域铣削驱动方法通常作为优先使用的驱动方法来创建刀具轨迹。

区域铣削驱动方法可以沿着选定的面创建驱动点，切削区域必须包括在部件几何体中。"区域铣削"对话框如图 7-3-5 所示。其上各选项功能如下。

（1）空间范围

根据刀轨的陡峭度限制切削区域。

1）方法：根据部件表面的陡峭度限制切削区域。NX 会计算各接触点的部件的表面角度。

◇ 非陡峭：只在部件表面角度小于陡峭壁角度的切削区域内加工。

◇ 陡峭和非陡峭：对陡峭和非陡峭区域进行加工。NX 为陡峭和非陡峭区域创建单独的切削区域。

◇ 陡峭：只在部件表面角度大于陡峭壁角度的切削区域内加工。

2）重叠区域：陡峭与非陡峭之间的重叠部分。

◇ 无：相邻区域之间没有重叠。

◇ 距离：为重叠区域指定刀具直径百分比的距离或固定距离。大多数情况下，这样可得到更平滑的加工面。

3）区域排序："陡峭空间范围方法"选项设为"陡峭和非陡峭"时可用，可为多个切削区域指定切削顺序。

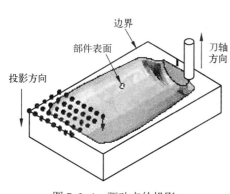

图 7-3-4 驱动点的投影

图 7-3-5 "区域铣削"对话框

◆ 先陡：NX 首先切削符合陡峭准则的区域。非陡峭区域没有特定的顺序。

◆ 自上而下层优先：NX 首先切削各组面中的最高区域，然后逐层递进，直至切削到最低层。

◆ 自上而下深度优先：NX 首先在一组面中从最高区域切削至最低区域，然后移至下一组面。

（2）非陡峭/陡峭切削

1）步距清理：适用于跟随周边切削模式。在刀路之间，刀具由于步距而没有切削到的地方添加清理用刀路。

2）刀轨光顺：在尖角添加径向平滑移动以避免突然改变加工方向。

3）陡峭切削模式：指定对陡峭切削区域进行加工的深度加工切削模式。

◆ 单向深度加工：单向模式以一个方向切削，它通过退刀、转向下一条刀路的起点，然后以同一方向继续切削，从而使刀具从一个切削刀路移动到下一个切削刀路。

◆ 往复深度加工：以往复模式在一个方向上生成单向刀路，继续切削时进入下一个刀路，并按相反的方向创建一个回转刀路。

◆ 往复上升深度加工：创建沿相反方向切削的刀路。在各刀路结束处，刀刃将退刀、移刀和反向切削，如图 7-3-6 所示。

◆ 螺旋深度加工：连续螺旋切削，从切削区域的外边处开始，至切削区域的中间结束，以消除刀路之间的步距，如图 7-3-7 所示。

图 7-3-6 往复上升深度加工

图 7-3-7 螺旋深度加工

（3）非切削运动

为了避免与部件或夹具设备发生碰撞，固定轴曲面轮廓铣时也需要正确定义非切削运动，其运动过程如图 7-3-8 所示。

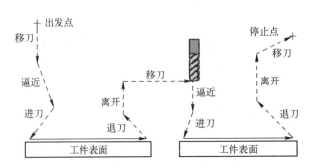

图 7-3-8　非切削运动

1）进刀-开放区域：开放区域为刀具在除料之前可以触及的当前切削层的区域。常用进刀类型有以下几种。

- ◇ 圆弧 - 平行于刀轴：由切削方向和刀轴定义的平面中创建与切削方向相切的圆弧移动。
- ◇ 圆弧 - 相切逼近：由切削矢量和相切矢量定义的平面中，在逼近移动的末端创建圆弧移动。圆弧移动与切削矢量、逼近移动都相切。
- ◇ 插削：指定单个进刀的插削移动。

2）进刀-根据部件/检查：指定检查几何体处的进刀/退刀移动。

3）转移/快速-区域距离：确定是在刀轨应用区域之间还是区域内设置。当前退刀运动的结束点与下一进刀运动的起点之间的距离小于区域距离值时，在应用区域内设置；若大于区域距离值，则在应用区域之间设置。

[任务实施]

具体操作步骤参考二维码视频。详细的文字介绍如下。

7-3 柴油机缸盖铸造模具半精加工操作视频

1. 大侧面半精加工

利用等高轮廓铣加工操作完成图 7-3-9 所示区域的半精加工，其定义的各项内容如表 7-3-1 所示。

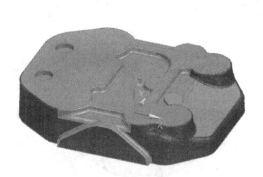
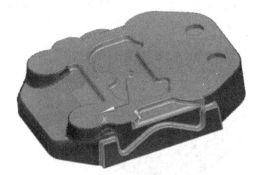

图 7-3-9　大侧面

表 7-3-1 加工程序七：大侧面半精加工定义的各项

	程序名	ZLEVEL_PROFILE_STEEP01	
	定义项	参数	作用
	程序	BANJING	指定程序归属组
	刀具	D12R1_4 齿	指定直径为 12、底半径为 1 的圆鼻刀
	几何体	WORKPIECE	指定 MCS 与安全平面、加工部件、毛坯
	加工方法	MILL_SEMI_FINISH	指定加工过程保留余量
加工操作	陡峭空间范围	无	不限制加工范围
	切削区域	选择图 7-3-9 所示区域	约束切削区域
	切削层	公共每刀切削深度为 0.3	确定层加工量
	切削方向	混合	确定刀具移动方向
	切削顺序	深度优先	指定加工路径生成顺序
	层到层	直接对部件进刀	确定刀具如何进入下一层
	加工余量	部件余量为 0.1	确定加工过程余量
		转速 S=3000rpm	确定刀轴转速
	进给率	切削速度 F=1000； 进刀速度 F=500； 第一刀切削速度 F=500； 步进速度 F=500； 移刀（横越）速度 F=4000； 退刀速度 F=4000	定义加工中各过程速度（数值仅作参考，具体加工根据机床功率、刀具类型及材料以及加工材料来指定）
	非切削运动	进刀：封闭区域螺旋进刀，斜坡角 5°；开放区域圆弧进刀； 退刀类型：与进刀相同； 转移/快速：区域内转移方式选择"进刀/退刀"，转移类型选择"前一平面"，安全距离 1	定义非切削运动，避免碰撞
		其他按默认值	

（1）进入等高轮廓铣加工

➢ 选择工序导航器中"BANJING"节点，单击右键，选择"插入"→"工序"命令，弹出"创建工序"对话框。

➢ 在"工序子类型"组中选择"深度轮廓铣"。

➢ "位置"选项组中分别设置"程序"为"BANJING"、"刀具"为"D12R1_4 齿"、"几何体"为"WORKPIECE"、"方法"为"MILL_SEMI_FINISH"、名称命名为"ZLEVEL_PROFILE_STEEP01"。

➢ 单击"确定"按钮，弹出"深度轮廓铣"对话框。

（2）定义参数

➢ 单击该对话框的"主要"选项卡，设置"陡峭空间范围"为"无"，"最大距离"单位为"mm"，"最大距离"为"0.3"。

➢ 单击"几何体"选项卡，单击"选择或编辑切削区域几何体"按钮，选择如图 7-3-9 所示大侧面区域。

➢ 单击"策略"选项卡，设置"切削方向"为"混合"，"层到层"为"直接对部件进刀"，勾选"层间切削"复选框。

➢ 单击"进给率和速度"选项卡，按表 7-3-1 设置主轴转速和进给速度。

> 单击"非切削移动"下的"转移/快速"选项卡,设置"区域内转移类型"为"前一平面","安全距离"为"1"。
> 其他参数默认。

(3) 生成刀轨

单击"生成"按钮 ![icon],生成刀具路径。

2. 小侧面半精加工

利用等高轮廓铣加工操作完成图 7-3-10 所示区域的半精加工,其定义的各项内容如表 7-3-2 所示。

图 7-3-10 小侧面

表 7-3-2 加工程序八:小侧面半精加工定义的各项

程序名		ZLEVEL_PROFILE_STEEP02	
定义项		参数	作用
程序		BANJING	指定程序归属组
刀具		D8R0.5_4齿	指定直径为8、底半径为0.5的圆鼻刀
几何体		WORKPIECE	指定MCS与安全平面、加工部件、毛坯
加工方法		MILL_SEMI_FINISH	指定加工过程保留余量
加工操作	陡峭空间范围	无	不限制加工范围
	切削区域	选择图7-3-10所示区域	约束切削区域
	切削层	公共每刀切削深度为0.3	确定层加工量
	切削方向	混合	确定刀具移动方向
	切削顺序	深度优先	指定加工路径生成顺序
	层到层	直接对部件进刀	确定刀具如何进入下一层
	加工余量	部件余量为0.1	确定加工过程余量
	进给率	转速 S=5200rpm	确定刀轴转速
		切削速度 F=1000; 进刀速度 F=500; 第一刀切削速度 F=500; 步进速度 F=600; 移刀(横越)速度 F=4000; 退刀速度 F=4000	定义加工中各过程速度(数值仅作参考,具体加工时需根据机床功率、刀具类型及材料以及加工材料来指定)
	非切削运动	进刀:封闭区域螺旋进刀,斜坡角 5°,开放区域圆弧进刀; 退刀类型:与进刀相同; 转移/快速:区域内转移方式选择"进刀/退刀",转移类型选择"前一平面",安全距离1	定义非切削运动,避免碰撞
		其他按默认值	

3. 凸台侧面半精加工

利用等高轮廓铣加工操作完成图 7-3-11 所示区域的半精加工，其定义的各项内容如表 7-3-3 所示。

图 7-3-11 凸台侧面

表 7-3-3 加工程序九：凸台侧面半精加工定义的各项

	程序名	ZLEVEL_PROFILE_STEEP03	
	定义项	参数	作用
	程序	BANJING	指定程序归属组
	刀具	D3R0.2_4 齿	指定直径为 3、底半径为 0.2 的圆鼻刀
	几何体	WORKPIECE	指定 MCS 与安全平面、加工部件、毛坯
	加工方法	MILL_SEMI_FINISH	指定加工过程保留余量
加工操作	陡峭空间范围	无	不限制加工范围
	切削区域	选择图 7-3-11 所示区域	约束切削区域
	切削层	公共每刀切削深度为 0.15	确定层加工量
	切削方向	混合	确定刀具移动方向
	切削顺序	深度优先	指定加工路径生成顺序
	在边上延伸	为刀具直径的 55%	延伸刀具路径，充分切削拐角剩余材料
	层到层	直接对部件进刀	确定刀具如何进入下一层
	加工余量	部件余量为 0.1	确定加工过程余量
	进给率	转速 S=10000rpm	确定刀轴转速
		切削速度 F=1000； 进刀速度 F=500； 第一刀切削速度 F=500； 步进速度 F=600； 移刀（横越）速度 F=4000； 退刀速度 F=4000	定义加工中各过程速度（数值仅作参考，具体加工时需根据机床功率、刀具类型及材料以及加工材料来指定）
	非切削运动	进刀：封闭区域螺旋进刀，斜坡角 5°，开放区域圆弧进刀； 退刀类型：与进刀相同； 转移/快速：区域内转移方式选择"进刀/退刀"，转移类型选择"前一平面"，安全距离 1	定义非切削运动，避免碰撞
		其他按默认值	

4. 斜面半精加工

利用固定轴曲面轮廓铣中区域铣削驱动方法完成如图 7-3-12 所示斜面的半精加工，其定义各项内容如表 7-3-4 所示。

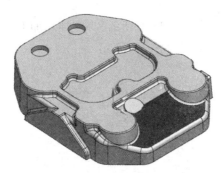

图 7-3-12 斜面

表 7-3-4 加工程序十：斜面的半精加工定义的各项

程序名		AREA_MILL01	
定义项		参数	作用
程序		BANJING	指定程序归属组
刀具		B8_4 齿	指定直径为 8 的球刀
几何体		WORKPIECE	指定 MCS、加工部件、毛坯
加工方法		MILL_SEMI_FINISH	指定加工过程余量
加工操作	驱动方法	区域铣削	定义驱动方法
	空间范围-方法	陡峭和非陡峭（默认）	定义加工范围限制方法
	切削区域	图 7-3-12 所示斜面	约束切削区域
	切削模式	非陡峭：往复，陡峭：往复深度加工	确定刀具切削模式
	切削角度	与 XC 轴成 45°	定义切削角度
	步距	残余高度，数值为 0.03	确定刀具切削横跨距离
	加工余量	部件余量为 0.1	指定加工过程保留余量
	进给率	转速 S=5000rpm	确定刀轴转速
		切削速度 F=2200； 进刀速度 F=400； 第一刀切削速度 F=800； 步进速度 F=800； 移刀（横越）速度 F=4000； 退刀速度 F=4000	定义加工中各过程速度（数值仅作参考，具体加工时需根据机床功率、刀具类型及材料以及加工材料来指定）
	非切削运动	开放区域进刀：圆弧-相切逼近； 退刀类型：与进刀相同； 转移/快速：区域内移刀类型选择"直接"，区域之间移刀类型选择"安全距离"	定义非切削运动，避免碰撞
		其他按默认值	

（1）进入区域轮廓铣加工
  ➢ 选择工序导航器中"BANJING"节点，单击右键，选择"插入"→"工序"命令，弹出"创建工序"对话框。
  ➢ 在"工序子类型"组中选择"区域轮廓铣"。
  ➢ "位置"选项组中分别设置"程序"为"BANJING"、"刀具"为"B8_4 齿"、"几何体"为"WORKPIECE"、"方法"为"MILL_SEMI_FINISH"、名称命名为"AREA_MILL01"。

> 单击"确定"按钮，弹出"Area Mill（区域轮廓铣）"对话框。

（2）定义参数

> 在该对话框中单击"主要"选项卡，设置"非陡峭切削模式"为"往复"。"步距"为"残余高度"，最大残余高度为0.03。"剖切角"为"指定"，与XC的夹角为45°。
> 单击"几何体"选项卡，单击"选择或编辑切削区域几何体"按钮，选择如图7-3-12所示斜面区域。
> 单击"进给率和速度"选项卡，按表7-3-4设置主轴转速和进给速度。
> 单击"非切削移动"下的"进刀"选项卡，设置开放区域"进刀类型"为"圆弧-相切逼近"。
> 其他参数默认。

（3）生成刀轨

单击"生成"按钮，生成刀具路径。

5．斜圆柱底面半精加工

利用固定轴曲面轮廓铣中区域铣削驱动方法完成斜圆柱底面的半精加工，其定义各项内容如表7-3-5所示。

表7-3-5　加工程序十一：斜圆柱底面半精加工定义的各项

	程序名	AREA_MILL02	
	定义项	参数	作用
	程序	BANJING	指定程序归属组
	刀具	B4_4齿	指定直径为4的球刀
	几何体	WORKPIECE	指定MCS、加工部件、毛坯
	加工方法	MILL_SEMI_FINISH	指定加工过程余量
加工操作	驱动方法	区域铣削	定义驱动方法
	空间范围-方法	陡峭和非陡峭（默认）	定义加工范围限制方法
	切削区域	斜圆柱底面	约束切削区域
	切削模式	非陡峭：跟随周边，陡峭：往复深度加工	确定刀具切削模式
	步距	残余高度，数值为0.02	确定刀具切削横跨距离
	刀轨光顺	使用	使刀轨平顺
	加工余量	部件余量为0.1	指定加工过程保留余量
		转速 S=10000rpm	确定刀轴转速
	进给率	切削速度 F=1700； 进刀速度 F=600； 第一刀切削速度 F=600； 步进速度 F=600； 移刀（横越）速度 F=4000； 退刀速度 F=4000	定义加工中各过程速度（数值仅作参考，具体加工时需根据机床功率、刀具类型及材料以及加工材料来指定）
	非切削运动	开放区域进刀：圆弧-相切逼近； 退刀类型：与进刀相同； 转移/快速：区域内移刀类型选择"直接"，区域之间移刀类型选择"安全距离"	定义非切削运动，避免碰撞
		其他按默认值	

6．斜圆柱及凹槽侧面半精加工

利用等高轮廓铣加工操作完成图7-3-13所示区域的半精加工，其定义的各项内容如表7-3-6所示。

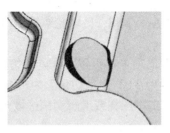

图 7-3-13 斜圆柱及凹槽侧面

表 7-3-6 加工程序十二：斜圆柱及凹槽侧面半精加工定义的各项

程序名		ZLEVEL_PROFILE_STEEP04	
	定义项	参数	作用
	程序	BANJING	指定程序归属组
	刀具	D3R0.2_4齿	指定直径为3、底半径为0.2的圆鼻刀
	几何体	WORKPIECE	指定MCS与安全平面、加工部件、毛坯
	加工方法	MILL_SEMI_FINISH	指定加工过程保留余量
加工操作	陡峭空间范围	无	不限制加工范围
	切削区域	选择图7-3-13所示区域	约束切削区域
	切削层	公共每刀切削深度为0.15	确定层加工量
	切削方向	混合	确定刀具移动方向
	切削顺序	深度优先	指定加工路径生成顺序
	层到层	直接对部件进刀	确定刀具如何进入下一层
	层间切削	不使用	不需要附加刀路
	加工余量	部件余量为0.1	确定加工过程余量
		转速S=10000rpm	确定刀轴转速
	进给率	切削速度F=1000； 进刀速度F=600； 第一刀切削速度F=600； 步进速度F=600； 移刀（横越）速度F=4000； 退刀速度F=4000	定义加工中各过程速度（数值仅作参考，具体加工时需根据机床功率、刀具类型及材料以及加工材料来指定）
	非切削运动	进刀：封闭区域与开放区域相同；开放区域圆弧进刀； 退刀类型：与进刀相同； 转移/快速：区域内转移方式选择"进刀/退刀"，转移类型选择"前一平面"，安全距离1	定义非切削运动，避免碰撞
		其他按默认值	

[问题探究]

1. 凸台侧面加工时为什么要延伸刀路？

2. 等高轮廓铣与固定轴曲面轮廓铣的区别是什么？

[总结提升]

等高轮廓铣和固定轴曲面轮廓铣均可以用于半精加工，但等高轮廓铣相当于 2.5 轴加工，只能一层一层切削，常用于陡峭侧面加工。固定轴曲面轮廓铣是一种 3 轴加工，即刀具可以同时在 X、Y、Z 方向运动，常用于曲面的半精和精加工。根据等高轮廓铣和固定轴曲面轮廓铣的加工特点，需要针对不同区域的结构特点采用不同的加工策略。另外，还要根据区域大小选用不同的刀具进行加工。

 [拓展训练]

完成汽车反光镜模具半精加工。

任务 7.4　柴油机缸盖铸造模具精加工

 [任务描述]

在 NX 加工模块生成柴油机缸盖铸造模具精加工程序，并将所有程序通过后处理工具生成 NC 代码。

 [任务分析]

柴油机缸盖铸造模具有多种表面形状，其精加工需采用不同的加工类型。平面采用底壁铣，陡峭的侧壁采用等高轮廓铣，曲面和平坦的斜面采用固定轴曲面轮廓铣，较浅的侧壁采用径向切削驱动方法清根，平面圆角可以自定义 R 刀，使用 2D 线框平面轮廓铣进行加工。要完成柴油机缸盖铸造模具精加工，需具备底壁铣、固定轴曲面轮廓铣（曲线/点驱动方法）、固定轴曲面轮廓铣（径向切削驱动方法）、2D 线框平面轮廓铣、自定义刀具、后处理等方面的知识。

 [必备知识]

7.4.1　底壁铣

"面铣"适合切削实体（例如铸件上的凸台）上的平面。它与平面铣的不同之处在于，面铣可利用实体零件几何，选择要铣的面后会产生刀路，主要用于精加工底面。"面铣"有多种模板，其中"底壁铣"是较常用的一种。

使用"底壁铣" 可以切削底面和壁，但必须指定底面和（或）壁几何体。要移除的材料由切削区域底面和毛坯厚度确定。"底壁铣"对话框如图 7-4-1 所示。其上各选项功能如下。

（1）毛坯

面铣中的毛坯有以下几种定义方法。

◆ 厚度：指定底面和壁上毛坯材料的厚度。

◆ 毛坯几何体：使用几何体中定义的毛坯作为要进行切削的材料。一般不用该选项。

图 7-4-1 "底壁铣"对话框

◇ 3D IPW：根据先前工序的刀轨和工件中指定的原始毛坯几何体，自动创建代表未切削材料的 3D 小平面体。此外，可以通过此选项查看先前工序中的未切削材料，还可以检查是否存在刀具碰撞情况。

（2）切削区域

1）将底面延伸至：调整底面区域大小，使之与指定部件或毛坯的轮廓相吻合。

◇ 无：保持所选面上的原始切削区域。

◇ 部件轮廓：将切削区域延伸至部件轮廓。

◇ 毛坯轮廓：将切削区域延伸至毛坯轮廓。

2）合并距离：指定将多个切削区域合并为一个切削区域的值。合并切削区域可减少不必要的进刀和退刀。要防止合并，可将合并距离设为 0。

3）简化形状：修改已定义的切削区域的形状。使用该选项可为复杂的部件形状生成有效的刀轨。

4）延伸壁：延伸选定的壁以限制切削区域，如图 7-4-2 所示。

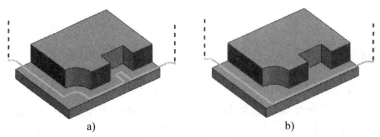

图 7-4-2 延伸壁

a) 选中"延伸壁" b) 不选中"延伸壁"

5）切削区域空间范围：可基于底面几何图形或壁几何图形来关注刀轨空间范围。

◇ 底面：基于所选底面和（或）壁，在选定底面上方的垂直方向生成刀轨。

◇ 壁：基于所选底面和（或）壁，在选定底面上方跟随部件几何体生成刀轨。

6）刀具延展量：指定刀具可超出面边缘的运动距离。适用于除单向和往复之外的所有切削模式。

（3）跨空区域

用于指定存在空区域（指完全封闭的腔或孔）时的刀具运动方式。有以下几种。
- 跟随：存在空区域时必须抬刀。
- 切削：以相同方向跨空切削时，刀具应保持切削进给率。
- 移刀：刀具完全跨空时，按相同方向继续切削，从切削进给率更改为移刀进给率。该选项只支持单向、往复和单向轮廓切削模式。

7.4.2 固定轴曲面轮廓铣（曲线/点驱动方法）

"曲线/点驱动方法"使用一系列的曲线或点作为驱动几何体以产生驱动点，投影至部件几何体，并在部件几何体上创建刀轨，如图 7-4-3 所示。"曲线/点驱动方法"也可以不定义几何体，则刀轨跟随驱动几何体。

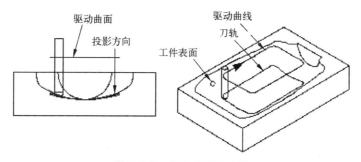

图 7-4-3　曲线/点驱动方法

"曲线/点驱动方法"对话框如图 7-4-4 所示。其上各选项功能如下。

（1）驱动几何体

当选择曲线定义驱动几何体时，该曲线可以是开放的或封闭的，连续的或非连续的，平面的或非平面的。当由点定义驱动几何体时，NX 会沿指定点之间的线性段创建驱动刀轨。

（2）驱动设置

1）左偏置：以指定的偏置沿部件几何体的边定位刀具。输入负值时可创建右偏置。要确保非零值，必须选择切削区域。

2）切削步长：控制驱动曲线上驱动点之间的线性距离。"驱动点"越近，则"刀轨"遵循"驱动曲线"越精确。可用以下两种方法来控制切削步长。
- 数量：设置每个曲线或边的段数。点数越多，刀轨越平滑。
- 公差：设置驱动曲线之间允许的最大弦偏差，如图 7-4-5 所示。

（3）切削参数-多刀路

余量较多时，使用"多刀路"选项可以逐渐地趋向部件几何体进行加工，一次加工一个切削层，来移除一定量的材料。

1）部件余量偏置：指定添加到部件余量中的附加余量，这个附加余量就是使用"多重深度切削"选项时刀具开始切削的位置。

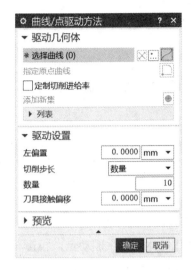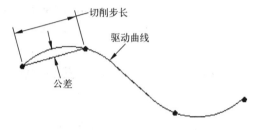

图 7-4-4 "曲线/点驱动方法"对话框　　　图 7-4-5 公差方法定义切削步长

2）多重深度切削：使用指定的部件几何体生成多层切削。没有指定部件几何体时，在驱动几何体上仅生成一层刀轨。

3）步进方法："多重深度切削"打开时有效，指定如何确定切削层数。

◇ 增量：指定切削层之间的最大距离，NX 计算要创建多少条刀路。如果指定的增量不能平均分割要移除的部件余量偏置，则缩小最后一条刀路的增量。

◇ 刀路数：指定切削层数，NX 计算各切削层之间的距离。

7.4.3　固定轴曲面轮廓铣（径向切削驱动方法）

使用"径向切削驱动方法"可沿着指定边界产生清除工序。驱动路径垂直于边界，并且沿着边界，如图 7-4-6 所示。

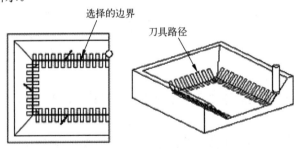

图 7-4-6　径向切削驱动方法

"径向切削驱动方法"对话框如图 7-4-7 所示。其上各选项功能大部分与"曲线/点驱动方法"相同，不同的两项介绍如下。

（1）切削类型

定义刀具从一个切削刀路到下一个切削刀路的移动方式。

（2）材料侧的条带/另一侧的条带

定义在边界平面上测量的加工区域的单侧宽度，如图 7-4-8 所示。

图 7-4-7 "径向切削驱动方法"对话框

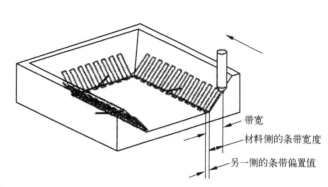

图 7-4-8 带宽等几个参数

带宽是在边界平面上测量的加工区域的总宽度,即材料侧的条带宽度和另一侧的条带偏置值的总和。"材料侧"是指从边界指示符的方向看过去的边界右手侧,"另一侧"是指左手侧。

7.4.4 2D 线框平面轮廓铣

2D 线框平面轮廓铣使用"轮廓"切削模式来生成单刀路和沿部件边界描述轮廓的多层平面刀路。此工序支持用户定义铣刀创建刀路的模式,具体用法与平面铣类似,不再累述。

7.4.5 用户定义铣刀

对于一些特殊形状,用成型刀具进行加工可以提高效率。使用"用户定义的铣刀"对话框可以创建拐角倒圆刀具、倒斜角刀具以及其他定制形状。通过在刀具上定义多个跟踪点,然后从工序选择合适的跟踪点,并沿着部件边界驱动刀具。由于应用这种刀具的情况通常是简单轮廓铣,因此用户定义的刀具当前仅在"PLANAR_PROFILE"工序中可用。

 提示:用户定义的铣刀不支持自动进给率和速度计算。

"用户定义的铣刀"对话框如图 7-4-9 所示。其上各选项功能如下。

(1)编号

系统为每段指派一个序列号。下面以内 R 铣刀为例进行说明,如图 7-4-10 所示。

◇ 编号 1 线长:刀具底面半径,其他为默认设置。

◇ 编号 2 半径:成型刀 R 角大小数值,其他为默认设置。

◇ 编号 3 线长:刀具总长,其他为默认设置。

(2)跟踪点

用于沿部件边界定位刀具,其在工序中是作为驱动点指定的。"跟踪点"对话框如图 7-4-11 所示。

加工外 R 角时,如果选择实体的 R 角顶部线,则 R 刀的跟踪点设置如下。

◇ 直径:0。

图 7-4-9 "用户定义的铣刀"对话框

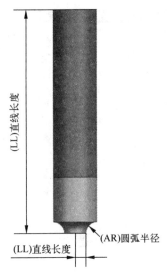

图 7-4-10 内 R 铣刀示例

◇ 距离：R 刀半径数值。

如果选择实体的 R 角底部线，则 R 刀的跟踪点设置如下。

◇ 直径：R 刀底面直径。

◇ 距离：R 刀半径数值。

7.4.6 后处理

NX 生成的刀轨需要通过后处理工具转换成 NC 代码才能用于数控机床加工。不同的数控系统程序格式不完全相同，用户可以通过 NX 提供的后处理构造器工具定制后处理器。此处仅介绍系统提供的默认的后处理器及其用法。

"后处理"对话框如图 7-4-12 所示。其上常用选项功能如下。

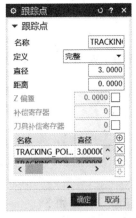

图 7-4-11 "跟踪点"对话框

图 7-4-12 "后处理"对话框

（1）后处理器

NX 系统提供了以下几种类型的默认后处理器。

◇ WIRE_EDM_4_AXIS：使用 Mitsubishi 控制器的四轴线切割机床。

◇ MILL_3_AXIS：带有 Generic 控制器的三轴立式铣床。

◇ MILL_4_AXIS：带有 B 轴转台及 Generic 控制器的四轴卧式铣床。

◇ MILL_5_AXIS：带有 A 和 B 轴转台及 Generic 控制器的五轴铣床。

◇ LATHE_2_AXIS：使用刀尖编程设定的车床。

◇ MILLTURN：带有 XYZ 或 XZC 运动、车刀刀尖及 Generic 控制器的车铣加工中心。

（2）设置

1）单位：指定输出文件的单位。包括以下几个选项。

◇ 经后处理定义：使用所选后处理定义的单位。如果拥有自定义的后处理器，则首选的是始终使用后处理定义的单位。

◇ 英寸：输出的是英寸单位。

◇ 公制/部件：输出的是毫米单位。

2）列出输出：后处理完成后打开信息窗口，并显示 NC 输出文件。

[任务实施]

具体操作步骤参考二维码视频。详细的文字介绍如下。

1. 顶面精加工

利用底壁铣加工操作完成图 7-4-13 所示区域的精加工，其定义的各项内容如表 7-4-1 所示。

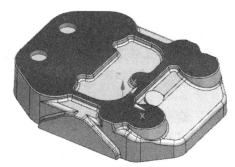

图 7-4-13　顶面

表 7-4-1　加工程序十三：顶面精加工定义的各项

程序名		FLOOR_WALL01	
	定义项	参数	作用
加工操作	程序	JING	指定程序归属组
	刀具	D50_4 齿	指定直径为 50 的盘铣刀
	几何体	WORKPIECE	指定 MCS 与安全平面、加工部件、毛坯
	加工方法	MILL_FINISH	指定加工过程余量
	切削区域	选择如图 7-4-18 所示顶面	指定加工区域
	将底面延伸至	无	不调整底面区域大小
	切削模式	单向	确定刀具走刀方式

（续）

程序名		FLOOR_WALL01	
定义项		参数	作用
加工操作	切削步距	为刀具直径的40%	确定刀具切削横跨距离
	底面毛坯厚度	数值为0.2	指定部件表面假想余量
	每刀切削深度	数值为0	一次切削
	最终底面余量	数值为0	指定加工过程保留余量
	跨空区域运动类型	跟随	指定存在空区域时的刀具运动方式
		转速 S=1200rpm	确定刀轴转速
	进给率	切削速度 F=720； 进刀速度 F=400； 第一刀切削速度 F=400； 步进速度 F=600； 移刀（横越）速度 F=4000； 退刀速度 F=4000	定义加工中各过程速度（数值仅作参考，具体加工时需根据机床功率、刀具类型及材料以及加工材料来指定）
	非切削运动	开放区域进刀：线性； 退刀类型：抬刀，高度1； 转移/快速：区域内转移类型选择"前一平面"，安全距离1	定义非切削运动，避免碰撞
		其他按默认值	

（1）进入底壁铣加工
- 选择工序导航器中"JING"节点，单击右键，选择"插入"→"工序"命令，弹出"创建工序"对话框。
- 在"类型"下拉列表框中选择"mill_planar"，在"工序子类型"组中选择"底壁铣"。
- "位置"选项组中分别设置"程序"为"JING"、"刀具"为"D50_4齿"、"几何体"为"WORKPIECE"、"方法"为"MILL_FINISH"、名称命名为"FLOOR_WALL01"。
- 单击"确定"按钮，弹出"底壁铣"对话框。

（2）定义参数
- 在该对话框中单击"主要"选项卡，单击"选择或编辑切削区域几何体"按钮，选择如图7-4-18所示顶面，单击"确定"按钮。
- 设置"切削模式"为"单向"，"将底面延伸至"设为"无"，"毛坯"定义方法为"厚度"，输入底面毛坯厚度为0.2，"步距"为"40%刀具直径"，每刀切削深度为0。
- 单击"切削区域"选项卡，设置"第一刀路延展量"为0。
- 单击"进给率和速度"选项卡，按表7-4-1设置主轴转速和进给速度。
- 单击"非切削移动"下的"进刀"选项卡，设置开放区域"进刀类型"为"线性"。
- 单击"非切削移动"下的"退刀"选项卡，设置"退刀类型"为"抬刀"。
- 其他参数默认。

（3）生成刀轨
单击"生成"按钮，生成刀具路径。

2. 腔及两侧底面精加工

复制、粘贴"FLOOR_WALL01"程序，并按表7-4-2所列内容修改，完成图7-4-14所示区域的精加工。

表 7-4-2 加工程序十四：腔及两侧底面精加工定义的各项

程序名		FLOOR_WALL02	
定义项		参数	作用
程序		JING	指定程序归属组
刀具		D12R1_4 齿	指定直径为 12、底半径为 1 的圆鼻刀
几何体		WORKPIECE	指定 MCS 与安全平面、加工部件、毛坯
加工方法		MILL_FINISH	指定加工过程余量
加工操作	切削区域	选择如图 7-4-14 所示底面	指定加工区域
	将底面延伸至	无	不调整底面区域大小
	切削模式	跟随周边	确定刀具走刀方式
	切削步距	为刀具直径的 40%	确定刀具切削横跨距离
	底面毛坯厚度	数值为 0.1	指定部件表面假想余量
	每刀切削深度	数值为 0	一次切削
	最终底面余量	数值为 0	指定加工过程保留余量
	刀具延展量	为刀具直径的 55%	延伸边缘刀路
	跨空区域运动类型	跟随	指定存在空区域时的刀具运动方式
	进给率	转速 S=3000rpm	确定刀轴转速
		切削速度 F=1000； 进刀速度 F=600； 第一刀切削速度 F=600； 步进速度 F=600； 移刀（横越）速度 F=4000 退刀速度 F=4000	定义加工中各过程速度（数值仅作参考，具体加工时需根据机床功率、刀具类型及材料以及加工材料来指定）
	非切削运动	进刀：开放区域选择"圆弧"，封闭区域选择"螺旋"； 退刀类型：抬刀，高度 1； 转移/快速：区域内转移类型选择"前一平面"，安全距离 1	定义非切削运动，避免碰撞
		其他按默认值	

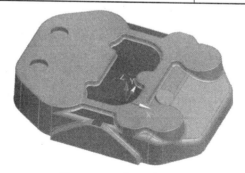

图 7-4-14　腔及两侧底面

3. 其他小平面（圆孔底部除外）精加工

复制、粘贴"FLOOR_WALL2"程序，并按表 7-4-3 所列内容修改，完成其他小平面区域的精加工。

表 7-4-3 加工程序十五：其他小平面精加工定义的各项

程序名		FLOOR_WALL03	
	定义项	参数	作用
	程序	JING	指定程序归属组
	刀具	D3R0.2_4 齿	指定直径为 3、底半径为 0.2 的圆鼻刀
	几何体	WORKPIECE	指定 MCS 与安全平面、加工部件、毛坯
	加工方法	MILL_FINISH	指定加工过程余量
加工操作	切削区域	其他小平面	指定加工区域
	将底面延伸至	无	不调整底面区域大小
	切削模式	跟随周边	确定刀具走刀方式
	切削步距	为刀具直径的 40%	确定刀具切削横跨距离
	底面毛坯厚度	数值为 0.1	指定部件表面假想余量
	每刀切削深度	数值为 0	一次切削
	最终底面余量	数值为 0	指定加工过程保留余量
	刀具延展量	为刀具直径的 55%	延伸边缘刀路
	跨空区域运动类型	跟随	指定存在空区域时的刀具运动方式
	转速	S=10000rpm	确定刀轴转速
	进给率	切削速度 F=1000；进刀速度 F=500；第一刀切削速度 F=500；步进速度 F=600；移刀（横越）速度 F=4000；退刀速度 F=4000	定义加工中各过程速度（数值仅作参考，具体加工时需根据机床功率、刀具类型及材料以及加工材料来指定）
	非切削运动	进刀：开放区域选择"圆弧"，封闭区域选择"螺旋"；退刀类型：抬刀，高度 1；转移/快速：区域内转移类型选择"前一平面"，安全距离 1	定义非切削运动，避免碰撞
	其他按默认值		

4. 外侧壁（圆弧除外）精加工

复制"ZLEVEL_PROFILE_STEEP01"程序并粘贴到"FLOOR_WALL03"程序后，按表 7-4-4 所列内容修改，完成如图 7-4-15 所示外侧壁的精加工。其中加工方法的修改可以在"深度轮廓铣"对话框中单击"公差和安全距离"选项卡，在"方法"下拉列表框中选择"MILL_FINISH"。

表 7-4-4 加工程序十六：外侧壁精加工定义的各项

程序名		ZLEVEL_PROFILE_STEEP05	
	定义项	参数	作用
	程序	JING	指定程序归属组
	刀具	D8R0.5_4 齿	指定直径为 8、底半径为 0.5 的圆鼻刀
	几何体	WORKPIECE	指定 MCS 与安全平面、加工部件、毛坯
	加工方法	MILL_FINISH	指定加工过程保留余量
加工操作	陡峭空间范围	无	不限制加工范围
	切削区域	选择图 7-4-15 所示区域	约束切削区域
	切削层	公共每刀切削深度为 0.1	确定层加工量

(续)

程序名		ZLEVEL_PROFILE_STEEP05	
定义项		参数	作用
加工操作	切削方向	顺铣	确定刀具移动方向
	切削顺序	深度优先	指定加工路径生成顺序
	层到层	直接对部件进刀	确定刀具如何进入下一层
	加工余量	部件余量为0	确定加工过程余量
	进给率	转速 S=5200rpm	确定刀轴转速
		切削速度 F=1000； 进刀速度 F=600； 第一刀切削速度 F=600； 步进速度 F=800； 移刀（横越）速度 F=4000； 退刀速度 F=4000	定义加工中各过程速度（数值仅作参考，具体加工时需根据机床功率、刀具类型及材料以及加工材料来指定）
	非切削运动	进刀：封闭区域螺旋进刀，斜坡角为5°，开放区域圆弧进刀； 退刀类型：与进刀相同； 转移/快速：区域内转移方式选择"进刀/退刀"，转移类型选择"前一平面"，安全距离1	定义非切削运动，避免碰撞
		其他按默认值	

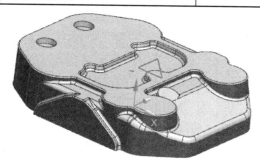

图 7-4-15 外侧壁

5. 腔侧壁（带圆弧）精加工

利用固定轴曲面轮廓铣中径向切削驱动方法驱动方法完成腔侧壁的精加工，其定义各项内容如表7-4-5所示。

表 7-4-5 加工程序十七：腔侧壁精加工定义的各项

程序名		CURVE_DRIVE01	
定义项		参数	作用
加工操作	程序	JING	指定程序归属组
	刀具	B4_4齿	指定直径为4的球刀
	几何体	WORKPIECE	指定MCS、加工部件、毛坯
	加工方法	MILL_FINISH	指定加工过程余量
	驱动方法	径向切削	定义驱动方法
	驱动几何体	型腔顶部轮廓	定义驱动几何体
	带宽	材料侧为1	定义切削范围
		另一侧为3	

(续)

程序名		CURVE_DRIVE01	
定义项		参数	作用
加工操作	切削模式	往复	确定刀具切削模式
	步距	残余高度,数值为 0.005	确定刀具切削横跨距离
	加工余量	部件余量为 0	指定加工过程保留余量
	进给率	转速 S=10000rpm	确定刀轴转速
		切削速度 F=1700; 进刀速度 F=600; 第一刀切削速度 F=600; 步进速度 F=600; 移刀(横越)速度 F=4000; 退刀速度 F=4000	定义加工中各过程速度(数值仅作参考,具体加工时需根据机床功率、刀具类型及材料以及加工材料来指定)
	非切削运动	开放区域进刀:圆弧-相切逼近; 退刀类型:抬刀; 转移/快速:区域内移刀类型选择"直接",区域之间移刀类型选择"安全距离"	定义非切削运动,避免碰撞
		其他按默认值	

(1) 进入径向切削加工
- 选择工序导航器中"JING"节点,单击右键,选择"插入"→"工序"命令,弹出"创建工序"对话框。
- 在"类型"下拉列表框中选择"mill_contour",在"工序子类型"组中选择"Curve Drive"。
- "位置"选项组中分别设置"程序"为"JING"、"刀具"为"B4_4 齿"、"几何体"为"WORKPIECE"、"方法"为"MILL_FINISH"、名称命名为"CURVE_DRIVE01"。
- 单击"确定"按钮,弹出"曲线驱动"对话框。
- 在"驱动方法"选项组的"方法"下拉列表框中选择"径向切削"。
- 单击"确定"按钮,弹出"径向切削驱动方法"对话框。

(2) 定义参数
- 单击"选择或编辑驱动几何体"按钮,选择如图 7-4-16 所示腔的顶部轮廓线,单击"确定"按钮。

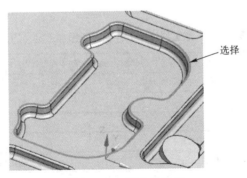

图 7-4-16 驱动几何体

- 设置"切削类型"为"往复","步距"为"残余高度"。输入最大残余高度 0.005、材料侧的条带 1、另一侧的条带 3,单击"确定"按钮,返回主界面。
- 按表 7-4-5 所列内容设置进给率和速度、非切削运动参数。

> 其他参数默认。

（3）生成刀轨

单击"生成"按钮，生成刀具路径。

6. 圆孔侧面及底面精加工

复制、粘贴"ZLEVEL_PROFILE_STEEP05"程序，并按表 7-4-6 所列内容修改，完成圆孔侧面及底面的精加工。

表 7-4-6 加工程序十八：圆孔侧面及底面精加工定义的各项

程序名		ZLEVEL_PROFILE_STEEP06	
定义项		参数	作用
程序		JING	指定程序归属组
刀具		D12_4 齿	指定直径为 12 的平底刀
几何体		WORKPIECE	指定 MCS 与安全平面、加工部件、毛坯
加工方法		MILL_FINISH	指定加工过程保留余量
加工操作	陡峭空间范围	仅陡峭的（默认）	限制加工范围
	切削区域	圆孔侧面	约束切削区域
	切削层	公共每刀切削深度为 0	确定层加工量
	切削方向	顺铣	确定刀具移动方向
	切削顺序	深度优先	指定加工路径生成顺序
	层到层	直接对部件进刀	确定刀具如何进入下一层
	加工余量	部件余量为 0	确定加工过程余量
	进给率	转速 S=3500rpm；切削速度 F=730；进刀速度 F=500；第一刀切削速度 F=500；步进速度 F=600；移刀（横越）速度 F=4000；退刀速度 F=4000	确定刀轴转速 定义加工中各过程速度（数值仅作参考，具体加工时需根据机床功率、刀具类型及材料以及加工材料来指定）
	非切削运动	进刀：封闭区域螺旋进刀，斜坡角为 5°，为最小斜坡长度，开放区域圆弧进刀；退刀类型：与进刀相同；转移/快速：区域内转移方式选择"进刀/退刀"，转移类型选择"前一平面"，安全距离 1	定义非切削运动，避免碰撞
		其他按默认值	

7. 斜面及圆弧精加工

利用固定轴曲面轮廓铣中区域铣削驱动方法完成如图 7-4-17 所示斜面的精加工，其定义各项内容如表 7-4-7 所示。

图 7-4-17 斜面及圆弧

表 7-4-7　加工程序十九：斜面的精加工定义的各项

程序名		AREA_MILL03	
定义项		参数	作用
程序		JING	指定程序归属组
刀具		B8_4齿	指定直径为8的球刀
几何体		WORKPIECE	指定MCS、加工部件、毛坯
加工方法		MILL_FINISH	指定加工过程余量
加工操作	驱动方法	区域铣削	定义驱动方法
	空间范围-方法	陡峭和非陡峭（默认）	定义加工范围限制方法
	切削区域	图7-4-17所示斜面及圆弧	约束切削区域
	切削模式	非陡峭：跟随周边，陡峭：螺旋深度加工	确定刀具切削模式
	重叠距离	0.5	定义陡峭和非陡峭的重叠区域
	步距	残余高度，数值为0.005	确定刀具切削横跨距离
	深度加工每刀切削深度	0.1	定义陡峭区每刀切削深度
	加工余量	部件余量为0	指定加工过程保留余量
	进给率	转速 S=5200rpm 切削速度 F=2200； 进刀速度 F=600； 第一刀切削速度 F=600； 步进速度 F=800； 移刀（横越）速度 F=4000； 退刀速度 F=4000	确定刀轴转速 定义加工中各过程速度（数值仅作参考，具体加工时需根据机床功率、刀具类型及材料以及加工材料来指定）
	非切削运动	开放区域进刀：圆弧-相切逼近； 退刀类型：与进刀相同； 转移/快速：区域内移刀类型选择"直接"，区域之间移刀类型选择"安全距离"	定义非切削运动，避免碰撞
		其他按默认值	

8．凸台侧面精加工

利用固定轴曲面轮廓铣中区域铣削驱动方法完成凸台侧面精加工，其定义的各项内容如表7-4-8所示。

表 7-4-8　加工程序二十：凸台侧面精加工定义的各项

程序名		AREA_MILL04	
定义项		参数	作用
程序		JING	指定程序归属组
刀具		B4_4齿	指定直径为4的球刀
几何体		WORKPIECE	指定MCS、加工部件、毛坯
加工方法		MILL_FINISH	指定加工过程余量
加工操作	驱动方法	区域铣削	定义驱动方法
	空间范围-方法	陡峭和非陡峭（默认）	定义加工范围限制方法
	切削区域	凸台侧面	约束切削区域
	切削模式	非陡峭：跟随周边，陡峭：螺旋深度加工	确定刀具切削模式
	重叠距离	0.5	定义陡峭和非陡峭的重叠区域

(续)

程序名		AREA_MILL04	
定义项		参数	作用
加工操作	步距	残余高度,数值为0.005	确定刀具切削横跨距离
	深度加工每刀切削深度	0.1	定义陡峭区每刀切削深度
	在边上延伸	为刀具直径的30%	延伸边缘刀路
	加工余量	部件余量为0	指定加工过程保留余量
	进给率	转速 S=10000rpm	确定刀轴转速
		切削速度 F=1700; 进刀速度 F=600; 第一刀切削速度 F=600; 步进速度 F=600; 移刀(横越)速度 F=4000; 退刀速度 F=4000	定义加工中各过程速度(数值仅作参考,具体加工时需根据机床功率、刀具类型及材料以及加工材料来指定)
	非切削运动	开放区域进刀:圆弧-相切逼近; 退刀类型:与进刀相同; 转移/快速:区域内移刀类型选择"直接",区域之间移刀类型选择"安全距离"	定义非切削运动,避免碰撞
		其他按默认值	

9. 斜圆柱底面精加工

利用固定轴曲面轮廓铣中区域铣削驱动方法完成斜圆柱底面的精加工,其定义各项内容如表7-4-9所示。

表7-4-9 加工程序二十一:斜圆柱底面精加工定义的各项

程序名		AREA_MILL05	
定义项		参数	作用
加工操作	程序	JING	指定程序归属组
	刀具	B4_4齿	指定直径为4的球刀
	几何体	WORKPIECE	指定MCS、加工部件、毛坯
	加工方法	MILL_FINISH	指定加工过程余量
	驱动方法	区域铣削	定义驱动方法
	空间范围-方法	非陡峭	定义加工范围限制方法
	切削区域	斜圆柱底面	约束切削区域
	切削模式	非陡峭:跟随周边	确定刀具切削模式
	步距	残余高度,数值为0.005	确定刀具切削横跨距离
	刀轨光顺	使用	使刀轨平顺
	加工余量	部件余量为0	指定加工过程保留余量
	进给率	转速 S=10000rpm	确定刀轴转速
		切削速度 F=1700; 进刀速度 F=600; 第一刀切削速度 F=600; 步进速度 F=600; 移刀(横越)速度 F=4000; 退刀速度 F=4000	定义加工中各过程速度(数值仅作参考,具体加工时需根据机床功率、刀具类型及材料以及加工材料来指定)
	非切削运动	开放区域进刀:圆弧-相切逼近; 退刀类型:与进刀相同; 转移/快速:区域内移刀类型选择"直接",区域之间移刀类型选择"安全距离"	定义非切削运动,避免碰撞
		其他按默认值	

10. 弧面精加工

利用固定轴曲面轮廓铣中区域铣削驱动方法完成如图 7-4-18 所示弧面的精加工，其定义各项内容如表 7-4-10 所示。

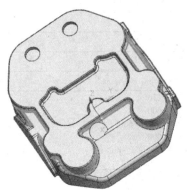

图 7-4-18　弧面

表 7-4-10　加工程序二十二：弧面精加工定义的各项

程序名		AREA_MILL06	
定义项		参数	作用
程序		JING	指定程序归属组
刀具		B4_4 齿	指定直径为 4 的球刀
几何体		WORKPIECE	指定 MCS、加工部件、毛坯
加工方法		MILL_FINISH	指定加工过程余量
加工操作	驱动方法	区域铣削	定义驱动方法
	空间范围-方法	陡峭和非陡峭	定义加工范围限制方法
	切削区域	图 7-4-18 所示弧面	约束切削区域
	切削模式	非陡峭：跟随周边，陡峭：螺旋深度加工	确定刀具切削模式
	步距	残余高度，数值为 0.005	确定刀具切削横跨距离
	深度加工每刀切削深度	0.1	定义陡峭区每刀切削深度
	加工余量	部件余量为 0	指定加工过程保留余量
	进给率	转速 S=10000rpm; 切削速度 F=1700; 进刀速度 F=600; 第一刀切削速度 F=600; 步进速度 F=600; 移刀（横越）速度 F=4000; 退刀速度 F=4000	确定刀轴转速 定义加工中各过程速度（数值仅作参考，具体加工时需根据机床功率、刀具类型及材料以及加工材料来指定）
	非切削运动	开放区域进刀：圆弧-相切逼近 退刀类型：与进刀相同; 转移/快速：区域内移刀类型选择"直接"，区域之间移刀类型选择"安全距离"	定义非切削运动，避免碰撞
		其他按默认值	

11. 斜圆柱及凹槽侧面精加工

复制、粘贴"ZLEVEL_PROFILE_STEEP04"程序，并按表 7-4-11 所列内容修改，完成斜圆柱及凹槽侧面精加工。

表 7-4-11　加工程序二十三：斜圆柱及凹槽侧面精加工定义的各项

程序名		ZLEVEL_PROFILE_STEEP07	
定义项		参数	作用
程序		JING	指定程序归属组
刀具		D3R0.2_4 齿	指定直径为 3、底半径为 0.2 的圆鼻刀
几何体		WORKPIECE	指定 MCS 与安全平面、加工部件、毛坯
加工方法		MILL_FINISH	指定加工过程保留余量
加工操作	陡峭空间范围	无	不限制加工范围
	切削区域	斜圆柱及凹槽侧面	约束切削区域
	公共每刀切削深度	残余高度，数值为 0.005	确定层加工量
	切削方向	顺铣	确定刀具移动方向
	切削顺序	深度优先	指定加工路径生成顺序
	层到层	直接对部件进刀	确定刀具如何进入下一层
	层间切削	不使用	不需要附加刀路
	加工余量	部件余量为 0	确定加工过程余量
	转速	S=10000rpm	确定刀轴转速
	进给率	切削速度 F=1000；进刀速度 F=600；第一刀切削速度 F=600；步进速度 F=600；移刀（横越）速度 F=4000；退刀速度 F=4000	定义加工中各过程速度（数值仅作参考，具体加工时需根据机床功率、刀具类型及材料以及加工材料来指定）
	非切削运动	进刀：封闭区域与开放区域相同；开放区域圆弧进刀；退刀类型：与进刀相同；转移/快速：区域内转移方式选择"进刀/退刀"，转移类型选择"前一平面"，安全距离 1	定义非切削运动，避免碰撞
	其他按默认值		

12. 顶面边缘圆角精加工

顶面圆角可以用 R 刀（专门加工圆角的成型刀具）加工。利用 2D 线框平面轮廓铣加工操作完成顶面边缘圆角精加工，其定义的各项内容如表 7-4-12 所示。

表 7-4-12　加工程序二十四　顶面边缘圆角精加工定义的各项

程序名		PLANAR_PROFILING01	
定义项		参数	作用
程序		JING	指定程序归属组
刀具		MILL_USER_DEFINED（内 R 刀：半径为 r1，直径为 4）	自定义半径为 1 的内 R 刀
几何体		WORKPIECE	指定 MCS 与安全平面、加工部件、毛坯
加工方法		MILL_FINISH	指定加工过程保留余量
加工操作	部件边界	图 7-4-19 所示 R 角顶部线	指定刀具跟踪点定位轨迹
	加工余量	部件余量为 0	确定加工过程余量
	切削方向	顺铣	确定切削方向
	切削顺序	深度优先	确定多区域加工切削顺序

（续）

程序名		PLANAR_PROFILING01	
定义项		参数	作用
加工操作		转速 S=10000rpm	确定刀轴转速
	进给率	切削速度 F=1000； 进刀速度 F=600； 第一刀切削速度 F=600； 步进速度 F=600； 移刀（横越）速度 F=4000； 退刀速度 F=4000	定义加工中各过程速度（数值仅作参考，具体加工时需根据机床功率、刀具类型及材料以及加工材料来指定）
	非切削运动	进刀：开放区域圆弧进刀； 退刀类型：与进刀相同； 转移/快速：区域内转移类型选择"前一平面"，安全距离 1	定义非切削运动，避免碰撞
		其他按默认值	

（1）自定义内 R 刀

➢ 将工序导航器切换到"机床视图"，选择"GENERIC MACHINE"节点，单击右键，选择"插入"→"刀具"命令，弹出"创建刀具"对话框。

➢ 在"类型"下拉列表框中选择"mill_planar"，在"刀具子类型"组中选择"MILL_USER_DEFINED"，单击"确定"按钮，进入"用户定义的铣刀"对话框。

➢ 单击"段"选项组中编号 1，在"直线长度"文本框中输入 1，按〈Enter〉键。

➢ 选择编号 2，在"圆弧半径"文本框中输入 1，按〈Enter〉键。

➢ 单击"跟踪点"按钮，弹出"跟踪点"对话框，分别输入直径 0、距离 1。

➢ 单击"确定"按钮两次，完成内 R 刀的创建。

（2）进入 2D 线框平面轮廓铣加工

➢ 选择自定义刀具"MILL_USER_DEFINED"节点，单击右键，选择"插入"→"工序"命令，弹出"创建工序"对话框。

➢ 在"类型"下拉列表框中选择"mill_planar"，在"工序子类型"组中选择"2D 线框平面轮廓铣处理器"。

➢ "位置"选项组中分别设置"程序"为"JING"、"刀具"为"MILL_USER_DEFINED"、"几何体"为"WORKPIECE"、"方法"为"MILL_FINISH"、名称命名为"PLANAR_PROFILING01"。

➢ 单击"确定"按钮，弹出"Planar Profiling"对话框。

（3）定义参数

➢ 在该对话框中单击"主要"选项卡，单击"选择或编辑部件边界"按钮，弹出"部件边界"对话框。

➢ 在"选择方法"下拉列表框中选择"曲线"，选择如图 7-4-19 所示边线，设置"刀具侧"为"外侧"，单击"确定"按钮，回到主界面。

➢ 其他参数默认。

（4）生成刀轨

单击"生成"按钮，生成刀具路径。

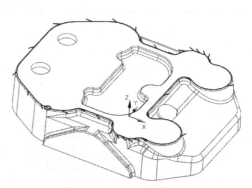

图 7-4-19 边界选择

13. 清除底部残料

利用固定轴曲面轮廓铣中曲线/点驱动方法清除底部残料，其定义各项内容如表 7-4-13 所示。

表 7-4-13　加工程序二十五：清除底部残料精加工定义的各项

程序名		CURVE_DRIVE02	
定义项		参数	作用
程序		JING	指定程序归属组
刀具		D4_4 齿	指定直径 4 的平底刀
几何体		MCS_01	指定 MCS
加工方法		MILL_FINISH	指定加工过程余量
加工操作	驱动方法	曲线/点	定义驱动方法
	驱动几何体	图 7-4-20 所示偏置曲线	定义驱动几何体
	切削步长	公差为 0.005	指定切削步长定义方法
	加工余量	部件余量为 0	指定加工过程保留余量
	进给率	转速 S=10000rpm	确定刀轴转速
		切削速度 F=1000； 进刀速度 F=600； 第一刀切削速度 F=600； 步进速度 F=600； 移刀（横越）速度 F=4000； 退刀速度 F=4000	定义加工中各过程速度（数值仅作参考，具体加工时需根据机床功率、刀具类型及材料以及加工材料来指定）
	非切削运动	开放区域进刀：圆弧-相切逼近； 退刀类型：与进刀相同； 转移/快速：区域内移刀类型选择"直接"，区域之间移刀类型选择"安全距离"	定义非切削运动，避免碰撞
		其他按默认值	

（1）创建偏置曲线

利用"偏置曲线"命令将底部边缘向外偏置 1/2 刀具直径，并编辑成如图 7-4-20 所示。

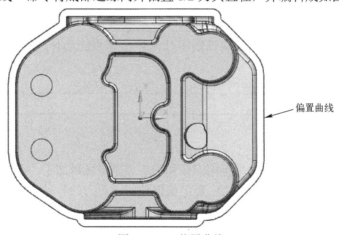

图 7-4-20　偏置曲线

（2）进入"曲线/点"驱动铣削加工

➢ 选择工序导航器中"JING"节点，单击右键，选择"插入"→"工序"命令，弹出"创建工序"对话框。

➢ 在"类型"下拉列表框中选择"mill_contour"，在"工序子类型"组中选择"Curve Drive"。

- "位置"选项组中分别设置"程序"为"JING"、"刀具"为"D4"、"几何体"为"MCS_01"、"方法"为"MILL_FINISH"、名称命名为"CURVE_DRIVE02"。
- 单击"确定"按钮,弹出"曲线驱动"对话框。
- 在"驱动方法"选项组的"方法"下拉列表框中选择"曲线/点"。
- 单击"编辑"按钮,弹出"曲线/点驱动方法"对话框。

(3)定义参数
- 选择如图 7-4-20 所示偏置曲线作为驱动曲线。
- 设置"切削步长"为"公差",输入公差值 0.005,单击"确定"按钮,返回主界面。
- 按表 7-4-13 所列内容设置进给率和速度、非切削运动参数。
- 其他参数默认。

(4)生成刀轨
单击"生成"按钮,生成刀具路径。

14. 后处理

- 选择程序顺序视图中的 NC_PROGRAM 节点,单击右键,选择"后处理"命令,弹出"后处理"对话框。
- 在"后处理器"列表框中选择"MILL_3_AXIS"。
- 在"设置"组下的"单位"下拉列表框中选择"公制/部件"。
- 单击"浏览以查找输出文件"按钮,指定 NC 输出位置和文件名称。
- 单击"确定"按钮,完成程序后处理。

[问题探究]

1. 斜面加工如何确定加工工序和刀具?

_____

2. 加工程序二十五——曲线驱动铣削中几何体父节点能选择 WORKPIECE(加工几何体)吗?为什么?

_____

_____

[总结提升]

精加工要根据零件表面形状采用不同刀具和加工类型分区域加工,不必与半精加工完全一样。平面通常使用平底刀采用面铣加工,陡峭侧壁使用圆鼻刀的等高轮廓铣加工,曲面和斜面使用球刀的固定轴曲面轮廓铣加工,特殊外形(如圆角)可以自定义成型刀具并采用 2D 线框平面轮廓铣加工。固定轴曲面轮廓铣有多种驱动方法,驱动参数和应用场合也各不相同,学习中要善于比较和总结。

[拓展训练]

完成汽车反光镜模具精加工,并将所有程序通过后处理工具生成 NC 代码。

参 考 文 献

[1] 姜海军. CAD/CAM 应用[M]. 北京：高等教育出版社，2015.
[2] 中国工程图学学会. 三维数字建模试题集[M]. 北京：中国标准出版社，2008.
[3] 冯纪良. AutoCAD 简明教程暨习题集[M]. 4 版. 大连：大连理工大学出版社，2021.
[4] 陶冶，邵立康，樊宁等. 全国大学生先进成图技术与产品信息建模创新大赛命题解答汇编[M]. 北京：中国农业大学出版社，2018.